**Rock Mechanics**

Felsmechanik

Mécanique des Roches

Supplementum 5

# Neue Erkenntnisse im Hohlraumbau – Fundierungen im Fels

Vorträge des 24. Geomechanik-Kolloquiums
der Österreichischen Gesellschaft für Geomechanik

# Latest Findings in the Construction of Underground Excavations – Rock Foundations

Contributions to the 24th Geomechanical Colloquium
of the Austrian Society for Geomechanics

Salzburg, 2. und 3. Oktober 1975

Herausgegeben von / Edited by
Österreichische Gesellschaft
für Geomechanik, Salzburg

1976 Springer-Verlag Wien GmbH

Mit 165 Abbildungen im Text und auf einer Ausschlagtafel

ISBN 978-3-211-81384-3 ISBN 978-3-7091-8452-3 (eBook)
DOI 10.1007/978-3-7091-8452-3



Ursprünglich erschienen bei Springer-Verlag/Wien, New York 1976
Softcover reprint of the hardcover 1st edition 1976

# Index — Inhaltsverzeichnis — Table des matières

Rock Mechanics, Suppl. 5, 1—2 (1976)


# Geleitwort

Was durch Prof. Leopold Müller, den Altmeister der Felsmechanik, vor Jahren im kleinen Kreis dem wissenschaftlichen Nährboden eingepflanzt wurde, setzt Jahr für Jahr neue Jahresringe an. Die Kolloquien der Österreichischen Gesellschaft für Geomechanik sind ein beliebtes Forum des Erfahrungsaustausches geworden, an dem sich Fachleute des In- und Auslandes in wachsender Zahl beteiligen. Auch das XXIV. Kolloquium bemühte sich, aktuelle Themen zur Diskussion zu stellen.

Die „geologische Prognose" von Bauprojekten, ein Thema, das ebenso technisch wie wirtschaftlich von außerordentlicher Bedeutung ist, stand am Beginn der Veranstaltung. Die zu einer guten Prognose notwendigen Voraussetzungen, aber auch deren Grenzen zu kennen, ist für alle an einem Projekt Beteiligten wichtig, ganz besonders im Tunnelbau, bei dem die Planung, die Einrichtung der Baustelle, die Finanzierung wie der Eröffnungstermin von den Vorstellungen beeinflußt werden, welche die geologische Voraussage vermittelt.

Nicht geringeres Interesse fanden die „Schäden im Felsbau", über die zu sprechen es eines gewissen Mutes bedarf. Leider findet sich nur selten Gelegenheit, derartige Fälle aufzuzeigen; um so höher müssen jene Beiträge gewertet werden, die einen solchen Mut beweisen und aus denen für die Zukunft in ähnlich gelagerten Bauvorhaben Wertvollstes zu lernen ist.

Das zentrale Thema der Veranstaltung war wiederum das „Bauen unter der Erdoberfläche", in diesem Jahr mit besonderer Betonung des U-Bahnbaues, nachdem es gelungen war, Beiträge aus verschiedenen Städten zu bekommen. Hier gewinnen jene Methoden immer größere Bedeutung, die entweder wirtschaftliche Vorteile und einen Zeitgewinn bringen, oder — was heute fast noch wichtiger ist — solche, die die geringste Störung der Umwelt, des Verkehrs, des Betriebes der Geschäftswelt nach sich ziehen bzw. es gestatten, die vorhandenen Verkehrswege unbehelligt zu benützen und daneben, darüber oder darunter zu bauen. Hier konnte wirklich ein europäischer Querschnitt durch die heute eingeführten Baumethoden vorgestellt werden.

Dabei wurde deutlich, daß neben der statischen und betrieblichen Sicherheit die Wirtschaftlichkeit eine immer größere Rolle zu spielen beginnt, weil ja nicht mehr einzelne Tunnel oder U-Bahnstrecken zur Diskussion stehen, sondern ganze U-Bahnnetze bzw. Tunnelketten. Die Konsequenzen reichen bis in die Linienführung hinein. Hier entsteht ein Wettstreit der Methoden, den nur die besten zu gewinnen Aussicht haben, womit meist die wirtschaftlichsten gemeint sind. So gesehen geht der Trend dahin, möglichst großräumig vorzutreiben, die Arbeitsräume also möglichst frei von Einbauten zu halten, um Ausbruch und Sicherung mit Großgeräten rasch ausführen zu können, oder den Löse- und Sicherungsvorgang in einem Arbeitsgang und maschinell durchzuführen. Die Hast der Zeit drückt eben auch auf das Baugeschehen; wir wissen jedoch, gerade durch unsere Felsmechanik-Forschung, daß sich der Berg davon nicht beeindrucken läßt und keineswegs willens ist, sich dem gewünschten Endtermin unterzuordnen.

In den Abschlußworten stellte Prof. Müller fest, daß auf diesem Kolloquium ernst gearbeitet und ein der Sache dienender, erfreulich offener Gedankenaustausch betrieben wurde, wie er bereits Tradition dieser Veranstaltung geworden sei. Daß die Diskussionen nicht ein schon Tage vorher vorbereitetes Frage- und Antwort-Spiel, sondern trotz der großen Anzahl von Teilnehmern ein echtes Gespräch gewesen seien, entspreche der mit Absicht von Anbeginn gewählten Bezeichnung „Kolloquium" im wahren Sinne des Wortes. Wenn dieses Gespräch auch bisweilen eine höhere Temperatur angenommen hat, so sei diese nur zum Vorteil der Sache, welche die Sache des Fortschrittes sei.

Noch mehr als auf dieser Tagung sollten in kommenden Veranstaltungen Ergebnisse von Voruntersuchungen den erzielten Resultaten und Befunden gegenübergestellt werden, da man aus nichts anderem so Wertvolles lerne wie aus freimütig mitgeteilten Mißerfolgen. Mißerfolge seien nicht selten das Lehrgeld, das für den technischen Fortschritt notwendig entrichtet werden müsse, seien die Grundlage unserer Sicherheit; und Bauherren wie Bauunternehmer, welche das Risiko von Pionierleistungen und Neuerungen (und damit auch von unvermeidlichen Mißerfolgen) auf sich nehmen, hätten keinen Grund, sich der mitunter weniger befriedigenden Ergebnisse zu schämen, sondern seien hoch zu loben.

Zuletzt gab Prof. Müller seiner Befriedigung darüber Ausdruck, wie viele hunderte von Begriffen der Geomechanik, die von diesen Kolloquien ihren Ausgang genommen haben, in weitestem Umfang Allgemeingut geworden sind.

Mit einem Dank an die Organisatoren schloß Prof. Müller die Veranstaltung, für deren Qualität gewiß der Umstand Zeugnis ablege, daß 800 Teilnehmer bis zuletzt fast ohne „Schwindmaß" ausharrten, eine Tatsache, welche ein erfreuliches Wiedersehen zum 25jährigen Jubiläum der Kolloquien und der Gesellschaft erhoffen lasse.

Franz Pacher

Rock Mechanics, Suppl. 5, 3—28 (1976)


# Geologische Erfahrungen vom Bau der Kavernengaragen Mönchsberg-Nord, Salzburg

Von

**Georg Horninger**

Mit 9 Abbildungen

## Zusammenfassung — Summary — Résumé

*Geologische Erfahrungen vom Bau der Kavernengaragen Mönchsberg-Nord, Salzburg.* Bau von großen Kavernen in Nagelfluh unter schwierigen geologischen Bedingungen. Vergleich der erwarteten mit den tatsächlich angetroffenen Gesteinsverhältnissen. Schlüssige Hinweise aus dem Zustand einer Großkluftschar auf das Vorhandensein lokaler Hohlstellen unter dem Mönchsberg. — Ein und dasselbe geologische Phänomen, eine Schar nasser Steilklüfte, zeigte über 15 m Aufschlußhöhe drei verschiedene Ausbildungen: 10 m über Straßenhöhe 10 bis 20 mm weite Zerrfugen; auf Straßenhöhe waren die Risse geschlossen, 2 m darunter waren sie durch Korrosion zu schlauchförmigen Spalten bis 40 cm Breite erweitert. Darüber hinaus bewirkte diese Korrosion in unmittelbarer Nachbarschaft der Klüfte weitgehende sekundäre Entkalkung am Bindemittel der Nagelfluh. Die Korrosionszonen waren nach der Seite streng auf die Breite der nassen Steilkluftscharen begrenzt. Die auf gleicher Höhe liegenden Oberkanten der Entkalkungsbereiche und der Kluftaufweitung lagen nur knapp über der Höhe der obersten Marken ehemaliger Grundwasserstände in der 80 m entfernten „Mönchsberg-Seehöhle". Die Untergrenzen der Korrosionsbereiche waren weniger scharf. Sie lagen zufällig annähernd auf der planmäßigen Sohlhöhe der Kavernen und damit noch etwa 6 m über dem heutigen Grundwasserspiegel. Lokale Gefügezusammenbrüche in den von sekundärer Entkalkung betroffenen Gesteinsbereichen erklären das Auftreten offener, flach liegender Setzungsfugen. Eine davon war als Ausnahmefall $^3/_4$ m weit, die übrigen cm- bis dm-breit. Alle Korrosionserscheinungen ließen sich zwanglos als Auswirkungen von Mischungskorrosion erklären.

Bautechnisch schwer erreichbare Tiefenlage tragfähigen Untergrundes unter der Mönchsberg-Seehöhle behinderte an dieser Stelle den Kavernenbau. — Scheinbar alarmierende Veränderungen an einer einzelnen Meßstelle in der Mönchsbergwand waren, wie sich erst später zeigte, nicht durch den Kavernenbau, sondern nur durch ungewöhnliche Reaktion auf den Jahrestemperaturgang verursacht. — Ein langfristiger, drastischer Abfall der Wasserhärte im Grundwassertümpel der Mönchsberg-Seehöhle hängt sehr wahrscheinlich mit Felsinjektionen in der nächsten Nachbarschaft zusammen. — Teilweise unerwartete Ergebnisse zweier nachträglicher Untersuchungsbohrungen an geologischen Problemstellen des Baubereichs und seiner Umgebung.

*Geological Experiences during Construction of the Mönchsberg-North Underground Parking Facilities, Salzburg.* Construction of large underground parking facilities under partly difficult geological conditions. — Comparison of rock properties as expected on the basis of pre-investigations, with actually encountered conditions. — State of a set of wide joints as conclusive evidence of the existence of locally sagged ground underlying the Mönchsberg nagelfluh rock. — Within a vertical distance of not more than 15 metres, one and the same set of wet, steeply inclined long joints manifested itself in three different manners: 10 metres above street level, as 15 mm wide open tension cracks; at street level, as hardly perceptible, closed joints; and 2 metres below, the same joints widening abruptly to tube-shaped corrosion cavities up to 40 cm wide. Moreover, the intense corrosive processes that caused the said widening of joints, have provoked local secondary decalcification in the matrix of the nagelfluh conglomerate. From these heavily leached areas rock could easily be picked out by bare hands. Laterally these weak zones did not extend beyond the width of the above mentioned set of wet joints. The common level of the upper edges of decalcified areas was only a few decimetres above the level of the uppermost marker rim of ancient groundwater, 80 metres to the SE, in the small cavern "Mönchsberg-Seehöhle". The lower limit of the weakened rock was somewhat less clearly defined. It was fortunate for the construction operations that this lower boundary roughly corresponded to the planned excavation floor. Thus, it was still some 6 metres above the present groundwater level. Collapses within the above mentioned leached areas within the nagelfluh mass easily explain the existence of flat lying hollows ranging from centimetres to (exceptionally) $^{3}/_{4}$ metre in the southwestern third of the entrance cavern. As a whole, the phenomena are caused by corrosion due to mixing of chemically different waters in the way as described by A. Bögli. Below a cover of $6^{1}/_{2}$ metres of big nagelfluh fragments that had collapsed into the Mönchsberg-Seehöhle, badly loosened morainic material extends at least 50 metres downwards. This was far beyond any economically reasonable depth to underlying solid rock for the foundation of sustaining piers; a serious handicap for the reconstruction of the eastern corner of the parking caverns. — Seemingly alarming behaviour of a section of one out of two long, open, nearly vertical cracks running subparallel to the outer Mönchsberg wall. Only with the extension of measuring records this turned out to be the result of an unexpectedly strong response to outside temperatures. The said joint did not react in any way to excavation operatoins, even not by explosives, in the nearby parking halls. — Up to now, no conclusive explanation has been found for a drastic drop in water hardness observed in the pond of the Mönchsberg-Seehöhle. It is highly probable that this drop is related to previous large-scale rock grouting in the immediate vicinity. — Description of partly surprising results from two somewhat deeper drillholes subsequently sunk at geological problem spots.

*Expériences géologiques de la construction des garages souterrains du Mönchsberg-Nord (Salzbourg).* Construction de grands garages souterrains sous des conditions géologiques partiellement difficiles. Comparaison entre les caractéristiques de la roche telles que supposées sur la base des études préliminaires et le comportement réel. — Etat d'un groupe de diaclases parallèles dans la caverne de sortie indiquant la présence de matériaux affaissés au-dessous du conglomérat dit Mönchsberg nagelfluh. — A une distance verticale de seulement 15 mètres un certain système de longues diaclases humides à forte pente se manifeste de trois manières différentes: dix mètres au-dessus du niveau du système de galéries pour la défense passive, c'est-à-dire 10 mètres au-dessus du niveau des rues, diaclases de traction d'une largeur de 15 mm environ; au niveau des rues, les mêmes diaclases plus ou moins fermées et à peine visibles; seulement 2 mètres plus bas les diaclases s'ouvrent brusquement en formant des cavités de corrosion tubulaires de 40 cm de largeur. De plus, les mêmes procès corrosifs qui ont causé cet élargissement local des diaclases ont provoqué des décalcifications intenses, notamment dans la matrice de la nagelfluh. Dans ces zones sévèrement lessivées il était facile de détacher des pièces de cette roche ramollie sans aucun outil. Latéralement ces zones molles sont strictement limitées à la largeur du groupe de diaclases humides mentionné ci-dessus. Le niveau commun des bordures supérieures des zones décalcifiées n'est que quelques decimètres plus élevé que le niveau d'une étroite bande noirâtre dans une petite cave naturelle, dite "Mönchsberg-Seehöhle", à 80 mètres de distance vers le Sud-Est, indiquant l'ancien niveau le plus haut de la nappe phréatique. La limite inférieure de ce phénomène n'est pas aussi bien définie. Heureusement pour les travaux, cette limite inférieure correspondait plus ou moins au radier prévu des garages. Le niveau actuel de la nappe phréatique se trouve alors quelque 6 mètres au-dessous du radier. Des tassements survenus dans les zones décalcifiées de la nagelfluh sont aussi responsables de la formation de cavités peu inclinées le long de quelques plans de stratification. La largeur de ces cavités va de 2 ou 3 centimètres jusqu'à (exceptionellement) $^3/_4$ d'un mètre. La cause commune des divers phénomènes de décalcification rencontrés dans la partie Sud-Ouest de la caverne d'accès est la corrosion due au mélange d'eaux de compositions chimiques différentes, conforme à la conception générale de A. Bögli. — Dans le sous-sol de la cave de "Mönchsberg-Seehöhle", une cloche d'éffondrement, se trouvent des matériaux de provenance morainique. Ils sont en partie sévèrement désagrégés. Ces matériaux sont couverts d'une zone de blocs éboulés de nagelfluh de $6^1/_2$ mètres d'épaisseur. La couche désagrégée atteint une profondeur d'au moins 50 mètres. Par cela elle était trop épaisse pour une fondation économique de piliers de soutènement; ceci représentait un obstacle sévère à la reconstruction de la partie Est des garages, affaiblie par la cave. — Comportement apparemment inquiétant d'une section d'une des deux longues diaclases verticales parallèles à la paroi naturelle du Mönchsberg. C'était seulement à la base d'une série de mesures prolongée qu'il était possible de discerner, que la vraie cause était une réaction extraordinaire aux températures extérieures. Cette diaclase ne réagissait pas aux effets des travaux dans les cavernes avoisinantes, même pas aux explosifs. — Jusqu'alors on n'a pu trouver aucune explication satisfaisante pour la chute brusque de la dureté d'eau de l'étang dans la cave "Mönchsberg-Seehöhle". Très probablement cette chute est liée aux travaux d'injection effectués préalablement à proximité immédiate de la cave. — Description des résultats en partie inattendus, obtenu dans deux forages exécutés à des endroits d'un intérêt géologique particulier.

*Schlüsselwörter:* Baugeologie — Kavernenbau — Nagelfluh — Setzungen — Mischungskorrosion.

## 1. Einleitung

In einer kürzlich erschienen Arbeit (G. Horninger, 1975) wurden Ergebnisse der baugeologischen Vorarbeiten für die Kavernengaragen „Mönchsberg-Nord" und „Mönchsberg-Mitte" beschrieben. Nun, nach Bauvollendung, war es reizvoll, sich Rechenschaft zu geben, wie weit die anfänglichen Gedankenmodelle und die darauf gegründeten Voraussagen zutrafen; warum manches so oder anders kam. Diese Arbeit befaßt sich in erster Linie mit den Schwierigkeiten, die in der Geologie begründet waren.

Nach dem Stande, den die Ausbruchsarbeiten für die Kavernengaragen-Gruppe „Mönchsberg-Mitte“, südlich vom Neutor, im Frühsommer 1974 erreicht hatten, war schon abzusehen, daß diese Anlage ohne alle ernsten Bauerschwerungen geotechnischer Art fertiggestellt werden könne. Wesentlich ungünstiger lagen dagegen die geologischen Voraussetzungen für die gleich große Kavernenanlage „Mönchsberg-Nord“. Beide Kavernenkomplexe, jeweils zwei Parallelröhren von 16 m Breite, 15 m Höhe und 130 m Länge bei 16 m Abstand von Halle zu Halle, liegen im selben Gesteinskörper. Er besteht aus einer sandig-lehmig bis sandig-kalkig gebundenen Nagelfluh, die aus einer interglazialen Deltaschüttung entstanden ist. Beide Kavernengruppen liegen auf gleichem Niveau und haben nur 170 m Abstand von Mitte zu Mitte. Selbst wenn man von den erwarteten Erschwerungen absieht, die für Mönchsberg-Nord durch die Notwendigkeit zustande kamen, die Längsachsen der Parallelröhren spitzwinkelig zum Schichtstreichen anzuordnen, war der Unterschied zwischen „Mitte“ und „Nord“ eklatant: In „Mitte“ die, von Schichtfugen abgesehen, fast kluftfreie Nagelfluh ohne nasse Zonen. Dagegen in „Nord“ örtliche Häufung bautechnisch störender Großkluftscharen, ferner im tieferen Untergrund beheimatete, nach oben in die Nagelfluh ausgreifende, natürliche Lockerungen und Verstürze. Sie hatten sehr unangenehme direkte und indirekte Folgen für die Bauarbeiten. Das Ungewöhnliche an diesen Klüften und Verstürzen ist, daß diese Bruchvorgänge pleistozänes Konglomerat getroffen haben, also lange nach dem Ausklingen der letzten, kräftigen Wirkungen alpidischer Tektonik zustande kamen. Man könnte den Felszustand um „Mönchsberg-Nord“ mit dem eines schlecht fundierten, von ungleichen Setzungen in Mitleidenschaft gezogenen Bauwerks vergleichen.

Wie Dr. W. Demmer schon frühzeitig vermutete[1], scheint sich in diesem auffallenden Unterschied der Felsbeschaffenheit von „Mönchsberg-Mitte“ und „-Nord“ der nur mehr wenige hundert Meter nördlich von „Mönchsberg-Nord“ in der Tiefe durchstreichende Rand der Überschiebung des Kalkalpins auf den Flysch auszuwirken. Wie vom Kapuzinerberg und von Stellen weiter im Osten bekannt (R. Osberger, 1952; S. Prey, 1959), ist längs dieser Grenze die tektonisch stark mitgenommene schmale Bajuvarische Decke eingeklemmt. Zu ihrem Gesteinsverband gehören Schichtglieder, die gewöhnlich Gips und andere wasserlösliche Evaporite enthalten. Volumsverminderungen durch Lösungsvorgänge im Untergrund liegen daher vor allem für jenen tektonisch arg beanspruchten Grenzbereich der Decken nahe; damit in weiterer Folge Hohlraumbildungen und Nachsackungen aus dem Hangenden. „Mönchsberg-Mitte“ blieb dagegen noch jenseits solcher Einflüsse.

## 2. Schrittweise gewonnene baugeologische Einsichten

Für die baugeologischen Vorarbeiten schienen gerade bei Mönchsberg-Nord ideale, vollständige Voraussetzungen vorzuliegen. Ein Netz unausgekleideter Luftschutzstollen (im folgenden kurz: LS-Stollen) auf Straßenhöhe, die Mönchsbergwände und das benachbarte Neutor, ein vor 200 Jahren

---

[1] Freundliche mündliche Mitteilung im Laufe unserer Zusammenarbeit für das Projekt.

geschaffener, ebenfalls unausgekleideter Straßentunnel, boten ausgezeichneten Einblick — allerdings nur für den oberen Halbraum, wie sich später nachdrücklich erweisen sollte. Unter das Straßenniveau sollten die Garagen nur in der SW-Hälfte bis maximal $5^{1}/_{2}$ m einschneiden. Der Grundwasserspiegel lag dazu weit unter der geplanten Ausbruchsohle.

Wesentliche Ziele der ersten geologischen Erkundung waren die geotechnischen Grundlagen für die Situierung der großen Kavernen, die Feststellung — wenigstens zunächst in großen Zügen —, wie tief örtlich die Nagelfluh reicht und welchen Gesteinen sie aufruht, sowie die Erarbeitung von Grundlagen für die bautechnische Extrapolation von LS-Kammern mit höchstens 7 m Breite und 4 m Höhe auf Kavernen mit 16 m Breite und 15 m Höhe.

2.1. Aus den Vorarbeiten ergaben sich zum einen Teil erste Ergebnisse, die bereits auf Anhieb technisch wichtige Folgerungen erlaubten. Zum anderen Teil stellten sich ebenfalls frühzeitig Verdachtsmomente ein, die aber zur Feststellung ihrer geotechnischen Berechtigung und Bedeutung zeitraubende zusätzliche Erkundungsarbeiten erforderten. Schließlich wies die Nagelfluh, besonders im Höhenbereich unter dem Niveau der auf Straßenhöhe gelegenen LS-Anlagen, ganz lokal Lockerungen auf, deren Tragweite sich allen damit Befaßten erst spät, als der Kavernenausbruch schon weit fortgeschritten war, offenbarte.

2.2. Zur ersten Gruppe, den sofort in ihrer Bedeutung erkennbaren Erscheinungen, gehörte u. a. eine Schar lehmgefüllter, mittelsteil E- bis ESE-fallender Klüfte (Abb. 1 „A“ und 2). Sie waren in den LS-Stollen bis zu 70 m weit bergeinwärts zu verfolgen. Diese Klüfte waren für den Kalottenbereich im SW-Drittel der nachmaligen Ausfahrtskaverne zu erwarten. In den LS-Stollen betrugen die Kluftweiten 1 bis 5 mm. Diese Klüfte waren im engeren Projektierungsfeld nur mehr die schon stark abgeschwächten Randerscheinungen zu einem 40 m weiter im NW einsetzenden Zentralbereich so intensiver Felszerstückelung, wie man sie in einer jungen Nagelfluh nie erwarten würde. Dieser Bereich war von den westlichsten LS-Kammern gerade noch erfaßt worden. In ihm waren die Klüfte der Nagelfluh z. T. mehr-dm-weit und mit von oben eingeschwemmtem glimmerreichen Sand, teilweise auch mit Schlufflehm gefüllt (G. Horninger, 1975). Diese wild zerklüftete Gegend im Berge bestimmte für die Projektierung der Garagen von Anfang an eindeutig die Westgrenze.

2.3. Zur Gruppe frühzeitig bekannt gewordener Hinweise, die dann aufwendige Erschließungsarbeiten nach sich zogen, gehörte u. a. eine Einzelkluft, die zur Entdeckung der unter dem Namen „Mönchsberg-Seehöhle“ (Abb. 1 „B“) bekannt gewordenen Versturzhöhle im Zwickel zwischen Neutor und Pferdeschwemme Sigmundsplatz führte. Schon im Vorprojekt vom Frühjahr 1973 war diese verdächtige Kluft, die in einer randlichen Kammer des LS-Systems festgestellt wurde, mit einem Ring auf der Planskizze und mit warnendem Begleittext vermerkt worden. Dies geschah mehr der Vollständigkeit halber denn in wirklicher Erkenntnis dessen, was dort noch dem Kavernenbau bevorstand. Die Höhle selbst wurde nach schrittweiser, gezielter Sucharbeit zu Anfang September 1973, also immerhin noch 4 Monate vor

Baubeginn, angefahren. Von da an aber, in einer Zeit, in der sich die weiterlaufenden Erkundungsarbeiten, die Detailprojektierung und der Hallenausbruch unter hartem Termindruck übergriffen, dauerte es noch ein gutes hal-

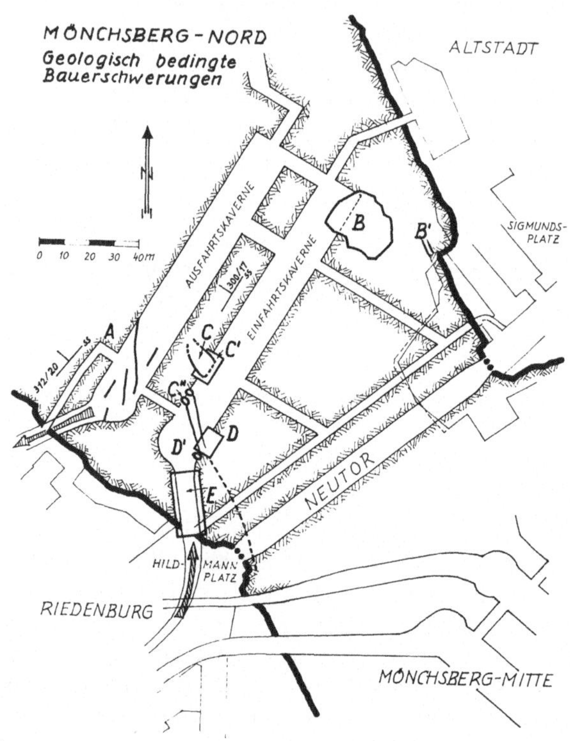


Abb. 1. Mönchsberg-Nord; geologisch bedingte Bauerschwerungen

*A* Großkluftschar, Klüfte bis zu 15 mm weit. *B* „Mönchsberg-Seehöhle", eine Versturzhöhle. *B'* Zwei wandparallele Großklüfte. *C* „Zweite Höhle". *C'* Weiche, entkalkte Nagelfluh. *C''* Zu horizontalen Korrosionsschläuchen erweiterte, steile Klüfte. *D* Weiche, entkalkte Gesteinszone. *D'* Korrosionsspalt an Steilkluft. *E* Flachliegende, klaffende Korrosionsspalten parallel ss

Mönchsberg-North; trouble spots due to geology

*A* Set of long joints up to 15 mm width. *B* "Mönchsberg-Seehöhle", a collapse cave. *B'* Two long joints, running sub-parallel to the Mönchsberg main wall. C The "Second cave". *C'* Weakened, decalcified nagelfluh rock. *C''* Local widening of steep joints to tubeshaped corrosion hollows. *D* Zone of weakened, decalcified rock. *D'* Corrosion gap along part of a steeply inclined joint. *E* Flat lying yawning corrosion gaps parallel to bedding planes

Mönchsberg-Nord; difficultés causées par les conditions géologiques

*A* Système de longues diaclases. Largeur des joints jusqu'à 15 mm. *B* "Mönchsberg-Seehöhle", une cave d'effondrement. *B'* Deux longues diaclases parallèles à la paroi principale du Mönchsberg. *C* La cavité de tassement dite "Seconde cave". *C'* Nagelfluh ramollie, décalcifiée. *C''* Elargissement local de deux diaclases fortement inclinées, formant des cavités de corrosion tubulaires. *D* Roche ramollie par l'action de décalcification. *D'* Fente par corrosion le long d'une part d'une diaclase de forte pente. *E* Fissures de corrosion ouvertes, parallèles à la stratification

bes Jahr, ehe sich die geologischen Randbedingungen für die Möglichkeiten zur baulichen Sanierung der kritischen Kavernenecke auch nur einigermaßen überblicken ließen. Diese Ostecke der Einfahrtskaverne hing ja im wahrsten Sinne des Wortes in der Luft. (An den Scheitel der Höhle war man übrigens seinerzeit, beim Bau der LS-Kavernen, nichtsahnend bis auf 80 cm herangekommen!)

2.4. Die weiten, sand- und lehmgefüllten Klüfte im Westen und die Höhle im Osten waren Zwangspunkte für die Garagenprojektierung. Darüber hinaus war man mit der Orientierung der beiden großen Kavernen von Mönchsberg-Nord an die Ausrichtung des Stollennetzes der bestehenden LS-Anlagen gebunden. Leider konnte man der Höhle nicht ganz ausweichen.

2.5. Zur Gruppe der spät erfaßten Schwierigkeiten trug eine Großkluftschar im SW-Teil der Einfahrtskaverne sowohl direkt als auch indirekt über hydrogeologisch bedingte Folgen bei (Abb. 1 „C“, „D“). Es begann mit einem kleinen Setzungshohlraum, der nachmaligen „Zweiten Höhle“ (Abb. 1 „C“). Der obere Rand dieses Setzungshohlraumes war während des Krieges beim Bau der LS-Stollen angeschnitten und gleich wieder verschlossen worden. Der damals von W. v. Czoernig (1943) verfaßte Untersuchungsbericht versank in den Akten und der kleine, zuganglose Hohlraum wurde vergessen — leider auch von jenen, die von den Projektanten für die Garagen über Erfahrungen vom seinerzeitigen LS-Stollenbau befragt wurden.

## 3. Die wesentlichen geotechnischen Schwierigkeiten in Mönchsberg-Nord

Die im vorigen Abschnitt angedeuteten, nach dem Ablauf des Erkanntwerdens in drei Gruppen gegliederten Schwierigkeiten seien nun etwas eingehender behandelt.

### 3.1. Die ESE-fallenden Längsklüfte in der Kalotte der Ausfahrtskaverne (Abb. 2)

Nach dem spitzen Winkel zwischen Kluftstreichen und Kavernenachse war zu erwarten, daß die erwähnten, mittelsteil ESE-fallenden, lehmgefüllten Klüfte aus den LS-Stollen in der Kalotte der Ausfahrtskaverne bzw. am Übergang zum NW-Ulm in einer Lage etwa normal zu den Kämpferkräften angetroffen werden. Sowohl dieser Umstand wie auch die Anisotropie durch das allgemeine Sedimentationsgefüge der Nagelfluh konnten in der statischen Kavernenberechnung nach der Methode der finiten Elemente, ausgeführt durch die Tauernplan Ges. m. b. H., bereits berücksichtigt werden. Als unerwünschte, zusätzliche Erkenntnis ergab sich bei der Herstellung der Kalotte, daß diese Klüfte dort oben nicht, wie in den LS-Stollen darunter, 1 bis 5 mm, sondern 5 bis über 15 mm weit klafften (H. Köhler, 1975). Überschlägig betrachtet, steht allein in dem etwa 12 m breiten, klüftigen Streifen eine Aufweitung des Felsgebäudes auf Kalottenhöhe um gut 40 mm einem Aufweitungsbetrag von 10 oder 15 mm auf Höhe der 10 m tiefer gelegenen LS-Stollen gegenüber. Dies kann mit der Modellvorstellung einer Lockerung des

Felsgefüges durch ein Auffächern nach NW um eine liegende Achse in Einklang gebracht werden (Abb. 3, Fall C). Die Achse dieser geringfügigen Kippbewegungen wäre unter Höhe des Straßenniveaus anzunehmen. Da diese Bewegung ersichtlich nicht zur freien Oberfläche des Berges gerichtet ist,

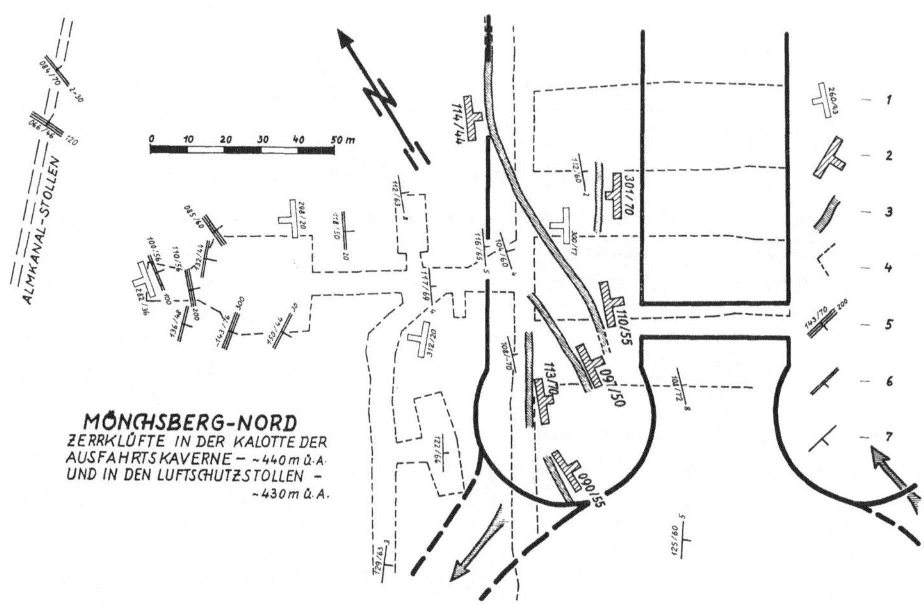


Abb. 2. Mönchsberg-Nord; Zerrklüfte in der Kalotte der Ausfahrtskaverne, ~440 m ü. A., und in den Luftschutzstollen, ~430 m ü. A.

*1* Schichtung der Nagelfluh. Azimut und Neigung des Fallpfeils. *2* Raumstellung der lehmgefüllten Klüfte in der Kalotte der Ausfahrtskaverne. *3* Spuren der lehmgefüllten Klüfte in der Kalotte. *4* Umrisse der ehemaligen Luftschutzstollen. *5* Lehm- und sandgefüllte Klüfte von über 100 mm Weite in der westlichsten Luftschutzkammer. *6* Wie 5, 8 bis 100 mm. *7* Wie 5, bis 8 mm weit. Ziffern rechts neben den Kluftsignaturen: ungefähre Kluftweiten in mm

Mönchsberg-North; tension cracks along the roof of the exit cavern, 440 m O. D., and in air raid galleries, 430 m O. D.

*1* Stratification of the nagelfluh rock. Azimuth of dipping arrow and angle from horizontal. *2* Orientation of gougefilled joints in the roof of the exit cavern. *3* Geometrical traces of gouge-filled joints in the roof. *4* Outlines of former air raid shelters. *5* Sand- and clay-filled cracks of more than 100 mm width in the westernmost air raid gallery. *6* See 5, 8 to 100 mm. *7* See 5, up to 8 mm. Figures by the right end of symbols for joints: approx. width by mm

Mönchsberg-Nord; diaclases de traction au niveau du toit de la caverne de sortie, altitude 440 m, et au niveau des galéries de défence passive, alt. 430 m

*1* Stratification. Flêche d'inclinaison; direction et angle vers le plan horizontal. *2* Position de diaclases remplies d'argile au toit de la caverne de sortie. *3* Traces des diaclases remplies d'argile au toit de la caverne de sortie. *4* Contours des anciennes galéries de la défense passive. *5* Diaclases remplies de sable et d'argile dans la caverne le plus à l'Ouest du système de galéries de la défense passive. Largeur des diaclases surpassant 100 mm. *6* Pareil. Diaclases de 8 à 100 mm. *7* Pareil. Diaclases jusqu'à 8 mm de largeur. Chiffres à la droite des symboles de diaclases: largeur approx. en mm

erscheint der Schluß berechtigt, daß in der Tiefe, mit Folgewirkung in die Nagelfluh hinauf, jener freie Raum zustande gekommen ist, der in Abschnitt 1 aus den regionalgeologischen Gegebenheiten erklärt worden war. Diese Vorstellung wird durch die erwähnte Existenz und den Zustand der dm-weiten Klüfte im westlichen Teil der LS-Anlagen und den Klüftungszustand im benachbarten Almkanalstollen gestützt. Die Ergebnisse aus einer dem Geologen noch nachträglich zugestandenen Erkundungsbohrung MRS/72 erhärteten obige Annahmen. Vgl. Abb. 3, Fall „C".

Diese Bohrung MRS/72 war über dem vermuteten Zentralbereich der Setzungserscheinungen, in der tiefsten Einmuldung des Mönchsbergplateaus, angesetzt und auf 60 m Tiefe bis zur Kote 389,52 m ü. A. niedergebracht worden. Die Unterkante der Nagelfluh wurde auf 402,52 m ü. A. erreicht. Von da weg blieb die Bohrung bis zur Endteufe in einem sehr locker gelagerten, brecciösen Gemenge aus gelbgrauem Schlufflehm und bis überkopfgroßen Brocken aus grobzelligem, dunkelgrauem, mergeligem Dolomit und dolomitischem Kalk. In dieser, am ehesten als Murenschutt oder Solifluktionsschutt zu deutenden Masse nahm gegen das Ende der Bohrung der Dolomitanteil gegenüber dem Lehm immer mehr zu. Ob die Bohrung gerade noch das Anstehende in diesem (anisischen?) Zellendolomit erfaßte, wie der Autor für möglich hält, oder ob dies nicht der Fall war, wie B. Plöchinger annimmt, bleibt offen[2]. Sicher ist, daß diese Bohrung in der Zone um 398 m ü. A., also um 33 m unter Straßenniveau, in besonders stark gelockertes Gestein geraten war. In ihm war die Bohrung durch Einsturz auf Tage blockiert.

*3.1.1.* Innerhalb weniger Tage nach dem Ausfräsen der Kalotte wurde aus einigen jener breiten Klüfte der Lehm 1 bis 4 cm weit herausgeschoben. Da Quellungsvorgänge kaum in Frage kommen, ist anzunehmen, daß die Erscheinung eine Folge der Spannungsumlagerung bei der Schaffung der Kavernen war. Ähnliches war schon an Firstenklüften in den ebenfalls in der Mönchsberg-Nagelfluh erstellten alten LS-Stollen hinter dem St.-Peter-Friedhof zu sehen (G. Horninger, 1974). Messungen in der Kalotte der Ausfahrtskaverne mittels frühzeitig eingebauter Extensometer quer durch die Lehmklüfte zeigten, daß geringfügige anfängliche Bewegungen bald ausklangen.

*3.1.2.* Mit dem Anschneiden der vorausgesagten Lehmklüfte in der Kalotte der Ausfahrtskaverne verlagerten sich die Probleme von der Geologie zum reinen Ingenieurbau. Bei der Geologie blieb aber die Frage, ob die natürlichen Vorgänge, die einst das Aufreißen der Fächerklüfte herbeigeführt hatten, in Zukunft so rasch fortschreiten könnten, daß bereits für die nächsten Jahrzehnte nachteilige Auswirkungen auf die Kavernen zu gewärtigen seien. Analogieschlüsse aus dem Zustand der dm-weiten Klüfte im benachbarten, schon jahrhundertealten Almkanalstollen (vgl. Abb. 2) rechtfertigen die Erwartung, daß für Zeiträume in der Größenordnung von hundert Jahren kaum Veränderungen schädlichen Ausmaßes zu befürchten seien.

---

[2] Der Autor dankt den Herren Chefgeol. Dr. B. Plöchinger und Dr. W. Demmer für wertvolle mündliche Ratschläge zu Bohrung MRS/72. Wegen Erschöpfung der präliminierten Mittel konnte die Bohrung leider nicht über 60 m hinausgeführt werden.

## 3.2. Die Mönchsberg-Seehöhle

Nachdem die Höhle erschlossen war, kam es darauf an, die Ursachen für jenen, dem Anscheine nach eng begrenzten Versturz zu erkunden, der letztlich zur Bildung der Höhlenkuppel geführt hatte. Jedes Konzept für die technische Sanierung des durch die Höhle in Mitleidenschaft gezogenen Eck-

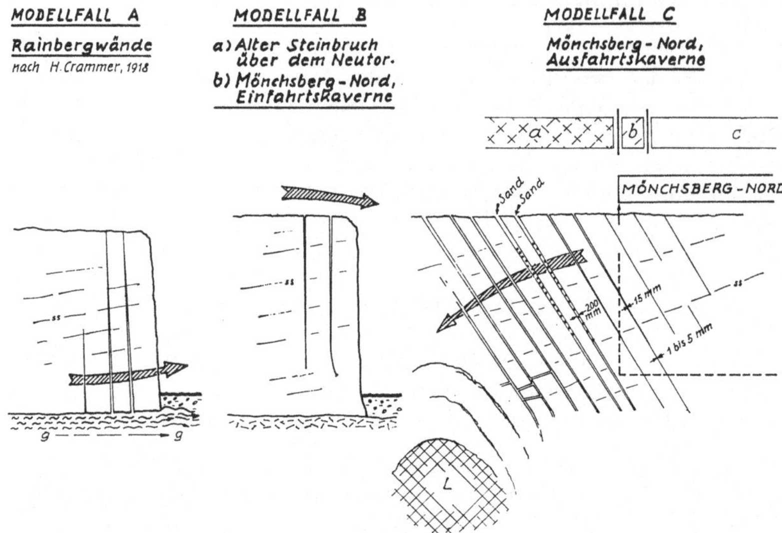


Abb. 3. Öffnungsmechanismen an Großklüften des Mönchsbergs und des benachbarten Rainbergs

Modellfall A: Außenzone der Nagelfluh gleitet auf leicht verformbarem Unterlagsgestein weg. Modellfall B: Aufreißen der wandparallelen Klüfte von oben her. Modellfall C: Aufreißen von Parallelklüften als Folge von Zugspannungen über einem tiefliegenden Hohlraum „L". Für Kavernenbau: a — ungeeignet, b — bedingt geeignet, c — geeignet

Different ways of the formation of long joints in the Mönchsberg and Rainberg nagelfluh rock

Model case A: Outer zone of nagelfluh rock sliding on easily deformable base rock. Model case B: Cracks parallel to the wall, opening from top downwards. Model case C: Opening of parallel joints deriving from traction forces provoked by cavities in deep lying subsoil area ("L"). a — unsuitable; b — of limited suitability; c — appropriate to large underground openings

Modes différents de la formation de diaclases importantes dans la nagelfluh du Mönchsberg et du Rainberg

Modèle A: Zone extérieure de la nagelfluh glissant sur une matrice rocheuse très déformable. Modèle B: Formation de diaclases parallèles à la paroi, s'élargissant du haut en bas. Modèle C: Formation d'un système de diaclases parallèles provoquées par des tensions de traction au dessus d'une cavité "L". a — impropre; b — propre sous quelque réserve; c — propre à la construction de grandes cavités souterraines

bereiches der Einfahrtskaverne hing ja davon ab, wie gut oder wie wenig die Vorstellungen über die geologischen Ursachen des natürlichen Niederbruchs im Berge gesichert werden konnten.

Der Scheitel der Höhlenkuppel lag auf 428,97 m ü. A., das sind 5 1/2 m über dem Sigmundsplatz, bzw. 2 1/2 m über Ausbruchsohle an der Garagenecke. Bis zu dem im Jahresgang etwa zwischen 417,0 und 418,5 m ü. A. variierenden Grundwasserspiegel hinunter waren mithin etwa 11 m freie Höhe der Beobachtung zugänglich. Auf dem Horizont des Grundwasserspiegels hatte die annähernd elliptische Kuppel Durchmesser von 20 bzw. 25 m. Das sehr grobe Versturzblockwerk, durchwegs feste Nagelfluh, reichte unter dem Scheitel bis auf einige dm unter das Höhlendach. In den Räumen süd- und ostwärts vom Scheitel betrug die freie Höhe 2 bis 4 m. Dies war also der Mindestbetrag der Setzung, der irgendwo und irgendwie im Untergrund zustandegekommen sein mußte. Denn im ganzen zugänglichen Teil der Höhle war weder ein offener, noch ein sekundär verlegter Weg ins Freie erkennbar, durch den Blockwerk aus dem Raume zwischen Höhlendach und Versturzhalde ausgeschwemmt worden sein konnte. Dem nächstliegenden Gedanken, die bauliche Sanierung der Kavernenecke durch Abstützung des Höhlendaches über Pfähle o. dgl. gegen ein tragfähiges Liegendgestein zu bewerkstelligen, stand die Ungewißheit über die Tiefenlage solchen verläßlichen Aufstandsgesteins entscheidend im Wege. Ein in der Höhle angesetzter, vertikaler Erkundungsschacht erreichte bei 6,35 m Tiefe, gerade am damaligen Grundwasserspiegel, zunächst loses, sandig-kiesiges Material. Der Schachtaufschluß wurde dann ab Schachtsohle als 13,85 m tiefe, vertikale Kernbohrung mit 85 mm Bohrlochdurchmesser fortgesetzt. Aus ihr wurde Material gefördert, dessen Beschaffenheit und Konsistenz von Kernzug zu Kernzug immer wieder wechselte. Am ehesten konnte es als mehr oder minder stark umgeschwemmte Grundmoräne gedeutet werden. Offen blieb, wie weit die Auswaschung von Feinteilen natürlich erfolgt war bzw. wie stark daran der Bohrvorgang beteiligt war. Leider ergaben sich bis zur Endteufe immer wieder Hinweise, daß das Material in situ z. T. stark gelockert vorlag. Grundmoräne als Stammaterial wurde durch eine Anzahl noch unveränderter, steif-lehmiger Kernbrocken mit eingeschlossenen Geschieben belegt. Sichere Gletscherkritzen an letzteren waren wohl selten, gelegentlich aber doch zu finden. Auf kurze Bohrstrecken war die Moräne so steif, daß einzelne Gerölle von der Krone glatt durchgeschnitten wurden, ohne dabei aus dem Verbande gedreht worden zu sein. Im Jahre 1974 wurden noch einige Versuchsschächte und -bohrungen am Rande der Höhle ausgeführt. Sie alle wurden nur bis in die dem Techniker gerade noch interessant erscheinende Tiefe von etwa 20 m unter Kavernensohle abgestoßen. Auch diese Aufschlüsse kamen nicht aus dem ersichtlich locker gelagerten, teilweise umgeschwemmten Moränenmaterial heraus.

*3.2.1.* Im September 1974 drängte die Entscheidung zwischen zwei grundsätzlichen Wegen zur Sanierung der Kavernenecke:

— entweder direkte Abstützung nach unten, wobei sich in der Zwischenzeit eine Lösung in den Vordergrund schob, bei der dies durch Versteinung des lockeren Moränengutes mittels Injektionen bewerkstelligt werden sollte, oder

— Verdübelung der in ihrem Kluftgefüge stark gelockerten Höhlenkuppel durch Systemankerung, um ein räumliches Traggewölbe zu schaffen. Dieses sollte sich auf die gesunden Felsbereiche seitwärts von der Höhle abstützen können.

Die Hoffnung, doch noch in wirtschaftlich erreichbarer Tiefe tragfähige Zonen unter den lockeren Massen zu finden, entschwand langsam aber sicher. Damit gewann die Variante, die auf Systemankerung der Firste abzielte, automatisch die Oberhand. Die technisch und auch wirtschaftlich befriedigende Lösung in diesem Sinne, der letzten Endes voller Erfolg beschieden war, wurde von Prof. Dr. L. v. Rabcewicz entworfen.

*3.2.2.* Im Frühjahr 1975, also Monate nach der Entscheidung über die Sanierung, konnte durch das großzügige Entgegenkommen der Salzburger Parkgaragen Ges. m. b. H. von der Höhle aus eine 50 m tiefe Kernbohrung MMH/71 für rein geologische Interessen abgestoßen werden. Wider Erwarten blieb auch sie bis zur Endteufe 372,02 m ü. A. im überwiegend stark aufgelockerten Moränenmaterial, ohne das Liegendgestein zu erreichen. Diese Bohrung brachte dem Ingenieur wenigstens nachträglich die Gewißheit, daß man selbst in 50 m Tiefe noch kein verläßliches Gründungsgestein für Pfeiler oder ähnliche Stützelemente gefunden hätte. Die angestrebte Klärung der Frage, in welcher Tiefe nun tatsächlich das untere Ende der Felslockerung sei, die durch Nachbrechen bis in die Nagelfluh hinauf wirkte, war also auch mit der 50-m-Bohrung nicht erreicht worden. Wodurch der Volumsverlust zustande kam, der den Versturz herbeiführte, ob durch Abwanderung von Material nach der Seite, ob durch allmählichen Wasserverlust, ist also noch immer offen.

*3.2.3.* Auch die ausgeführte Sanierungsvariante mit Firstenankerung über und um die Höhle war nicht frei von gesteinsbedingten Problemen. Betrug doch die Entfernung zwischen dem altstadtseitigen Höhlenrand und der freien Mönchsbergwand mit ihren langen, wandparallelen Klüften (Abb. 4) nur etwa 22 m (Abb. 3, Fall „B"). Nachteilige Spannungsveränderungen im Fels um die Höhle als Folgen der Ankerung waren nicht von vornherein auszuschließen. Diese beiden, zur altstadtseitigen Hauptwand des Mönchsbergs subparallelen, offenen Steilklüfte streichen an einer zur Hauptwand querliegenden Wand des ehemaligen Steinbruchs über dem Neutor aus. Schon ab Juni 1973, also zu einer Zeit, zu der die Parkgaragen noch im Projektstadium waren und von der nahen Höhle nichts bekannt war, führte das Stadtbauamt Salzburg an diesen beiden Klüften bereits periodische Kluftweitenmessungen über Meßbolzenpaare durch (G. Horninger, 1975). Die Mönchsberg-Seehöhle wurde dann indirekt, wenn auch nicht als auslösender Faktor, zu einem Hauptanliegen in bezug auf diese Kluftmessungen. Beide Klüfte wurden in 3 Meßhorizonten mit Bolzenpaaren bestückt (vgl. Abb. 5, rechts). Bis Anfang Oktober 1974, als der Kavernenausbruch schon weit fortgeschritten war, ergaben sich an allen damals bestehenden 8 Meßstellen nur geringfügige Kluftweitenänderungen. Sie konnten zwanglos als Auswirkungen des Jahresganges der Temperatur erklärt werden. Ab Mitte Oktober 1974 begann plötzlich der Meßpunkt 1, ca. 6 m unter der Plateaukante des Mönchsbergs am bergseitigen Riß angebracht, wesentlich stärkere Kluftaufweitungen als alle übrigen Punkte darüber, darunter und daneben anzuzeigen (Abb. 5). Während der Jahresgang der Kluftweitenänderungen an allen anderen Meßstellen unter 1 1/2 mm, in den meisten Fällen bei nur etwa 1/2 mm blieb, betrug die vom Bolzenpaar 1 erfaßte Komponente der Kluftweitenänderung bis Feber 1975 4,4 mm. Die wahrscheinliche und plausible Ursache für dieses zunächst schwer zu erklärende und beunruhigende Sonderverhalten der Kluft im Bereich des Meßpunktes 1 lag, wie sich erst aus längeren Meßreihen ergab, weder bei der Geologie, noch beim Kavernenbau, sondern bei der Geometrie der Wand: in Nähe des Mönchsberg-Plateaus hatte man

Abb. 4. Zur Hauptwand des Mönchsbergs parallele Steilklüfte in der Wand des ehemaligen Steinbruchs ober dem Neutor. Blick NNW

Two long tension cracks subparallel to the main wall of the Mönchsberg, developed in the vertical wall of the ancient quarry above Neutor road tunnel

Deux diaclases longues, parallèles à la paroi principale du Mönchsberg. Les traces des diaclases exposées dans une paroi de la carrière ancienne au-dessus du tunnel routier, dit Neutor

seinerzeit die Steinbruch-Querwand gerade im Horizont um jene Meßstelle so ausgerundet, daß der einspringende Winkel zwischen den Wänden, deren eine nach der Großkluft herausgearbeitet worden war, statt, wie tiefer unten, 100° etwa 140° betrug. Damit verblieb zwischen Kluft und Querwand ein Felskeil mit nur 40° Öffnungswinkel. Über diese verhältnismäßig schmale Keilschneide war die Meßstelle 1 eingerichtet worden und daraus erklärten sich die auffallenden, starken Reaktionen auf den Temperaturgang. Wichtig, ja entscheidend für den Kavernenbau war aber die sichere Erkenntnis aus dem Zeit/Kluftweitendiagramm, daß sich bei keiner der Meßstellen jene Bau-

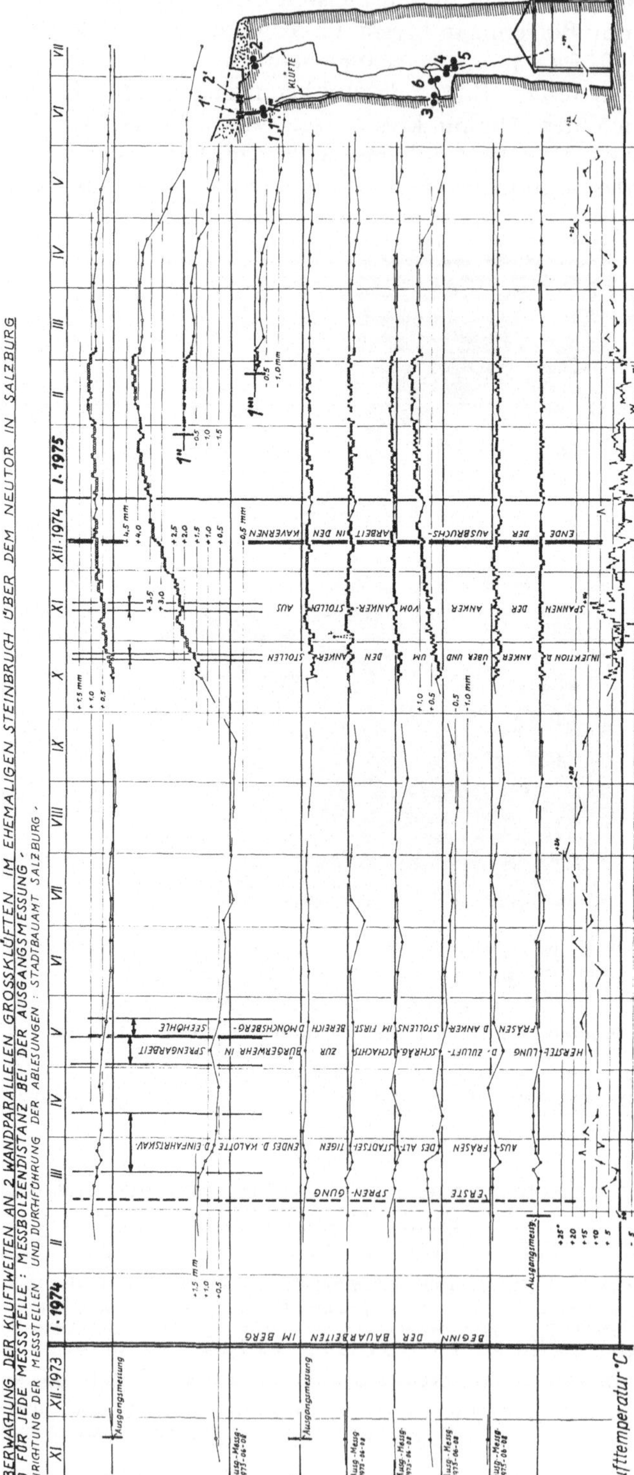


Abb. 5. Klüfte, wie in Abb. 4 dargestellt. Zeit-Kluftweitendiagramm

Cracks as depicted in Fig. 4. Time-variation of joint width

Les deux diaclases de fig. 4. Variation de la largeur des diaclases en fonction du temps et de la température

phasen, von denen man am ehesten Rückwirkungen auf das Kluftverhalten befürchten hätte müssen — z. B. die erste Sprengung in Nähe der Ostecke der Einfahrtskaverne oder der Sprengvortrieb im wandnahen Lüftungsschrägschacht — auswirkten. Heute, nach mehr als zwei vollen Jahreszyklen, darf man feststellen, daß das Kluftverhalten die fast verzögerungsfrei eintretende Antwort auf den Gang der Außentemperatur war.

*3.2.4.* Im Hinblick auf den Kavernenbau sind also die Meßergebnisse der Kluftweitenmessungen an der Mönchsbergwand beruhigend. Der Geologe muß aber auch die denkbare künftige Entwicklung an dieser, bei Meßstelle 1 um 20 mm weit klaffenden Fuge mit über 4 mm Jahresspiel im Auge behalten. Gewiß gibt es (wenn man nur genau genug hinsieht) Klüfte solcher Weite in den meisten größeren Steilwänden. Mit dem Vorhandensein solcher Klüfte muß noch durchaus keine unmittelbare Gefahr verbunden sein. Sicher ist aber, daß der augenblickliche Zustand nur ein Durchgangsstadium in einer einsinnig auf den Abbau einer übersteilten Form hinauslaufenden Entwicklung ist. Aus dieser auf die Zukunft gerichteten Überlegung werden selbstverständlich alle Messungen weiter betrieben. Außerdem sind kürzlich im betreffenden Wandbereich vorsorgliche, aktive Sicherungsmaßnahmen durchgeführt worden.

*3.2.5.* Nun ein anderes Problem, das indirekt die Mönchsberg-Seehöhle berührt:

Noch während die Arbeiten zur Erkundung des tieferen Untergrundes der Höhle liefen, wurden bereits an ihrem Rande umfangreiche Versuche durchgeführt, um zunächst von der technischen Seite her die Erfolgsaussichten für eine Versteinung des lockeren Moränenmaterials unter der Seehöhle mittels Injektionen zu untersuchen. Insgesamt wurde in der Zeit zwischen dem 3. August und dem 10. September 1974 in zwei Arbeitsgängen Injektionsgut mit 232 t Feststoffanteil eingepreßt; zunächst PZ 275, Na-Bentonit und etwas Wasserglas, anschließend Wasserglas + Äthylazetat[3]. Vielleicht war es Zufall, eher aber nicht, daß die Gesamthärte des Wassers im Grundwassertümpel (dem „See“) der Seehöhle, statt wie bis dahin bei 15 bis 16$^0$ dH, in einer zufälligen Routineprobe am 1974-11-02 nur mehr zu 4$^0$ dH festgestellt wurde. Die Bestimmungen und die darauf folgenden häufigen Wiederholungsmessungen wurden mit den Schnellverfahren Durognost und/oder Aquamerck an Ort und Stelle vorgenommen. In zwei Fällen wurden sie durch ausführliche, analytische Bestimmungen überprüft, für deren Durchführung der Bundesanstalt für Wassergüte, Wien XXII, bestens gedankt sei. Bei den erwähnten, zahlreichen Wiederholungsbestimmungen ergaben sich unregelmäßig schwankende Werte zwischen knapp 3$^0$ und 4$^0$ dH. Eine Erholung ist vorläufig, d. i. bis Mitte Oktober 1975, noch nicht eingetreten. Mag sein, daß der Na-Bentonit als Ionenaustauscher wirksam wurde. Daß das Wasser in der Höhle mit dem Grundwasser oder Kluftwasser in der Nachbarschaft rasch kommuniziert, geht aus den über 1 Jahr geführten Vergleichen des Ganges der Spiegelstände in der Höhle und in den Bohrungen im 100-m-Umkreis hervor. Quantitative Aussagen über den Wasserumsatz in der Höhle sind nicht möglich, weil der durchströmte Querschnitt derzeit noch nicht bekannt ist.

Nach freundlicher Mitteilung von Herrn Dir. Dr. F. Bauer, Wien, waren schon 1971 nach Felsinjektionen im Schneealpenstollen in den niederösterreichischen Kalkalpen ähnliche Erscheinungen beobachtet worden. Dort war ausschließlich PZ 375 + 1% Na-Bentonit verwendet worden. Die Erholung der Härtewerte ist nach

[3] Freundliche schriftliche Mitteilung der Fa. INSOND Ges. m. b. H., Salzburg.

5 Monaten eingetreten. Es wäre vom technisch-geologischen Standpunkt gewiß interessant, Daten über solche langdauernde Veränderungen der Wasserbeschaffenheit nach Injektionsarbeiten vergleichend zu sichten.

### 3.3. Geotechnische Auswirkungen der steil WSW-fallenden Diagonalkluftschar im SW-Drittel der Einfahrtskaverne (Abb. 6 bis 9)

Bei den geologischen Vorarbeiten war bereits aufgefallen, daß die großen, nassen, steil WSW-fallenden Klüfte, die im riedenburgseitigen Drittel des 11 m hohen Neutors mit Klaffungsbeträgen bis zu 20 mm zu sehen sind, in dem kaum 40 m entfernten, ebenfalls auf Straßenhöhe gelegenen Längsgang des LS-Stollensystems nur als ganz unbedeutende, absätzige, feuchte Rißchen mit etwas Kalksinterausscheidungen zu finden waren. Dies wurde in den geologischen Berichten als Merkwürdigkeit festgehalten. Darüber hinaus schien zunächst keine Ursache vorzuliegen, daran weitergehende Folgerungen zu knüpfen. Man war daher überrascht, als gleich zu Beginn der Ausbruchsarbeiten in der Kalotte der Einfahrtskaverne, etwa 10 m über dem erwähnten LS-Stollen, 2 offene, um 60° steil nach WSW fallende, tropfnasse Risse mit den typischen Merkmalen von Zerrklüften angefahren wurden. Der breitere der beiden Risse klaffte über die ganze Breite der Kalotte um 15 mm. Räumlich ließen sich die beiden Risse zwanglos mit den erwähnten Klüften im Neutor bzw. in dem zu jenem parallelen „Fußgängertunnel" in Beziehung bringen. Sofortige nochmalige Nachschau in den damals noch zugänglichen LS-Stollen bestätigte nur den seinerzeitigen Befund. Hier, im SW-Abschnitt der Einfahrtskaverne war also wieder ein Fall, wo Großklüfte im Horizont 10 m über der Straße weiter klafften als auf Straßenhöhe. (Eine Feststellung, die merkwürdigerweise auf den nahen Fußgängertunnel nicht mehr bezogen werden konnte.) Für den engeren Bereich der Einfahrtskaverne bedeutete dies also ein minimales Wegkippen der Außenzone des Nagelfluhkörpers.

Die im Jahre 1975 dazugekommenen neuen Aufschlüsse auf dem Hildmannplatz, südwestlich vom Neutor, rechtfertigen nun doch die Annahme, daß diese Klüfte zu einer einstigen natürlichen Mönchsbergwand parallel laufen. Damit könnten sie als Entspannungsklüfte im Sinne A. Kieslingers (1972) gedeutet werden. Gegen die heutige, im Neutorbereich künstlich veränderte Wandflucht liegen diese Klüfte um 30° verschwenkt.

Gleich nach dem Anfahren dieser klaffenden Risse in der Kalotte der Einfahrtskaverne wurden von Ing. J. Schubert entworfene, robuste Einrichtungen angebracht, um eventuelle Verstellungen im Laufe der fortschreitenden Ausbruchsarbeiten dreidimensional erfassen zu können. Es ergaben sich nur geringfügige, schon nach wenigen Wochen ausklingende Kluftweitenänderungen. Ein Jahr später allerdings, als von der fast fertig ausgebrochenen Einfahrtskaverne aus der tiefliegende Einfahrtstunnel zum Hildmannplatz hinaus aufgefahren wurde, kam es zu einer nachträglichen Kluftaufweitung im Ausmaß von etwa $1\,^1/_2$ mm.

*3.3.1.* Da die im Jahre 1943 beim Bau der LS-Stollen kurzfristig erschlossene, von uns später als „Zweite Höhle" bezeichnete Setzungsspalte

(Abb. 1, „C") nach W. v. Czoernigs Skizze gerade im Bereich der NW-Wand der zukünftigen Einfahrtskaverne zu erwarten war, wurde dem freundlichen Hinweis des Bundesdenkmalamtes sofort mit einem kurzen Schacht und zwei Steilbohrungen nachgegangen. Der im Mittel 50 cm hohe Hohlraum erstreckte sich, soviel man sehen konnte, mit abnehmender Weite längs dem Schichtenverlauf flach nach NW absteigend, in den trennenden Nagelfluhkörper zwischen den beiden Parallelkavernen. Nach der anderen Seite, zur Achse der Einfahrtskaverne hin, wurde stark aufgeweichte, nasse Nagelfluhmasse gefunden. Sie zeigte noch das ursprüngliche Einschüttungsgefüge des ehemaligen Deltaschotters. Auch Andeutungen von W- bis SW-fallenden Klüften waren zu sehen. In Halbmeterabständen klafften in dieser weichen Masse cm-weite Setzungsfugen nach der Schichtung. Außerdem sah man darin einige mit schwarzen Mangankrusten belegte Höhlenschläuche von Armdicke. In dieses lockere, weiche Gestein konnte man vom Grunde des $2^1/_2$ m tiefen Schachtes eine Eisenstange noch $3^1/_2$ m tief steil hineintreiben. Versuche, die Stange vom Schächtchen aus auch flach nach der Seite hineinzustoßen, mißlangen — irgendwie zufällig, wie sich später herausstellte. Die beiden Bohrungen waren erst nach 6 bzw. 8 lfm ohne deutliche Grenze wieder in einigermaßen kernfähiges Konglomerat geraten. Aus diesen zwei „Trockenbohrungen" wurde schwemmnasses Bohrgut gefördert, obwohl der Grundwasser- bzw. Kluftwasserspiegel erst bei 12 m unter Ansatzpunkt der Bohrungen lag. Das wies auf dauernde, starke Durchnässung des entfestigten Kies-Sandkörpers hin. Zum Unterschied von der „Mönchsberg-Seehöhle" war in dieser „Zweiten Höhle" nur wenig Versturzblockwerk zu sehen. In der Folge trafen mehrere Untersuchungsbohrungen im Nahbereich um die „Zweite Höhle" nur verhältnismäßig feste Nagelfluh, nicht aber jenes weiche Sand-Kiesgemenge an. Es war daher anzunehmen, daß die „Zweite Höhle" doch nur eine örtliche, eng begrenzte, leicht überbrückbare Schwächestelle sei. Man ließ die Höhle mit Feinbeton vollrinnen und stellte ihre endgültige Sanierung auf die Zeit nach dem Hallenausbruch zurück. Allerdings zog man diesen längs der fraglichen Kavernenwand zeitlich vor, um bald Genaueres zu erfahren. Schon beim ersten Frässchnitt von 3 m Höhe unter das Niveau der LS-Kavernen geriet die schwere Teilschnittmaschine AM 50 unter einer 1 bis 2 m starken Deckzone aus grobklüftig in Schollen zerlegter, sonst aber unveränderter Nagelfluh etwa ab der Kote 428,50 m ü. A. in die völlig entfestigte, nasse Nagelfluhmasse. Sie war so beschaffen wie jene, die in dem kurzen Schächtchen angefahren worden war. Diese Masse hatte sich von der erwähnten, in Schollen zerstückelten, hangenden Nagelfluh längs einem durchlaufenden, schichtparallelen, mehr-cm-breiten Spalt abgesetzt. Der schwarzbraune Belag in diesem zeigte, daß diese Setzungsfuge alt war. Der Kavernenausbruch brachte aber die Setzung unter der Betonplombe im LS-Gang Nr. 61 (vgl. Abb. 6, Signatur 5) neuerdings auf etwa 14 Tage in Gang. Auf eine Wandlänge von 13 m war das entfestigte Gestein so weich, daß man daraus beliebig große Brocken mit bloßen Händen entnehmen konnte. Da die Fräse zu tief einsank, setzte man den Ausbruch in dem schlechten Bereich mit einem leichten Grabenbagger fort. Auch dieser kippte bisweilen bedenklich im weichen „Fels". Buchstäblich im untersten Dezimeter über

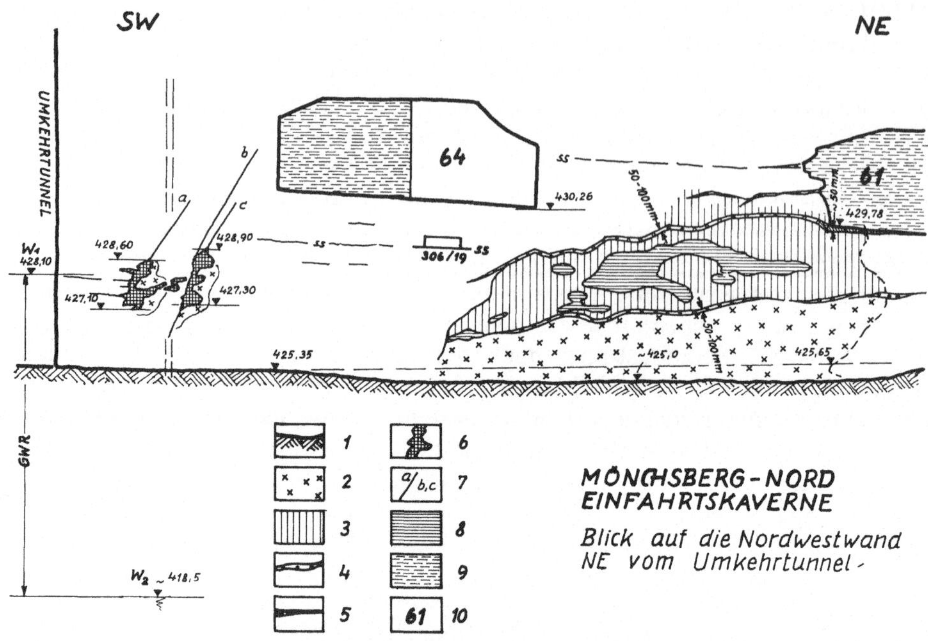


Abb. 6. Mönchsberg-Nord. Einfahrtskaverne
Blick auf die Nordwestwand NE vom Umkehrtunnel

*1* Tatsächliche Ausbruchsohle. *2* Weiche, weitgehend entfestigte Nagelfluh. *3* In Schollen zerlegte Nagelfluh. *4* Alte Setzungsfugen. *5* Setzungsfuge, während der Ausbruchsarbeit weiter geworden. *6* Korrosionsschläuche. *7* Steilkluftschar zu *6*. *8* Füllbeton in der „Zweiten Höhle". *9* Füllbeton in Luftschutzkammern. *10* Nummern von Luftschutzkammern.

$W_1$ Höchster ehemaliger Grundwasserstand in der Mönchsberg-Seehöhle. $W_2$ Höchster rezenter Grundwasserstand in der Mönchsberg-Seehöhle

Mönchsberg-North. Entrance cavern, NW-wall. Area NE of the "Umkehrtunnel"

*1* Actual excavation floor. *2* Weakened nagelfluh rock, intensely loosened. *3* Nagelfluh rock, still in situ but heavily broken. *4* Old fissures due to subsidence. *5* Fissure due to subsidence, widening (again) during excavation. *6* Tube-shaped corrosion cavities. *7* Set of steeply inclined joints. See *6*. *8* Concrete plug filling the "Zweite Höhle" subsidence gap. *9* Concrete fill in abandoned air raid shelters. *10* Serial numbers of air raid shelters

$W_1$ Former maximum groundwater level in the Mönchsberg-Seehöhle. $W_2$ Present maximum groundwater level in the Mönchsberg-Seehöhle

Mönchsberg-Nord. Caverne d'accès. Vue de la paroi Nord-Ouest. Section au NE de la galérie dite "Umkehrtunnel"

*1* Niveau effectif d'excavation pour le radier. *2* Nagelfluh ramollie, sévèrement désagrégée. *3* Nagelfluh cassée, formant des blocs grossiers, encore sur place. *4* Vieilles fissures de tassement. *5* Fissure de tassement, élargie pendant les travaux d'excavation. *6* Cavités tubiformes par corrosion. *7* Deux diaclases parallèles à forte pente, reliées aux cavités. *8* Béton de remplissage dans la cavité dite "Zweite Höhle". *9* Béton de remplissage dans des galéries anciennes de la défense passive. *10* Numéros des galéries de la défense passive

$W_1$ Niveau maximum d'une nappe phréatique ancienne démontré à la paroi de la cave Mönchsberg-Seehöhle. $W_2$ Niveau maximum de la nappe phréatique actuelle dans la cave Mönchsberg-Seehöhle

der planlich vorgesehenen Ausbruchsohle schien es besser zu werden und nur 50 weitere cm tiefer war dann auf die ganze Länge wieder tragfähige

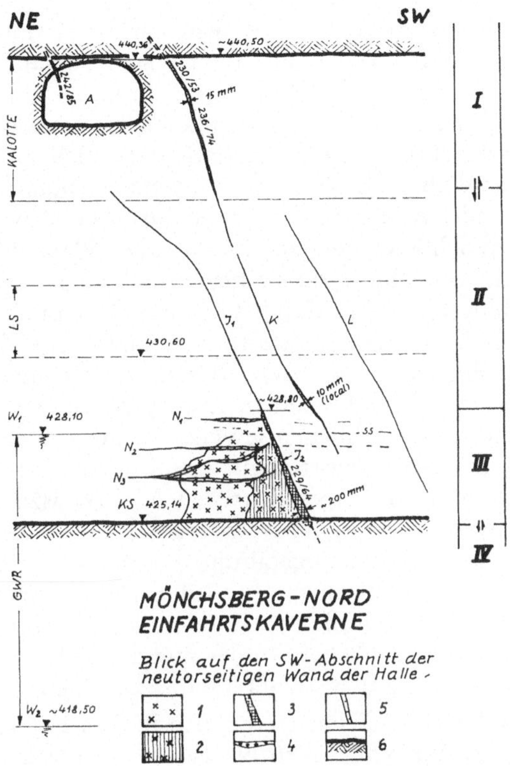


Abb. 7. Mönchsberg-Nord. Einfahrtskaverne

*1* Weiche, durch Entkalkung entfestigte Nagelfluh. *2* Nische in *1* durch Nachfall beim Kavernenausbruch. *3* Korrosionsspalt an Großkluft. *4* Setzungsspalten // ss. *5* Zerrfugen, bis 15 mm weit. *6* Sohle und Firste. $W_1$ und $W_2$ — vgl. Abb. 6. *A* Abluftschacht

I Zone mit offenen Klüften. II Zone mit überwiegend geschlossenen Klüften. III Zone der Wirkung der Mischungskorrosion. IV wie II

Mönchsberg-North; entrance cavern, Southeast wall. Southwestern section

*1* Weakened nagelfluh rock, loosened by decalcification. *2* Recess from caving-in due to excavation operations. *3* Fissure widened by corrosion along part of a joint. *4* Fissures caused by subsidence along bedding-planes. *5* Tension joints, up to 15 mm wide. *6* Floor and top of cavern. $W_1$ and $W_2$ — see Fig. 6. *A* — Ventilation shaft

I Zone of open cracks. II Zone of mostly closed joints. III Zone showing corrosion effects due to mixing of different waters. IV Same as II

Mönchsberg-Nord; caverne d'accès. Vue de la partie Sud-Ouest de la paroi voisine au tunnel routier Neutor

*1* Nagelfluh ramollie, désagrégée par decalcification. *2* Niche formée par écroulement au cours des travaux d'excavation. *3* Fente élargie par corrosion, formée le long d'une diaclase. *4* Fissures de tassement parallèles à la stratification. *5* Joints de traction d'une largeur de 15 mm. *6* Radier et toit de la caverne. $W_1$ et $W_2$ — comparez fig. 6. *A* Puits incliné, ventilation

I Zone à diaclases béantes. II Zone à diaclases fermées. III Zone de la roche affectée par la corrosion causée par le mélange d'eaux de différentes qualités. IV Même que II

Nagelfluh erreicht. Damit lagen hier im Gegensatz zur „Mönchsberg-Seehöhle" klare geotechnische Voraussetzungen für die endgültige Sanierung der „Zweiten Höhle" mittels Stützplombe vor.

*3.3.2.* Nur 10 lfm vom Rande der weichen Zone unter der „Zweiten Höhle" weiter gegen SW wurden mit dem ersten Aushubschritt unter die Sohlhöhe der LS-Kavernen, etwa auf 428,70 m ü. A. die Kuppen zweier schwarzer, schlauchförmiger Hohlräume angeschnitten (Abb. 1, „C"; Abb. 6, Signatur 6). Die Befürchtung lag nahe, daß man wieder die Kuppen einer Höhle angeschnitten habe, die den Testbohrungen entgangen sein mochte. Glücklicherweise endeten die beiden ungefähr 40 cm weiten, annähernd horizontal laufenden Schläuche bereits 1 1/2 m über Plansohle der Einfahrtskaverne. In nächster Umgebung dieser beiden Schläuche war die Nagelfluh in der früher geschilderten Weise durch Lösungserscheinungen in der sandigkalkigen oder mergeligen Matrix entfestigt. Bei näherem Zusehen erwiesen sich diese beiden Höhlengänge als nach oben und nach unten wohlbegrenzte Ausweitungen von steil WSW-fallenden, fast geschlossenen, nassen Klüften. Die erwähnten Weichzonen schlossen jeweils nur auf der Liegendseite dieser Risse an. Die beiden Klüfte gehörten zu der absätzigen, tropfnassen Schar, die sich — wie man nun im fortgeschrittenen Ausbruchszustand leicht überblickte — rund um die ganze Einfahrtskaverne zu einem Ring schloß. Auch jene frühzeitig in der Kalotte angefahrenen beiden weitklaffenden Risse gehörten dazu. Für den Geologen merkwürdig, für den Bauherrn erfreulich war, daß diese Kluftschar und alle an sie gebundenen Erscheinungen auf die Einfahrtskaverne beschränkt blieben. In der nur durch 16 m Nagelfluh davon getrennten Ausfahrtskaverne war nichts davon zu finden.

Klüfte ein und derselben Schar traten also in drei Höhenlagen jeweils in sehr verschiedener Art auf: ganz oben bis zu 15 mm klaffend, auf Höhe der LS-Kavernen, 5 1/2 m über Sohlhöhe der Garagen, geschlossen und z. T. kaum zu finden. Schließlich von etwa 1 1/2 m bis ca. 4 m unter den LS-Kavernen als mehr-dm-weite Korrosionsschläuche.

*3.3.3.* An der gegenüberliegenden SE-Wand der Einfahrtskaverne war nur eine der großen, steil nach SW fallenden Klüfte, die auf Kalottenhöhe klafften, von Kote 428,70 m ü. A. abwärts zu einem keilförmig nach unten weiter werdenden, 2 dm klaffenden Korrosionsspalt umgebildet. Seine Schnittform entsprach ganz dem Schnittbild B (Mitte) in A. Bögli (1969), S. 404, Abb. 5. Wie bei den geschilderten Höhlenschläuchen, die an der NW-Wand der Halle angetroffen worden waren, schloß an der Liegendseite der Kluftspalte, also nach NE, das ersichtlich sekundär entfestigte Gestein, hier aber nur auf 5 lfm Länge, an (Abb. 7 und 8). Auch hier, an der SE-Wand war diese weiche Masse, die von der Kavernensohle 425,14 m ü. A. bis etwa 428,70 m ü. A. hinauf reichte, durch mehrere 1 bis 4 cm klaffende, nach der Schichtung orientierte Setzungsspalten aufgerissen. Für die Deutung der Erscheinung war der Zustand der Kluftwände im aufgeweiteten Teil aufschlußreich: die bis faustgroßen Gerölle der Nagelfluh waren in der für Auslaugungsvorgänge typischen Art freipräpariert. Dadurch trat das Sedimentationsgefüge an den Kluftwänden besonders deutlich hervor. Einzelne

Gerölle waren überhaupt nur mehr über einen Hals aus sandreicher Matrix mit der Hangendkluftwand verbunden (Abb. 9). In der Zone, in der die Kluft zum Auslaugungsspalt erweitert war, trugen die Kluftwände einen

Abb. 8. Einfahrtskaverne, SE-Wand. Korrosionsspalt an Steilkluft. Vgl. Abb. 7
Brett 70 cm lang

SE-wall of the entrance cavern. Steep fissure widened by corrosion. See Fig. 7
Board of 70 cm length

Paroi sud-est de la caverne d'accès. Fente par corrosion, liée à une diaclase. Voir fig. 7
Longueur de la planche 70 cm

mehr-mm-dicken Belag aus Limonit und Manganoxid (-hydrat), stellenweise auch noch eine Haut von weißlichem Kalksinter mit fingerlangen Stalaktiten.

*3.3.4.* Es war gut zu verstehen, daß Ingenieure wegen der von Aushubschritt zu Aushubschritt weiter werdenden Spalten im Gestein bereits befürchteten, die äußeren, riedenburgseitigen 20 bis 25 m des Mönchsbergs seien vielleicht doch — entgegen Geologenmeinungen — auf irgendeiner gleitfähigen Unterlage hinausgerutscht. Der Gedanke war nicht abwegig, denn vom nahen Rainberg waren Hinweise in solcher Richtung aus der älteren Literatur (H. Crammer, 1918) bekannt. Auch die Möglichkeit staffelartigen Absinkens des südwestlichen, riedenburgseitigen Felskörpers an diesen großen Klüften wurde damals erwogen. Beide Befürchtungen, die, falls berechtigt, den ganzen Garagenbau noch in letzter Minute in Frage stellen hätten können, ließen sich von der Geologie her schlüssig widerlegen. Die erstgenannten Bedenken einerseits mit dem Hinweis auf die unverkennbaren Spuren intensiver Korrosion, andererseits mit dem Nachweis, daß alle diese beunruhigenden Erscheinungen an beiden Ulmen und über die Sohle hin, etwa auf Höhe der Kavernensohle ihr Ende fanden. Staffel-Versetzungen konnten eindeutig nach dem Vergleich der Kluftufer in den nichtkorrodierten Strecken ausgeschlossen werden. Vgl. hiezu Abb. 3, Fall „A".

*3.3.5.* Alle Korrosionserscheinungen zusammen, die unterhalb etwa 428,70 m ü. A. auftraten, ließen sich widerspruchsfrei als Auswirkung von Mischungskorrosion im Sinne von A. Bögli (A. Bögli, 1964a, 1964b, 1969) deuten. Man mußte sich nur an den dunkelbraunen, 2 bis 3 cm breiten

Abb. 9. Detail zu Abb. 8 — Hangendfläche des Korrosionsspalts. Rechts neben Maßstab ein durch Korrosion freipräpariertes Geröllkorn

Details to Fig. 8 — Hanging wall of the fissure intensely affected by corrosion. To the right of the paper strip nearly dissected shingle

Détail de la fente démontrée en fig. 8 — Vue d'une part de la paroi sur-jacente de la fente corrodée. A droite de la bande de papier un grain de caillou considérablement dégagé

Streifen auf Kote 428,10 m ü. A. in der etwa 80 m weiter NE gelegenen Mönchsberg-Seehöhle erinnern. Mindestens so hoch stand einmal das Grund- bzw. Kluftwasser im Berge. Von diesem Stande sank es mit deutlichen, jeweils durch kräftige Farbmarken gekennzeichneten Halten im Laufe der Zeit bis zum heutigen Spiegel um 417 bis 418,5 m ü. A. ab. In der Zone, in der sich jeweils das durch die Steilklüfte zusitzende Wasser mit dem chemisch andersartigen Grundwasser mengte, waren die Voraussetzungen für neuerliche Aggressivität des Mischwassers und damit für das Zustandekommen der verschiedenartigen Auslaugungserscheinungen gegeben. Längs der Klüfte selbst bildeten sich die Höhlenschläuche. Im angrenzenden Nachbargestein, jeweils am Liegendflügel der betreffenden Steilkluft (Abb. 5, links; Abb. 7), traten die auch im Dünnschliff gut nachzuweisenden Entfestigungen in der Grundmasse der Nagelfluh auf. (Die 60 cm Höhendifferenz von 428,70 im SW auf 428,10 im NE sind übrigens aus dem wahrscheinlich schon seit langem bestehenden Spiegelgefälle im Grundwasser gegen NE, zur tiefen, heute aufgefüllten Salzachfurche zu verstehen. Ein klarer Hinweis auf Mischungskorrosion als Ursache für die auffallenden Gesteinsveränderungen liegt in deren ausgesprochener Beschränkung nach der Seite auf die Breite des nassen Steilkluftstreifens schräg über die Einfahrtskaverne. Dieser Kluftstreifen gabelt sich gegen den NW-Ulm in zwei Äste. Die Entkalkung in der Matrix war die Voraussetzung für Gefügezusammenbrüche und damit in weiterer Folge für das Zustandekommen der beschriebenen Setzungsspalten nach der Schichtung. Ganz roh konnte man aus der gesamten Mächtigkeit der entfestigten Zone und aus der Summe der offenen Spalten in ihr auf 10% Volumseinbuße als Folge des Entkalkungsvorganges schließen. Merkwürdig blieb, daß in den immerhin dm-breiten Kluftschläuchen und -spalten kaum Spuren stärkerer Erosion zu bemerken waren. Zumindest in der letzten Bildungsphase war Korrosion der maßgebende, gestaltende Vorgang. Nach allem muß der WSW-fallende Großkluftstreifen schon zu einer Zeit als Sickerbahn wirksam gewesen sein, zu der der Grundwasserspiegel noch $4^1/_2$ m über der Seehöhe des heutigen Sigmundsplatzes lag.

*3.3.6.* Als man gegen Ende der großen Ausbruchsarbeiten daranging, von der Sohle der fast fertiggestellten Einfahrtskaverne aus den Einfahrtstunnel in Richtung zum Hildmannplatz zu fräsen, bereitete eine dritte Erscheinungsform der Mischungskorrosion neuerliche Besorgnisse: statt Steilklüften hatten dort Schichtfugen die Rolle der Zubringerbahnen für Bergwasser zum Grundwasser übernommen. Dadurch kam es zu mehr-meterlangen, 3 bis 5 cm weiten, längs ein und derselben Schichtungsspur mehrfach wiederholten Schlitzbildungen.

*3.3.7.* Am Ende der Ausbruchsarbeiten war der Ingenieur zufrieden, daß die so lästigen, auf Mischungskorrosion beruhenden Erscheinungen wenigstens auf den Bereich oberhalb der planlich vorgesehenen Kavernensohle beschränkt blieb. Für den Geologen hingegen blieb die Frage offen, warum diese Korrosionserscheinungen, die so gleichmäßig auf der Kote des obersten erkennbaren, seinerzeitigen Bergwasserspiegels einsetzten, nur bis etwa 425 m ü. A. hinabreichten, nicht aber bis zum heutigen, noch 6 m tiefer liegenden Kluftwasserspiegel. Waren Klimaänderungen während des allmählichen Absinkens des Grundwasserspiegels im Spiele? Sie konnten über den Wegfall der Abkühlungskorrosion und auch über eine Änderung der Vegetation und Bodenbeschaffenheit auf dem Berge Einfluß nehmen. (A. Bögli, 1964 b; G. Knutsson et al., 1967; J. G. Zötl, 1974).

3.4. Rückschauend ergibt sich, daß nicht so sehr das Ausmaß der technischen Schwierigkeiten in der Einfahrtskaverne und im Einfahrtstunnel so störend war, als vielmehr die dauernde Ungewißheit in jenen Wochen, in denen man mit jedem neuen Frässchnitt wieder vor einer neuen Sensation stand. Der Geologe muß sich nun fragen, ob die in der Mischungskorrosion begründeten Zusammenhänge nicht doch schon früher zu erkennen gewesen wären. Der Haken lag nach jetziger Auffassung bei der Deutung der Ergebnisse der Aufschlußbohrungen. Das Augenmerk der Geologen war bei den frühen Erkundungsbohrungen vor allem der grundsätzlichen Frage zugewandt, ob und in welcher Tiefe man die Unterlagsgesteine der Nagelfluh erreichen werde und welcher Art diese seien. Man erwartete sich von vornherein kaum verläßliche Informationen über die geotechnisch so wichtigen Struktureigentümlichkeiten der Nagelfluh; vor allem nicht aus den entscheidenden, besonders weich gebundenen Zonen mit Lagen faustgroßer Gerölle. Ende 1973 wurde über eine Bohrung, bei der man aufgrund des Zustandes des Bohrgutes auf schlechtestes, kaum verkittetes Konglomerat schließen hätte müssen, ein Schacht gesetzt. Dieser schloß durchaus standfeste Nagelfluh auf. Damit war es mit dem Glauben an die Aussagekraft von NX-Bohrungen oder auch 90-mm-Bohrungen im Hinblick auf Gefügeeigenschaften und Lagerungsdichte in so schwierigen Gesteinen vorbei. Auf diese Weise aber verbaute sich der Geologe selbst den Weg zur richtigen, differenzierten Deutung des Bohrguts. Die Schluff-Sand-Kiesgemenge, die z. B. aus beiden Bohrungen zur Erkundung des Gesteins unter der „Zweiten Höhle" gefördert worden waren, wurden zu Unrecht für völlig zerbohrtes, an und für sich aber halbwegs standfestes Konglomerat gehalten. Diese beiden Bohrungen hätten sehr wohl wichtige und *richtige* Hinweise auf das später angeschnittene, weitgehend entfestigte Gestein gegeben.

3.5. Versucht man also, gesteinsbedingte Schwierigkeiten aus der Bauzeit der Garagenkavernen Mönchsberg-Nord heute aus dem Blickwinkel „Unvorhersehbares — Unvorhergesehenes" zu beurteilen (vgl. G. Horninger, 1971), dann würde die Wertung etwa so ausfallen: so gut wie unvorhersehbar war die Größe der Mönchsberg-Seehöhle, sonst aber, ganz streng genommen, nichts. Für Glückliche vielleicht vorauszuahnen, tatsächlich aber nicht vorhergesehen war u. a. der störende Umstand, daß die Klüfte beider lokaler Großkluftscharen jeweils im Kalottenbereich cm-weit klafften, auf Straßenhöhe aber geschlossen waren. Nicht vorhergesehen waren die so verschiedengestaltigen, bedeutenden Auswirkungen der Mischungskorrosion.

Darüber hinaus darf aber wohl behauptet werden, daß alle anderen geotechnisch wesentlichen Eigentümlichkeiten und Tücken der Nagelfluh schon frühzeitig erfaßt, der Projektierung bekanntgegeben wurden und von dieser so gut als nur möglich berücksichtigt worden sind. Ein wesentlicher Punkt sei noch vermerkt. Vom Vermuten oder Erfassen, daß an irgendeiner Stelle baugeologisch „etwas los sei" bis zur ausreichenden Klarstellung des betreffenden Phänomens und seiner geotechnischen Rückwirkungen können Monate für intensive Erkundungsarbeit vergehen. Der häufig unvermeidliche Termindruck erzwingt eine Verschachtelung von Vorarbeiten, Projekterstellung und Baudurchführung. Dieses gegenseitige Übergreifen der Vorbereitungs- und Ausführungsphasen geht unweigerlich zu Lasten der Verwertbarkeit geologischer Vorarbeiten. Dem Ingenieur helfen ja nicht die ersten, vagen Hinweise, bei denen der Geologe selbst erst um Klarheit ringt, sondern nur ausgereifte Folgerungen. Diese nützen nur, wenn sie *vor* der Ausführung zur Verfügung stehen. Dort, wo wir alle überrascht wurden, möge der Ingenieur dem Geologen zugute halten, daß wir eben alle nachher klüger sind als zuvor.

## 4. Dank

Der Verfasser dankt der Geschäftsführung der Salzburger Parkgaragen Ges. m. b. H. für die Erlaubnis zu dieser Veröffentlichung. Außerdem dankt er der Gesellschaft für die Übernahme aller Kosten für zwei nachträgliche Untersuchungsbohrungen an Punkten besonderen geologischen Interesses. Herzlicher Dank sei allen Arbeitskollegen, sowohl auf Bauherrn- als auch auf Projektanten- und Unternehmerseite, vor allem meinem Fachkollegen Dr. W. Demmer für die gute, verständnisvolle Zusammenarbeit gesagt. Dem Stadtbauamt Salzburg sei besonders für die Genehmigung zur Veröffentlichung der Ergebnisse aus den vom Amte betreuten Kluftweitenmessungen gedankt. Ferner sei Herrn Wirkl.. Hofrat Dr. L. Ottendorfer, Herrn Univ.-Prof. Dr. W. Klaus, Frl. cand. phil. F. Holzner und Herrn Chefgeologen Dr. B. Plöchinger für freundliche Hilfe und Rat in Sonderfragen bestens gedankt.

## Nachtrag

Bei Fertigstellung des Manuskripts erreichte den Autor ein Brief von Herrn Univ.-Prof. Dr. Günther Frasl, Salzburg, mit Datum vom 1975-10-20. Darin regte auch Herr Prof. Frasl, dem der Inhalt des Vortrags des Autors beim Salzburger Kolloquium vom 1975-10-02 unbekannt war, an, der (dort schon mitbehandelten) Frage eines möglichen Zusammenhanges zwischen Setzungserscheinungen und Lösungsvorgängen in gips- und haselgebirgeführendem Untergrund nachzugehen. Prof. Frasl geht nun in seinen freundlich mitgeteilten Überlegungen einen wesentlichen Schritt über den Autor hinaus und verknüpft u. a. auch die bisher ungeklärte Entstehung der Mönchsberg-Seehöhle konkret mit eventuellen Karst- und Subrosionserscheinungen. Herrn Prof. Frasl sei für diese Anregung bestens gedankt.

### Literatur

Bögli, A.: (a) Die Kalkkorrosion, das zentrale Problem der unterirdischen Verkarstung. — Steir. Beiträge zur Hydrogeologie, 1963/64, S. 75—90, Graz 1964.

Bögli, A.: (b) Mischungskorrosion — ein Beitrag zum Verkarstungsproblem. — Erdkunde *18,* S. 83—92, Bonn 1964.

Bögli, A.: Neue Anschauungen über die Rolle von Schichtfugen und Klüften in der karsthydrographischen Entwicklung. — Geol. Rdsch. *58,* S. 395—408, Stuttgart 1969.

Crammer, H.: Überschiebungen und Formenwelt bei Salzburg. — Festband Albrecht Penck, Stuttgart 1918.

Czoernig, W. v.: Archivnotiz ex 1943, Bundesdenkmalamt Wien.

Del-Negro, W.: Salzburg. — Verh. Geol. B. A., Bundesländerserie, 2. Aufl., 102 S., 2 Tfl., Wien 1970.

Horninger, G.: Unvorhersehbares und Unvorhergesehenes in der Baugeologie; Überraschungen und Zufälle. — Antrittsvorlesung an der TH Wien, Wien 1971.

Horninger, G.: Tiefliegende oberflächenparallele Klüfte. — Proc. Third Intern. Congr. on Rock Mechanics, Vol. II, Part A, p. 613—618, Denver 1974.

Horninger, G.: Baugeologische Ergebnisse bei Erkundungsarbeiten im Mönchsberg, Salzburg. — Verh. Geol. B. A., 1975, H. 2/3, S. 75—129, Wien 1975.

Kieslinger, A.: Felsgeologische Probleme beim Neuen Festspielhaus in Salzburg. — Schweiz. Bau-Ztg. *90*, H. 34, 24. Aug. 1972, S. 814—818.

Klappacher, W., und K. Mais: Salzburger Höhlenbuch, Bd. 1 — Wissenschaftl. Beihefte zur Ztsch. „Die Höhle", Nr. 23, Salzburg 1975.

Knutsson, G., et al.: Hydrogeological Investigation of a Karst Area at Björkliden, Lappland, Sweden. — Teknik och Natur. Festskrift tillägrad professor Gunnar Beskow, Göteborg 1967.

Köhler, H.: Die Mönchsberg-Parkgaragen Nord und Mitte. — Porr-Nachrichten, Nr. 64, S. 8—18, Wien 1975.

Osberger, R.: Der Flysch-Kalkalpenrand zwischen der Salzach und dem Fuschlsee. — Sitzber. Österr. Akad. Wiss., mn Kl., Abt. I, *161*, S. 785—801, Wien 1952.

Prey, S.: Zwei Tiefbohrungen der Stieglbrauerei in Salzburg. — Verh. Geol. B. A., H. 2, 1959, S. 216—224, Wien 1959.

Zötl, J. G.: Karsthydrogeologie. — Wien—New York, Springer 1974.

Anschrift des Verfassers: Dr. Georg Horninger, Institut für Geologie der Technischen Universität Wien, Karlsplatz 13, A-1040 Wien, Österreich.

Rock Mechanics, Suppl. 5, 29—48 (1976)


# Geologische Erkundung, felsmechanische Messungen und statische Bemessung beim Bau der Trinkwasserkaverne Lörrach (Rheintalgrabenrand)

Von

**Ulf Koerner** und **Jaroslav Nečas**

Mit 20 Abbildungen

## Zusammenfassung — Summary — Résumé

*Geologische Erkundung, felsmechanische Messungen und statische Bemessung beim Bau der Trinkwasserkaverne Lörrach (Rheintalgrabenrand).* Zur Erweiterung der Trinkwasserversorgung der Stadt Lörrach ist ein zusätzlicher Wasserbehälter ($I = 10000$ m$^3$) erforderlich, der aus betrieblichen Gründen am Nordhang des Schädelbergs in der Randzone zwischen Rheintalgraben und Dinkelbergscholle östlich des Wiesetals anzuordnen war. Am Behälterstandort stehen an der Oberfläche mächtige aufgewitterte und zum Teil auch umgelagerte Dogger-Tone an, so daß aus Gründen der besseren Standsicherheit das Bauwerk als langgestreckte Kaverne etwa unter der Kammlinie des Schädelberg-Entlibergs konzipiert wurde, die durch einen rechtwinklig hierzu angeordneten 70 m langen Zugangsstollen bewirtschaftet wird.

Neun Aufschlußbohrungen, von denen je drei in Achse der beiden 80 m langen Behälterkammern, eine im Verteilerbauwerk und zwei in Achse des Zugangsstollens niedergebracht wurden, ergaben, daß die 12 m hohen Behälterkammern vorwiegend in stark zerklüftetem Hauptrogenstein (Kalksteinfels) und der Zugangsstollen sowie das Verteilerbauwerk in sandigem Tonmergelgestein des mittleren Doggers auszubrechen waren. Das Schichtfallen betrug 25 bis 40$^0$ SW. Eine 0,5 bis 1,5 m breite Störungszone durchtrennte das Gebirge wenige Meter östlich des Verteilerbauwerks in S-N-Richtung.

Felsmechanische Kennwerte wurden an Kernproben und durch Dilatometermessungen im Bohrloch bestimmt. In drei Bohrungen wurden Vierfachextensometer installiert und später im Ausbruchsprofil fünf Konvergenz-Meßprofile angelegt.

Die statische Berechnung des Kavernenausbaus wurde nach der Methode der Finiten Elemente durchgeführt, der die ersten Kennwerte aus den vorläufigen felsmechanischen Untersuchungen zugrunde gelegt wurden. Der Verbau wurde in Form von Stahlblechen, System Bernold, eingebracht, die mit Pumpbeton hinterfüllt wurden.

Die Ausbruchsarbeiten, bei denen der 6 m hohe Zugangsstollen im Vollausbruch und die Behälterkammern in Kalotten- und Sohlstrossen ausgebrochen wurden, ergaben eine gute Übereinstimmung des Gebirges mit der geologischen Prognose.

Bei der Auffahrung der Behälterkammern wurden unmittelbar hinter der Ortsbrust die Konvergenzmeßbolzen gesetzt und regelmäßig bis zum Einbau der Isolierung überwacht. Die Ergebnisse von Konvergenz- und Extensometermessungen ermöglichten die Überprüfung der Sicherheit der vorgegebenen Ausbaumaßnahmen.

Übereinstimmungen und Differenzen dieser Messungen zu den Kennwerten, die der Berechnung zugrunde lagen, werden diskutiert und Konsequenzen für künftige Hohlbauten in vergleichbarer Situation erörtert.

*Geological Research, Rock Mechanical Tests and Static Design for the Construction of an Underground Opening for the Water Supply of Lörrach in the Marginal Graben Zone of the Rhine Valley.* The expansion of the water supply of the city of Lörrach requires another reservoir ($J = 10000$ m$^3$), which because of operating conditions had to be placed on the northern slope of the Schädelberg in the marginal area between the graben of the Rhine valley and the horst mountain Dinkelberg east of the Wiese river. At the reservoir site thick weathered and partially slipped off clays of the middle Jurassic form the substratum. The lacking stability at this place was the reason for the fact that the construction was designed as a long excavation beneath the approximate summit line of the Schädelberg-Entliberg, which has been excavated from an entrance gallery, 70 m long, arranged in rectangular direction to the main excavation.

9 core drills were made, 3 of them in the axis of the two 80 m reservoirs, one in the central distribution structure and two in the axis of the entrance gallery. Their result was that the reservoir openings, which are 12 m in height, had to be excavated mainly in the strongly jointed Hauptrogenstein (a coarse limestone) and the entrance gallery and the distribution structure in the sandy argillaceous marlstone of the middle Dogger formation. The layers dip about 25 to 40$^0$ SW. A fault zone 0.5 to 1.5 m wide is crossing the ground a few meters east of the central distribution structure in a S-N-direction.

Rock mechanical indices had been determined through core samples and dilatometer tests in the drillholes. In 3 boreholes quadruple extensometers had been mounted and later on 5 convergence testing equipments added immediately behind the excavation front.

The static design for the final support was carried out according to the finite element method with the preliminary rock indices of the tests. Steel linings, System Bernold, were backfilled with pumped concrete.

The entrance gallery was excavated full face and the reservoir openings with the heading and benching method. The coincidence of the ground with the geological prediction was good.

Immediately behind the excavation front in the reservoir openings the convergence equipment was installed and regularly watched until the insulation was mounted. The convergence and extensometer tests allowed the required safety controls of the designed tunnel lining. Coincidence and differences of these tests with the rock indices, on which the static design is based, and the consequences for underground openings in similar situations will be discussed.

*Investigation géologique, mesurages de mécanique des roches et calculation statique pour la construction de la cavité pour l'approvisionnement en eau potable pour la cité de Lörrach (au bord de la fossée Rhénane).* Pour l'amplification de la resource de l'eau potable de la cité de Lörrach un nouveau réservoir d'eau est nécessaire. Pour des raisons téchniques le réservoir fut situé à la pente Nord du Schädelberg dans la zone marginale entre la fossée de las vallée Rhénane et du segment du Dinkelberg à l'Est de la valleé de la rivière Wiese. — A l'endroit du réservoir se trouvent à la surface des schistes argilleux du Dogger epais, décomposés et partiellement coulés. — Pour garantir une meilleure stabilité la construction fut conçue comme une cavité étendue au dessous de la crête du Schädelberg. La cavité est servie par une galérie d'accès de 70 mètres de longueur.

De 9 forages trois furent percés dans l'axe des 2 cavités de réservoir, une dans la construction de distribution et deux autres dans l'axe de la galérie d'accès. Le résultat en était qu'il fallait creuser les cavités de réservoir (hauts de 12 mètres) principalement dans le Hauptrogenstein très crevassé et il fallait creuser la galérie d'accès et la construction de distribution dans les schistes argilleux du Dogger moyen. L'inclination des schistes était 25 à 40 dégré sud-ouest. — Une faille de 0,5 à 1,5 m de largeur séparait la montagne dans la direction S-N quelques mètres à l'est de la construction de distribution.

Les indices mécaniques du roche furent déterminés par des carottes et à l'aide de mesurage de la dilatomètre. — Dans 3 forages furent installés des extensomètres quadruples et plus tard 5 mesurages de convergence dans le profil de la cavité.

La calculation statique de la construction de cavité fut faite selon la méthode des éléments finites et était fondé sur les indices préliminaires des investigations de la mécanique des roches. Le renforcement fut effectué à l'aide de tôles d'acier système Bernold, rempli de beton.

Les travaux d'excavation avaient comme resultat que la prognose géologique était conforme aux roches.

Les résultats des mesurages de convergence et d'extensomètres permettaient de vérifier une stabilité suffisante des renforcements. Les coincidences et différences de ces mesurages avec les indices préliminaires sont discutés ainsi que les conséquences pour de futures excavations dans une situation comparables.

## 1. Lage und Bauwerk

Betriebliche Überlegungen bei der Planung eines neuen Wasserbehälters für die Stadt Lörrach gaben den Ausschlag zur Wahl eines Standorts am Ostrand der Stadt im Niveau 330—340 m über NN. In diesem Gebiet ist der Ostrand des Rheintalgrabens in viele kleine treppenförmige Schollen zerlegt, die zu der gegenüber dem Schwarzwald immer noch sehr tief abgesunkenen Dinkelberg-Scholle überleiten (Abb. 1). Nahe dem Stadtzentrum befindet sich in diesem Niveau der Schädelberg, der sich etwa in nordsüdlicher Richtung erstreckt und an den in westlicher Richtung eine Bergnase, der Entliberg, anschließt. Beide Höhenrücken werden von Tonmergel- und Kalksteinschichten des Doggers aufgebaut (Abb. 2).

An der Oberfläche sind die Bergflanken dieser Höhenzüge weitgehend durch mächtige Hangschuttdecken verhüllt, deren Scherfestigkeit infolge des hohen Anteils an Verwitterungstonen meist nicht sehr hoch ist.

Diese technischen, morphologischen und bodenmechanischen Voraussetzungen legten es nahe, den Behälter als Kaverne mit 2 mal 5000 m³ Fassungsvermögen untertage im Bergsporn am Entliberg folgendermaßen anzuordnen (Abb. 3): Zwei rund 75 m lange Behälterkammern sind etwa unter der Kammlinie (bei maximaler Überdeckungshöhe von 25 bis 30 m) durch ein Verteilerbauwerk verbunden und können von einem 70 m langen Zugangsstollen her ausgebrochen und später bewirtschaftet werden (Abb. 3). Die Planung oblag dem Ingenieurbüro für Wasserwirtschaft Erwin Fritz, Dettingen.

## 2. Geologische und felsmechanische Untersuchungen

Zur Klärung der geologischen Situation wurden in den Achsen von Zugangsstollen, Verteilerbauwerk und Behälterkammern 8 und im Ostteil infolge des steilen Geländes über dem Kavernenscheiten 2 weitere Kernbohrungen südlich des geplanten Ausbruchsprofiles bis unter Kavernensohle niedergebracht.

6 dieser Bohrungen in den Flügeln der Behälterkammern durchörterten gleichförmige Serien von stark geklüftetem oolithischem Kalkstein — dem sogenannten Hauptrogenstein. Im Bereich des Zugangsstollens und des Verteilerbauwerks wurden dagegen sandige Tonmergel und Kalksteinbänke in

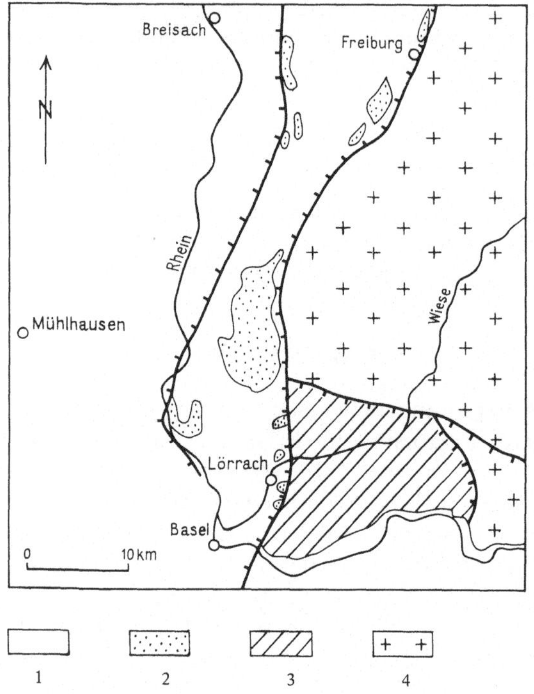


Abb. 1. Geologische Übersichtskarte der Umgebung von Lörrach
*1* Quartäre Sedimente des Rheintals; *2* Jura-Schollen in der Vorbergzone; *3* Trias der Dinkelberg-Scholle; *4* Schwarzwald-Kristallin

Wechselschichtung durchteuft. Als stratigraphischer Leithorizont diente eine eisen-oolithische Bank, der *„humphriesi“*-Oolith, der die nach SW unter 30 bis 35° geneigte Schichtlagerung besonders gut kenntlich machte (Abb. 5). Die Verknüpfung der Bohrprofile entlang der Achse der Behälterkammern gab zu erkennen, daß hier eine antithetische Hauptabschiebung zwischen B3 und B7 zu erwarten war und daß auch zwischen den anderen Bohrungen die Schichtlagerung durch weitere tektonische Elemente unterschiedliche Lagerung und Intensität der Klüftung erwarten ließ (Abb. 4).

Versuche zur Gewinnung horizontierter Bohrkerne mittels der fotografischen Bohrkernorientierung nach der Methode Eastman brachten nicht den gewünschten Erfolg, da infolge der starken Klüftigkeit und auch Verkarstung die Gesteinskerne im Kernrohr nicht verläßlich fixiert blieben. Jedenfalls

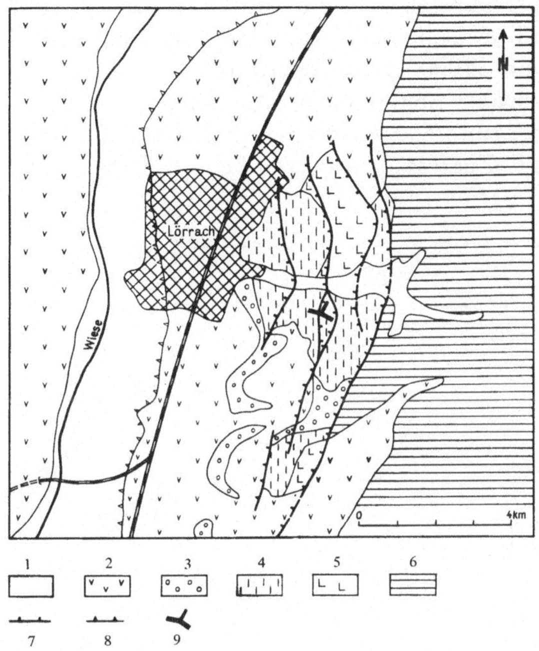


Abb. 2. Geologische Detailkarte der Umgebung von Lörrach

*1* Quartäre Talfüllung; *2* Hangschuttmassen; *3* Oligozäne Tone und Konglomerate; *4* Hauptrogenstein; *5* Lias; *6* Trias; *7* Hauptabschiebungen; *8* Pleistozäner Terrassenrand; *9* Kavernengrundriß

ließen die Bohrungen klar erkennen, daß besonders der sogenannte Hauptrogenstein, in dem der weitaus größte Teil der Behälterkammern aufzufahren war, stark geklüftet und auch verkarstet ist und in den einzelnen tektonischen Schollen verschieden steil, aber generell nach SW einfällt.

Zur Verbesserung der Kenntnis von felsmechanischen Kennwerten für die statische Bearbeitung wurden an ausgesuchten Kernproben Scherversuche mit Bestimmung der maximalen und residualen Differenzspannungen und des mittleren Bruchwinkels durchgeführt. Die Streuung der Werte war hierbei recht groß. Die Unterschiede zwischen den oolithischen Kalksteinen und den sandigen Mergelsteinen dagegen waren nicht signifikant. Andererseits lagen die Bruchwinkel relativ niedrig zwischen 22 und $35^0$. Da die Bruchspannungen bei den Versuchen an intakten Gesteinsstücken weit über dem Wert der primären Spannungen aufgrund der Überlagerungshöhe ($\sim 30 \times 0{,}3$ kp/cm$^2$) bestimmt wurden und mögliche Spannungsspitzen am Hohlraumrand, vor allem an primären Bruchflächen oder Störungszonen zu erwarten waren, wurden die so bestimmten Werte nicht weiter verwertet.

Auch die Versuche, Elastizitäts- und Verformungsmoduli mit Hilfe einer Goodmannsonde in einem hierfür angelegten Bohrloch gesondert zu bestimmen, waren nicht vom Erfolg begünstigt, da infolge der starken Klüftung und Verkarstung des Gebirges die Sonde nach dem zweiten Versuch verklemmte und nicht weiter eingesetzt werden konnte. In den zwei Versuchen wurden im Hauptrogenstein bei Laststufen zwischen 80 und 450 kp/cm² Verformungsmoduli zwischen 6500 und 36700 kp/cm² und Elastizitätsmoduli zwischen 14000 und 34000 kp/cm² bestimmt.

Weitere einachsiale Spannungsprüfungen ergaben beim Kalkstein eine Druckfestigkeit von rund 600—630 kp/cm² und von 170 kp/cm² im sandigen Tonmergelstein. Die Zugfestigkeit betrug beim Kalkstein im Mittel 60 kp/cm²

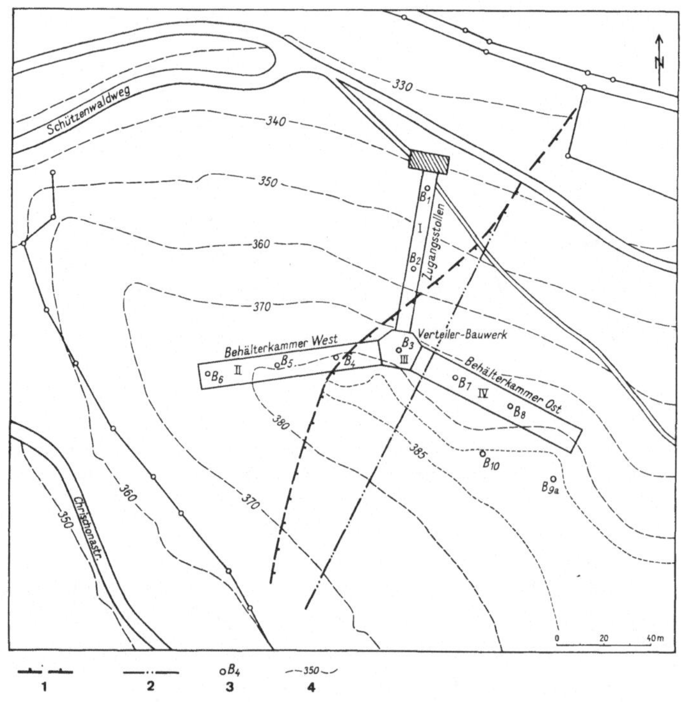


Abb. 3. Lageplan der Trinkwasserkaverne
*1* Spur der Hauptverwerfung übertage; *2* Spur der Hauptverwerfung im Niveau NN + 340 m; *3* Bohrung Nr.; *4* Isohypsen

und beim Tonstein 25 kp/cm². Auch bei diesen Werten ist zu berücksichtigen, daß sie an ungestörten, homogenen Gesteinsproben aus den Bohrkernfolgen bestimmt wurden und nur eingeschränkt Rückschlüsse auf das Verhalten des gesamten Gebirgskörpers zulassen.

Die Bohrkernaufnahmen ermöglichten die Konstruktion von zwei Profilschnitten, die im Laufe der Ausbruchsarbeiten noch etwas verbessert wurden (Abb. 4 und 5). Darin kommt der tektonische Bau des Bergrückens gut zum

Ausdruck. Außerdem wurde das Gebirge bezüglich seiner mechanischen Eigenschaften in 3 Hauptgesteinstypen gegliedert:

1. Der Hauptrogenstein ist ein stark geklüfteter harter Kalkstein aus Kalkooiden mit kalkigem Bindemittel. Infolge der Schichtung, tektonischen

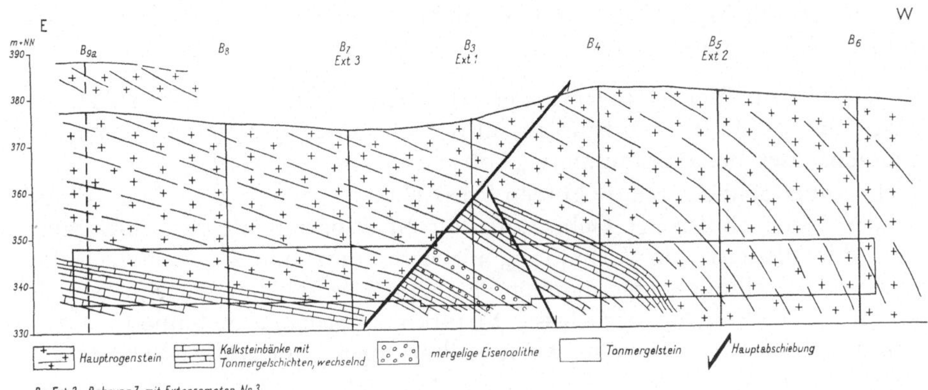


Abb. 4. Geologischer Längenschnitt durch die Behälterkammern und das Verteilerbauwerk

Beanspruchung und der Karstlösung ist er in relativ kleinstückige Kluftkörper mit Kantenlängen zwischen 0,1 und 1,0 m zerlegt. Der Durchtrennungsgrad war mit 60—80% abzuschätzen.

2. Bei den sogenannten „*blagdeni*"-Schichten handelt es sich um eine Wechsellagerung von massigen Spatkalkbänken mit sandigen Tonmergelschichten. Dieser ungleichförmige Schichtenaufbau in Verbindung mit der

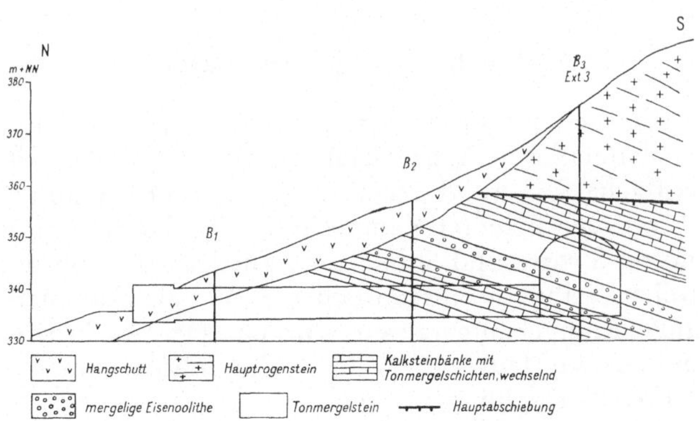


Abb. 5. Geologischer Längenschnitt durch den Zugangsstollen und das Verteilerbauwerk

Klüftung führte beim Vortrieb zu relativ grobblockiger Ablösung an tonigen Grenzflächen. Die Kantenlängen der Kluftkörper betrugen 0,5—3,0 m. Der Durchtrennungsgrad lag ebenfalls zwischen 60 und 80%.

3. In der „*humphriesi*“-Zone und darunter wurden vorwiegend relativ einheitliche Ton- und Mergelsteinfolgen mit mergeligen Eisenoolithen durchörtert. Trotz ihrer relativ niedrigen, einachsialen Druckfestigkeit wirkte sich ihr mechanisch gleichförmiges Verhalten für Vortrieb und Standfestigkeit günstig aus. Auch war die Klüftung infolge tektonischer Spannungen erheblich geringer als in den kalkigen Hartgesteinen. Die Länge der Kluftkörper war sehr uneinheitlich (Dezimeter bis mehrere Meter). Der Durchtrennungsgrad lag zwischen 30 und 50%.

Die Maxima der Kluftrichtungen streichen generell im Sinne der Hauptverwerfung $25^0$ E bis nordsüdlich, also mehr oder weniger senkrecht zur Längsachse der Behälterkammern (Abb. 2).

In Anbetracht der relativ kurzen Vortriebsstrecken, in denen keine grundlegenden Unterschiede der Gebirgsqualität zu erwarten waren, wurde keine Gebirgsklassifizierung in Verbindung mit Sicherungs- und Ausbauvorschriften in die Ausschreibung aufgenommen. Es wurde lediglich vermerkt, daß das Gebirge im wesentlichen der Klasse D (stark nachbrüchig) im Sinne Lauffers entsprechen dürfte. Auf diese Weise sollten auch dem Auftragnehmer vielseitige Möglichkeiten zur Wahl eines zweckmäßigen und wirtschaftlichen Verbaues überlassen bleiben. Bei der Auffahrung stellte sich dann heraus, daß die Gebirgsqualität eher der Klasse C (nachbrüchig) nach Lauffer entsprach.

Infolge der hohen Lage des Kavernenstandortes über dem Vorflutniveau war unter der Kammlinie des Entlibergs nur mit geringfügigen Wasserzuflüssen zu rechnen, die zudem auf die niederschlagsreichen Zeiträume im Winter und Frühjahr begrenzt blieben. Auf jeden Fall war in den Zonen mit sandigem Tongestein eine sorgfältige Ableitung auch geringer Wasserzuflüsse zu besorgen, da diese Gesteine bekanntlich unter Wasser zerfallen oder auch quellen können und dabei ihre Festigkeit stark verändern.

## 3. Ausbruch- und Sicherungsarbeiten

Die Ausbrucharbeiten wurden von der Arge Sänger & Lanninger, Kunz und Dörflinger planmäßig in Angriff genommen. Der Zugangsstollen wurde mit einer Profilfläche von rund 28 m² im Vollausbruch aufgefahren. Das 110 m² große Profil der Behälter-Kammern wurde dagegen in 3 Ausbruchsabschnitte (Kalotte, Strosse und Sohle) untergliedert, die von der im Niveau des Zugangsstollens teilweise ausgebrochenen Verteilerkammer am Anfang über eine schräge Rampe aufgefahren wurden. Der Ausbruch der Kalotte der Verteilerkammer wurde dann aus den Kalottenhohlräumen der Behälterkammern bewerkstelligt (Abb. 6 bis 8).

Einige statische Überlegungen erforderte auch die Ausbildung des Verteilerbauwerkes, da sich aufgrund von Neigung und Streichrichtung der beim Kalottenausbruch in der Ost-Kammer erwartungsgemäß angetroffenen Hauptabschiebung ergab, daß sich über dem Scheitel der Verteilerkammer ein durch die Störung abgetrennter Gebirgskeil befindet, dessen Höhe von der Ostecke der Verteilerkammer in westlicher Richtung im Verhältnis 1,7 : 1

anwächst. Um daraus resultierende ungleichmäßige Gebirgsspannungen auf dieses großräumige, komplizierte Bauwerk abschnittsweise zu begrenzen, wurde dieses Bauwerk in Form eines einachsig gespannten Tonnengewölbes ausgebildet.

Abb. 6. Ausbrucharbeiten im Verteilerbauwerk

Der Ausbau wurde in Form von betonhinterfüllten Schalungs- und Armierungsblechen, System Bernold, in kurzen Abständen hinter der Ortsbrust (2 bis 3 m) eingebracht und nach Ausbruch von Strosse und Sohle tangential bis zum Sohlschluß verlängert.

## 4. Felsstatische Untersuchungen

Auf Grund des geologischen Berichtes, der Untersuchungen an Bohrkernen und der Eindrücke von den zugänglichen Felsflächen des anstehenden Gebirges übertage, konnte die geotechnische Situation in bezug auf den Hohlraumbau als günstig beurteilt werden. Man fand die typische Situation eines selbsttragenden Gebirges vor, das wegen der großen Festigkeit und geringer Verformbarkeit der Kluftkörper sowie infolge der guten Verzahnung der in der Regel geschlossenen Riß- und Bruchflächen für den Hohlraumbau günstig erschien. Es war zu vermuten, daß mit Bergdruckerscheinungen im strengen Sinn und Langzeitvorgängen im Fels nicht zu rechnen war. In einem solchen Gebirge kommt dem schonenden Sprengen und den allerersten Sicherungsmaßnahmen größte Bedeutung zu. Eine nach dem Abschlag möglichst schnell wirksam werdende Sicherung wird den Prozeß der Auflockerung sicher hemmen, wenn nicht gar verhindern.

Abb. 7
Kalottenausbruch im verkarsteten Hauptrogenstein und Felssicherung mit Bernold-Blechen

Abb. 8. Ausbruch der Sohlstrosse

Die Durchführung von felsstatischen Berechnungen wurde aus folgenden Gründen beschlossen:

a) Um quantitative Anhaltspunkte zur Dimensionierung des Gewölbes und zur besseren Beurteilung der Stabilität der Kaverne zu gewinnen.

b) Um eine quantitative Interpretierung der Ergebnisse der vorgesehenen Deformationsmessungen zu ermöglichen.

Man hat das statische Problem mit zwei verschiedenen Verhaltenshypothesen für das Gebirge studiert. Einerseits mit dem Gedanken der Bruchkörpertheorie, andererseits mit kontinuumstheoretischen Überlegungen [1].

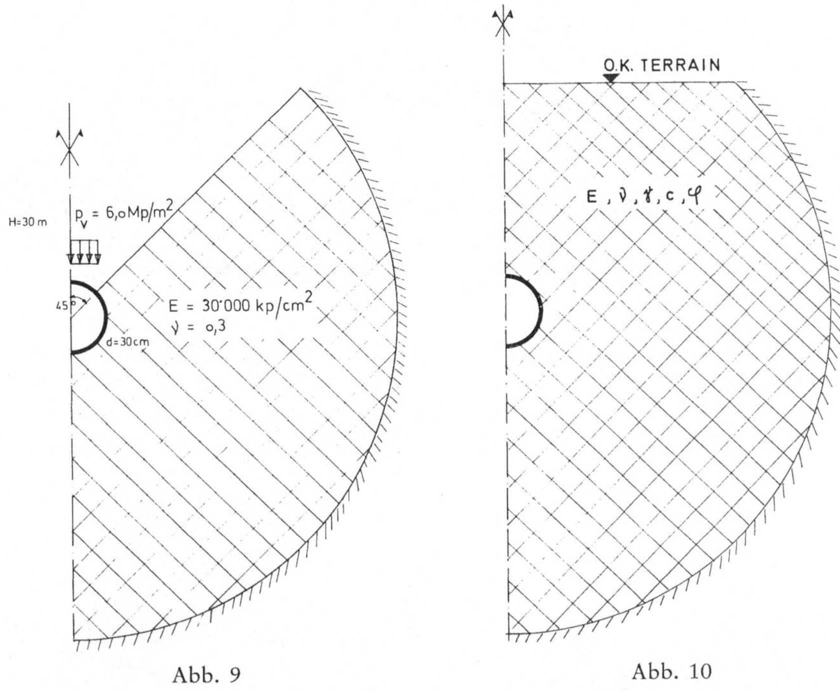


Abb. 9. Berechnungsmodell für den Lastfall Auflockerungsdruck (Bruchkörpertheorie)

Abb. 10. Berechnungsmodell zur Ermittlung der Deformationen (Deformationsmodell)

Die Bruchkörpertheorie geht von der Vorstellung aus, daß es im Firstbereich eines Tunnels infolge von Rissen und Klüften zur örtlichen Loslösung eines bestimmten Gesteinsvolumens kommt, das durch sein Eigengewicht das Gewölbe belastet. Das Volumen dieser losgelösten Masse wird unter Berücksichtigung der Felseigenschaften, der Abmessungen des Hohlraumes sowie der Bauweise geschätzt und das Gewicht als Belastung an das Gewölbe angebracht (Abb. 9). Um das Zusammenwirken von Verkleidung und Fels rechnerisch zu berücksichtigen, wird das Gewölbe in ein das Gebirge simulierendes elastisches Medium eingebettet. Der E-Modul dieses Mediums entspricht dem geschätzten oder ermittelten Verformungsmodul des Gebirges im Großbereich.

Bei kontinuumstheoretischen Überlegungen wird keine Gewölbebelastung geschätzt. Man nimmt an, die Beanspruchung der Verkleidung ergebe sich durch die *Entspannung* des Gebirges, d. h. durch die Spannungsumlagerungen, welche das Gewölbe völlig oder partiell mitmacht (Abb. 10).

Auch hier handelt es sich im wesentlichen um eine Näherungslösung, weil ja der Bauvorgang die Entwicklung der Beanspruchungen wesentlich beeinflußt [2]. Diese Berechnungsart stellt im vorliegenden Fall eine wertvolle Ergänzung zu den Ergebnissen der Bruchkörpertheorien dar. Man erhält insbesondere das Verschiebungsfeld in der Umgebung des Hohlraumes, was einen Vergleich zwischen Theorie und Berechnung erlaubt.

## 5. Kontrollmessungen während des Baues der Kammern

### 5.1. Meßverfahren, Meßanordnung

Zur Überwachung des Tragverhaltens dieser unterirdischen Anlage wurden systematische Deformationsmessungen durchgeführt. Die Erfassung der Deformationen erfolgte mit 4-fachen Bohrlochextensometern und Invardrahtmessungen.

— Die geringe Überlagerung der Kammern von 25 bis 35 m war besonders geeignet für den Einsatz von Extensometern. Von der gut zugänglichen Geländeoberfläche konnten vor Baubeginn drei vertikale Extensometer (Typ Interfels) über der zukünftigen Kammerfirste eingebaut werden

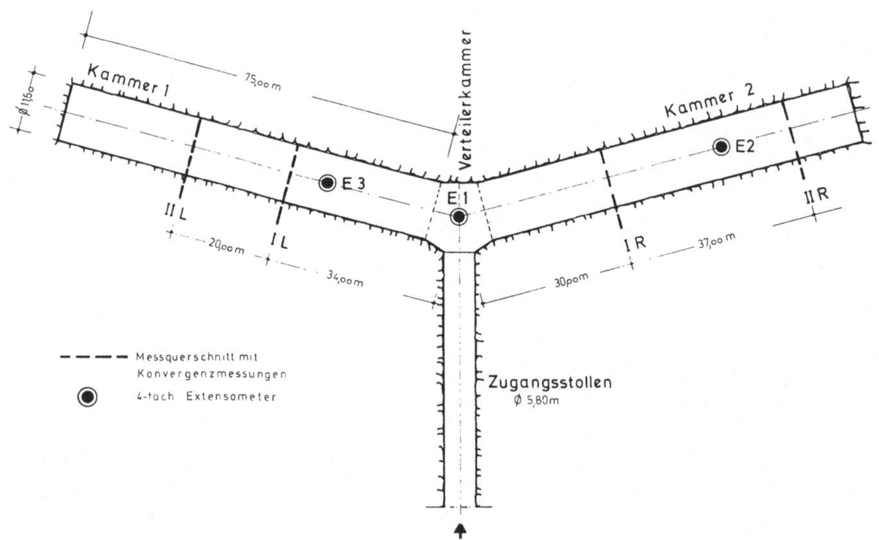


Abb. 11. Grundriß der Kaverne mit der Anordnung der Extensometer E1, E2, E3 und Meßquerschnitte mit Konvergenzmessungen IL, IIL, IR, IIR

(Abb. 11). Dies erlaubte die Messung der Vertikalverschiebungen in der unmittelbaren Nähe der drei Firstpunkte und in einigen Punkten der Felsmasse bezüglich des jeweiligen Meßkopfes an der Geländeoberfläche.

— Als Ergänzung zu den Extensometermessungen installierte man vier Meßquerschnitte (IL, IR, IIL, IIR) innerhalb des Hohlraumes zur Messung von Relativverschiebungen (Abb. 11). In der Kalotte der Kammern wurden möglichst nahe der Ortsbrust Meßbolzen an die mit Beton hinterfüllten Einbaubleche geschweißt und eine Initialmessung durchgeführt. Die Anordnung der Invardrähte im Meßquerschnitt zeigt Abb. 12.

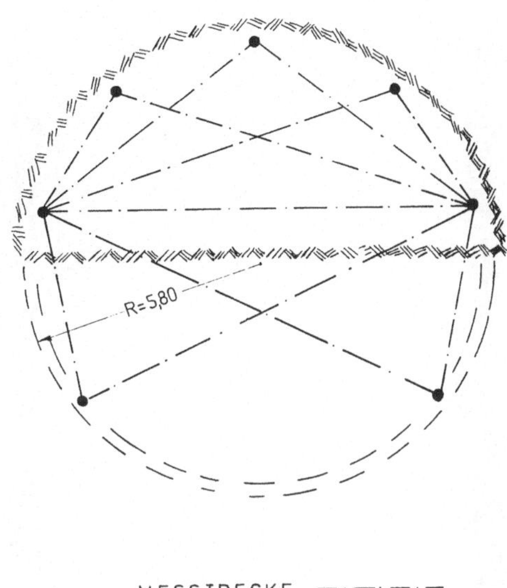


Abb. 12. Konvergenzmessungen; Anordnung der Meßlängen im Querschnitt

Als Instrument diente das Konvergenzmeßgerät „Distometer-Iseth", das an der Technischen Hochschule Zürich entwickelt wurde. Dieses Meßsystem beruht auf dem Prinzip des gespannten Invardrahtes (Abb. 13 und 14) [3] und dient zur Messung von Relativverschiebungen mit beliebig wählbarer Basislänge. Die Reproduzierbarkeit einer Messung für Meßstrecken zwischen 10 m und 50 m Länge beträgt $10^{-6}$ der Basislänge, für kleinere Distanzen $\pm 2/100$ mm. Die außerordentlich hohe Genauigkeit kann durch sehr einfache Operationen rasch und somit ohne Störung des Baubetriebes erhalten werden. Im vorliegenden Fall war diese hohe Präzision allerdings nicht erforderlich, sie liegt einfach im Meßsystem.
Die Häufigkeit der Ablesungen der Meßquerschnitte richtete sich nach der Vortriebsleistung. Von Interesse war speziell das Verhalten der Parameter während des Fortschreitens der Kalottenortsbrust und der Phase des Strossenabbaus.

### 5.2. Meßresultate

Als Folge der Änderung der Höhenlage des Projektes mußte man einige Extensometermeßpunkte vor Abschluß der Vortriebsarbeiten aufgeben. Bei der Beurteilung der Meßresultate muß beachtet werden, daß die

Extensometer Nr. 2 und Nr. 3 über ihre gesamte Meßlänge im Hauptrogenstein liegen, währenddem der Extensometer Nr. 1 über dem Verteilerbauwerk unterhalb des Hauptrogensteins von einer lehmgefüllten Abschiebung durchkreuzt wird (Abb. 4). Die gemessenen Vertikaldeformationen sind unterhalb dieser Abschiebung (Abb. 15) als Folge des Kalottenausbruches rund viermal größer als in den nebenliegenden

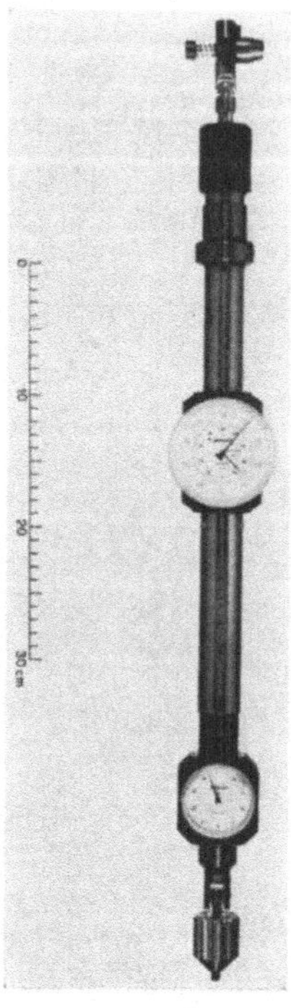

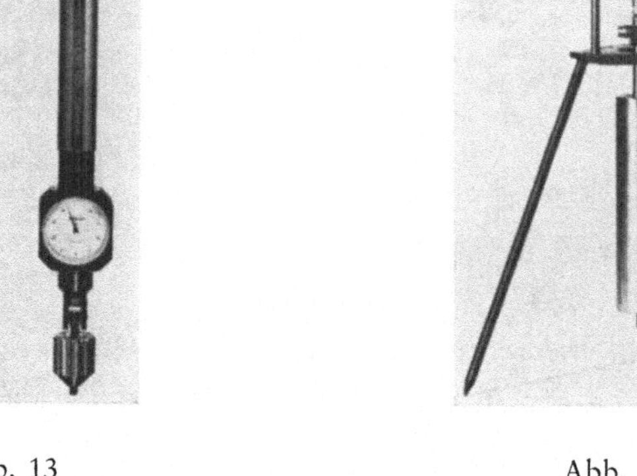

Abb. 13

Abb. 14

Abb. 13. Konvergenzmeßgerät Distometer-ISETH

Abb. 14. Eichlehre zur Prüfung der Längenkonstanz des Distometers und Kontrolle des Dynamometers

Querschnitten (Abb. 16 und 17). Die maximale Vertikalverschiebung des Punktes 3 über der Firste (Extensometer 1) bezüglich O. K. Terrain beträgt dort rund 9 mm. Bei unverändertem Bauzustand treten nahezu keine zeitbedingten Verschiebungen auf. Auch im Bereich der Störzone zeigt sich nach beendetem Vollausbruch und nach der Sicherung durch Anker eine rasche Stabilisierung. Die Auflockerungszone um den Hohlraum dürfte, mit Ausnahme des Abschiebungsbereiches, in der Firste nicht stärker als 2 bis 5 m sein.

— Die Konvergenzmessungen ergaben im Kalottengewölbe Relativverschiebungen ähnlicher Größenordnung (Abb. 18). Die Meßwerte, d. h. die gegenseitigen Verschiebungen von Meßbolzen, wurden im Kinematischen

Grundsystem A, B, C von Abb. 19 in Verschiebungen umgerechnet. In diesem willkürlich gewählten Bezugsystem wird die Horizontalverschiebung des Firstpunktes C als Null angenommen. Der Vortrieb der Kalot-

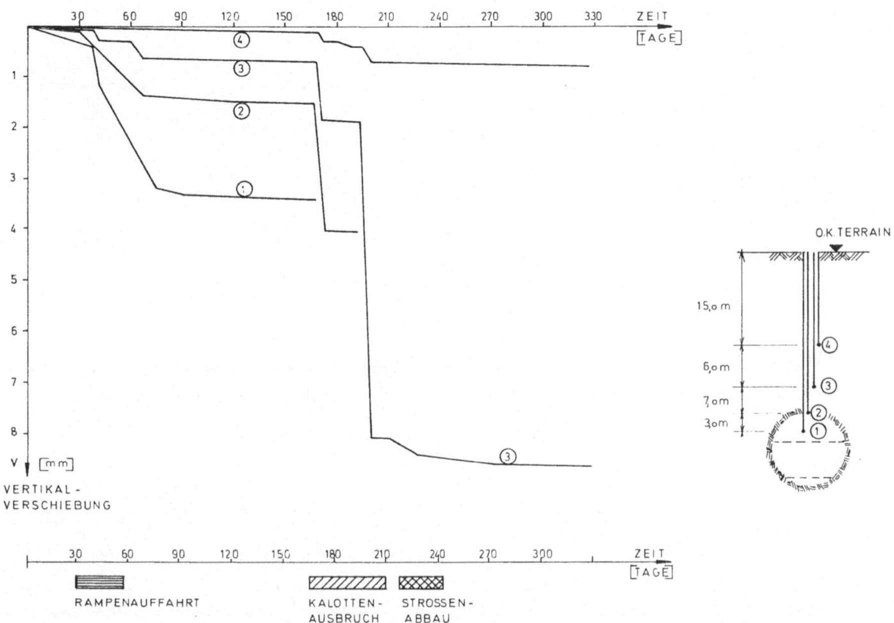


Abb. 15. Extensometer Nr. 1. Gemessene Vertikalverschiebungen bezüglich O. K. Terrain der Meßpunkte 1 bis 4 in Funktion der Zeit und der Ausbruchetappen

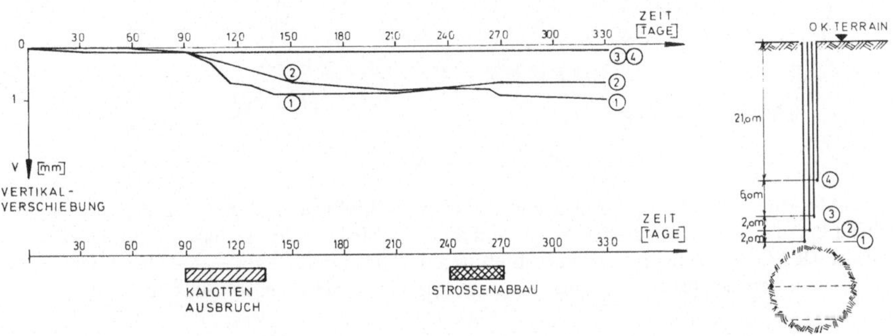


Abb. 16. Extensometer Nr. 2. Gemessene Vertikalverschiebungen bezüglich O. K. Terrain der Meßpunkte 1 bis 4 in Funktion der Zeit und der Ausbruchetappen

tenbrust bewirkt eine relative Firstsenkung von 2,5 mm resp. 2,8 mm für die Meßquerschnitte IR und IL. Der schrittweise Abbau der Strossen

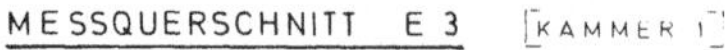


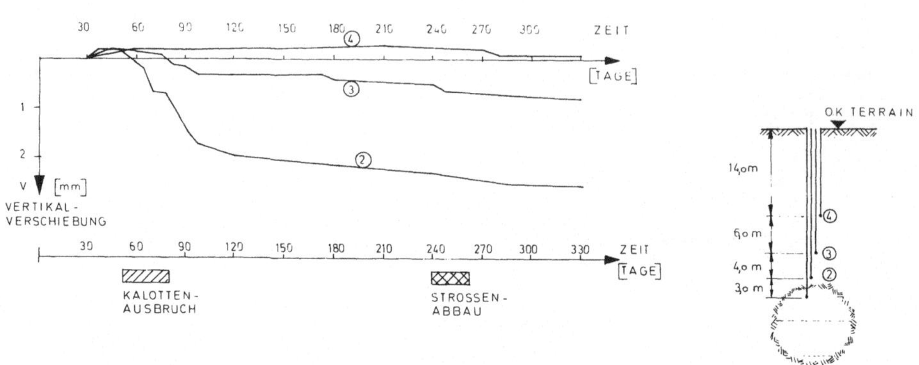


Abb. 17. Extensometer Nr. 3. Gemessene Vertikalverschiebungen bezüglich O. K. Terrain der Meßpunkte 2 bis 4 in Funktion der Zeit und der Ausbruchetappen

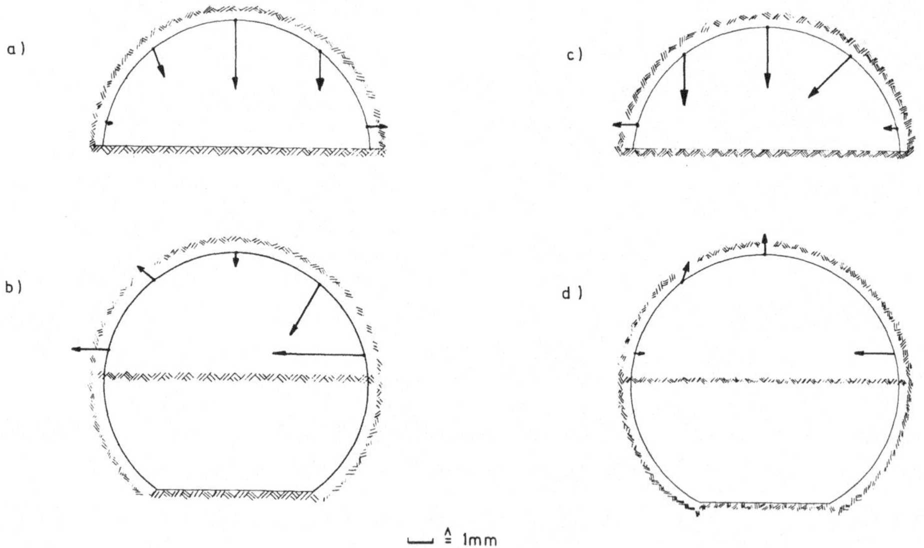


Abb. 18. Meßquerschnitt IL: Gemessene Relativverschiebungen (Distometer) als Folge des Fortschreitens der Kalottenortsbrust (a) und des nachfolgenden Strossenabbaues (b). Meßquerschnitt IR: Gemessene Relativverschiebungen (Distometer) als Folge des Fortschreitens der Ortsbrust (c) und des nachfolgenden Strossenabbaues (d)

sowie die Unterfangung des Kalottengewölbes ergaben wie bei den Extensometermessungen nur sehr kleine Verschiebungen in der Firste und für beide Querschnitte eine horizontale Durchmesserverkürzung von 2 mm.

Diese sehr kleinen Deformationen können durch die Gebirgsart, die fachgerechte Bauausführung und durch die hohe räumliche Steifigkeit

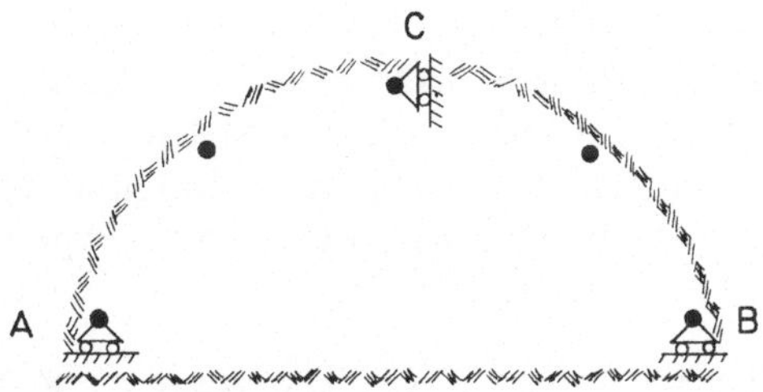


Abb. 19. Kinematisches Grundsystem für die Auswertung der Distometer-Deformationsmessungen

des Kalottengewölbes erklärt werden. Das Gewölbe wirkt bei der Unterfangung wie eine Zylinderschale.

## 6. Vergleich von berechneten und gemessenen Deformationen

Alle Berechnungen nach der Bruchkörpertheorie wie auch nach der Deformationsmethode erfolgten mit dem Finite Element Programmsystem „STAUB" — Abkürzung für *St*atische *A*nalyse im *U*ntertag*b*au, eine Entwicklung des Instituts für Straßen- und Untertagebau der ETH Zürich.

— Für die Berechnung nach der Bruchkörpertheorie diente als Modell — wie erwähnt — eine Scheibe im ebenen Verformungszustand (Abb. 9). Der angenommene Auflockerungsdruck von $p = 6$ t/m², entsprechend dem Gewicht eines als völlig losgelöst gedachten Felsvolumens der Höhe 3 m, wirkt in der Firste auf die in Fels eingebettete Betonverkleidung von 30 cm Stärke. Für den $E$-Modul des Gebirges wurde der Wert $E = 30'000$ kp/cm² angenommen, welcher angesichts der Qualität der Kluftkörper und des Gefüges als ein eher pessimistischer Wert zu betrachten ist.

  Mit diesen Annahmen ergibt sich eine berechnete Firstsenkung von $v = 1$ mm (Punkt $N$ in Abb. 20).

— Die Berechnungen nach der Deformationsmethode, bei der sich die Beanspruchung der Verkleidung durch die Entspannung des Gebirges ergibt, erfolgte ebenfalls am Scheibenmodell im ebenen Verformungszustand. Die in Abb. 20 dargestellten Verschiebungskurven sind die Resultate einer Parameteranalyse mit Variationen des Elastizitätsmoduls $E$ des Gebirges und des Seitendruckbeiwertes des primären Spannungszustandes $\lambda$ für elastisches und elastisch-plastisches Materialverhalten.

Die sprunghafte Zunahme der Verschiebungen im Firstbereich (Meßwerte M1 und M2) gegenüber M3 und M4 (Abb. 20) läßt sich nur durch die Annahme einer Auflockerungszone mit einer Ausdehnung bis ca. 4 m über der Firste erklären. Die statische Berechnung nach der Bruchkörpertheorie hat, wie bereits erwähnt, eine Firstsenkung von rund 1 mm ergeben (Punkt *N*). Die Größenordnung der gemessenen und berechneten Deformationen stimmt hier überraschend gut überein.

Die nach der Deformationstheorie berechneten Verschiebungen (Kurven 1, 2 und 3 in Abb. 20) können nicht mit den Meßwerten verglichen werden. Die geringen Verschiebungen der Meßpunkte M3 und M4 lassen deutlich erkennen, daß in diesem Gebirgsbereich keine Kluftkörperbewegungen mehr

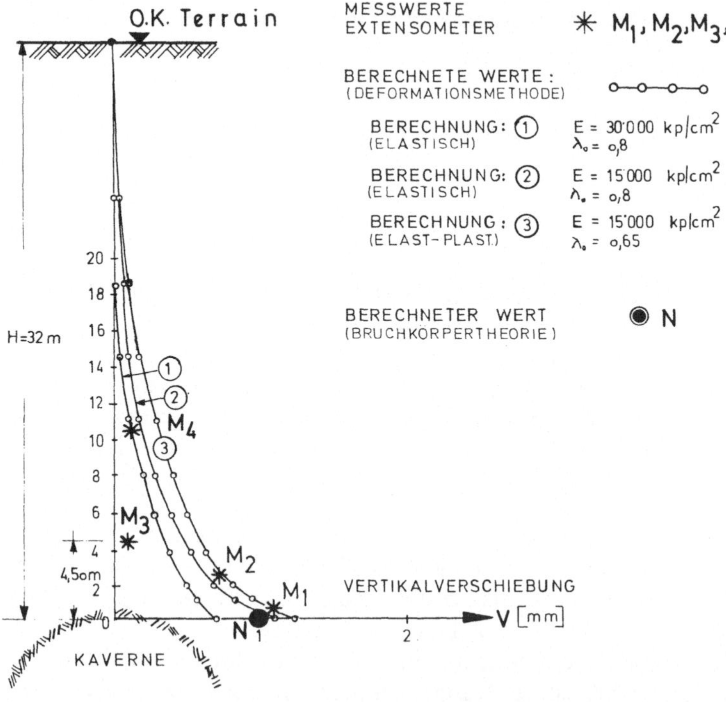


Abb. 20. Vergleich der rechnerisch ermittelten Vertikalverschiebungen (Deformationsmethode) mit den gemessenen Deformationen (Extensometer Nr. 2). Alle Verschiebungen bezogen auf O. K. Terrain

stattfinden. Dies bedeutet, daß der Deformationsmodul des Gebirges das Mehrfache der für die Berechnungen angenommenen Werte von $E = 15\,000$ kp/cm² resp. $E = 30\,000$ kp/cm² betragen muß. Aber trotzdem war es im Hinblick auf die starke tektonische Beanspruchung des Gebirges von vornherein sinnvoll, diesen relativ niedrigen *E*-Wert in die statische Bemessung aufzunehmen. Andererseits gestatten die Meßwerte, künftig in ähnlichem Gebirge und tektonischer Situation diese Werte zu erhöhen.

## 7. Schlußbemerkungen

Das durchschnittliche Flächengefüge der hier beschriebenen Gebirgsart wirkt sich bei gebirgsschonendem Sprengen mit sofortiger Sicherung sehr gering auf die Deformationen und somit auf die Beanspruchung der Sicherung aus. Die Teilkörperbewegungen im Fels sind nur auf eine Randzone von etwa 1/3 des Hohlraumdurchmessers beschränkt. Außerhalb dieser Randzone bleibt der Höchstwert der Scherfestigkeit entlang der Klüfte und Risse offenbar erhalten. Etwa der gleiche Sachverhalt wurde beim Bau der Kaverne Waldeck II durch Messungen gefunden. Es wäre sehr interessant, durch weitere systematische Beobachtungen allgemeingültige Aussagen für bestimmte Gebirgsarten zu erhalten. Man darf dabei das Verhältnis der durchschnittlichen Kluftdistanz gegenüber den Abmessungen des Hohlraumes nicht außer acht lassen.

Die Untersuchungen zeigen auch deutlich, daß einzeln ausgeprägten Störzonen die größte Aufmerksamkeit geschenkt werden muß. Wenn nötig, sind dann besondere, örtlich beschränkte Maßnahmen zu treffen.

Abschließend ist zu sagen, daß durch eine ausführliche und gewissenhafte Voruntersuchung Aufbau und Eigenschaften des Gebirges, in dem die Kaverne anzulegen war, so genau beschrieben werden konnte, daß bei der Auffahrung keine unerwarteten gebirgsbedingten Überraschungen mehr auftraten.

Auch hat sich die enge Zusammenarbeit von Ingenieurgeologen und Tunnelstatiker sehr gut bewährt. Von großem Vorteil war in diesem Fall, daß der Statiker ständig durch felsmechanische Messungen seine Berechnungen überprüfen und im Bedarfsfall Konsequenzen für Vortrieb und Ausbau anordnen konnte. Die Ergänzung von qualitativer und rechnerisch exakter Betrachtungsweise hat in der Wahl einer ausreichenden, aber nicht unverhältnismäßig überdimensionierten Ausbaustärke ihren Niederschlag gefunden. — Besonderer Dank gebührt in diesem Zusammenhang Herrn Dr. Kovari von Institut für Untertagebau der ETH Zürich, der jederzeit seine wissenschaftlichen Kenntnisse uneigennützig zur Verfügung stellte.

Unter diesen Prämissen konnten Ausbruch und Verbau des Felshohlbaus von der leistungsfähigen Arbeitsgemeinschaft termingerecht abgewickelt werden.

### Literatur

[1] Kovari, K., 1972: Methoden der Dimensionierung von Untertagebauten. Int. Symp. für Untertagebau, Luzern.

[2] Lombardi, G., 1971: Zur Bemessung der Tunnelauskleidung mit Berücksichtigung des Bauvorganges. Schweiz. Bauzeitung, Heft 32 vom 12. 8. 1971.

[3] Kovari, K., Ch. Amstad und H. Grob, 1974: Messung von Verschiebungen und Deformationen an Bauwerken mit dem Distometer ISETH. Schweiz. Bauzeitung, Heft 36 vom 5. 9. 1974.

[4] Abraham, K. H., et al.: Vergleich von Statik, Spannungsoptik und Messungen beim Bau der Kaverne Waldeck. Rock Mechanics, Suppl. 3, 1974.

[5] Weidenbach, F., 1938: Geologische Übersichtskarte von Südwestdeutschland. M. 1 : 600000. — Württ. Statist. Landesamt. Stuttgart 1938.

[6] Fischer, H., L. Hauber und O. Wittmann, 1971: Geologischer Atlas der Schweiz (1 : 25000), Bl. 1047 Basel, Schweiz. Geol. Kommission, Bern 1971.

Anschrift der Verfasser: Dr. Ulf Koerner, Geologisches Landesamt Baden-Württemberg, D-7800 Freiburg i. Br.; Dipl.-Ing. Jaroslav Nečas, Ingenieurbüro für Stollen- und Tunnelbau, D-7000 Stuttgart-Bad Cannstatt, Bundesrepublik Deutschland.

Rock Mechanics, Suppl. 5, 49—60 (1976)


# Geologische Erfahrungen beim Einsatz von Tunnelvortriebsmaschinen in Baden-Württemberg

Von

**Heinz Krause**

Mit 6 Abbildungen

## Zusammenfassung — Summary — Résumé

*Geologische Erfahrungen beim Einsatz von Tunnelvortriebsmaschinen in Baden-Württemberg.* Bisher wurden in Baden-Württemberg insgesamt 27,8 km Stollen maschinell aufgefahren. Aus der zumeist ungestörten, söhligen Lagerung der verschiedenen Sedimentgesteine in Südwestdeutschland ergeben sich Vor- und auch Nachteile für den Einsatz von Vortriebsmaschinen. An 6 bereits ausgeführten Bohrstollen werden diese Probleme aufgezeigt und durch Vortriebsdiagramme belegt. Eine gezielte Auswertung sämtlicher Bauakten ist für zukünftige Projekte von großer Wichtigkeit, Angaben über mittlere und maximale Vortriebsleistungen können hier nur ein bescheidener Anfang sein.

Einflüsse, die die Standfestigkeit des Gebirges herabsetzen, sind in den horizontal gelagerten Sedimentgesteinen vor allem ausgeprägte Schichtfugen, achsparallele Klüftung, Verwitterung und Gipsauslaugung in Tongesteinen sowie Karsterscheinungen in Kalken. Bergwasserzutritte wirken sich in Tongesteinen besonders ungünstig aus. Die Möglichkeiten geologischer Vorerkundung durch Kernbohrungen und Refraktionsmessungen werden an einigen Beispielen kritisch erläutert.

*Geological Experiences in the Use of Tunnelling Machines in Baden-Württemberg, West Germany.* So far 13 tunnels with a total length of 27.8 km have been driven by fullface boring machines in Baden-Württemberg. The undisturbed, more or less horizontal bedding of sedimentary rocks in South West Germany can be advantageous or disadvantageous for the use of tunnelling machines. Referring to six already completed tunnels theses problems are being discussed and illustrated by diagrams on the drilling rate. A detailed analysis of records gathered during the construction of tunnels is of great importance for future projects; data on the average and maximum drilling rate are only first steps in this direction.

In the flat laying strata of sedimentary rocks factors that reduce the stability are the following: pronounced bedding planes, fissures parallel to the tunnel axis, weathering, the leaching of gypsum as well as karstification in limestones. In mudstones even small amounts of percolating water are dangerous. The possibilities of geological exploration by core drilling and seismic refraction are being described in a few examples.

*Expériences géologiques à l'emploi de machines d'excavation souterraines en Baden-Württemberg, RFA.* Jusqu'à présent, des galeries d'une longueur totale de 27,8 km ont été percées mécaniquement en Baden-Württemberg. La situation plus ou

Tabelle 1. Bisherige Einsätze von Tunnelvortriebsmaschinen in Baden-Württemberg

| Nr. | Objekt | Stollenlänge m gesamt | Geologischer Horizont | Gestein | m | Druckfestigkeit in kp/cm² | Maschinentyp | Bohrdurchmesser in m | Literatur |
|---|---|---|---|---|---|---|---|---|---|
| 1. | Albstollen Bodenseewasserversorgung | 24 000 | Braunjura $\varepsilon+\zeta$<br>Weißjura $\alpha+\beta$ | Tonstein<br>Mergelkalk<br>Kalkstein | 8890<br>4640 | 300— 400<br>500—1800 | Krupp<br>Robbins | 2,90<br>2,70—2,90 | Müller u. Damm (1970)<br>Naber (1968, 1970) |
| 2.—6. | Südstollen Bodenseewasserversorgung | 3 500 | Weißjura $\delta+\varepsilon$ | Massenkalk | 3400 | 2000 | Demag | 2,14 | Naber u. Hähnig (1968) |
| 7. | Geislingen/Steige Landeswasserversorgung | 1 500 | Weißjura $\alpha$ | Mergelstein (70%)<br>Kalkstein (30%) | 1438 | 280— 330<br>1930—3310 | Robbins | 3,50 | Hausch (1968)<br>Schmid u. Wurster (1970) |
| 8. | Blaubeuren Zementwerk | 815 | Weißjura $\delta-\zeta$ | Massenkalk | 815 | 2000[1] | Robbins | 3,50 | |
| 9. | Kräherwaldstollen TWS Stuttgart | 2 732 | Gipskeuper<br>Gipskeuper<br>Schilfsandstein | Mergel + Mergelstein<br>Mergelstein mit Gips<br>Sandschiefer und Sandstein | 711<br>255<br>1766 | 100— 400<br>400— 600<br>300— 800 | Demag | 2,30 | Kottmann (1972)<br>Krause u. Wurm (1972)<br>Meyer-König (1972) |
| 10. | Schelklingen Zementwerk | 1 252 | Weißjura $\zeta$ | Bankkalk + Massenkalk z. T. verkarstet | 1238 | 2000[1] | Robbins | 3,50 | |
| 11. | Schrägstollen Wehr | 1 414 | | Granit, Gneis Syenit | 1241 | 2400 | Wirth | 3,0 + 6,3 | Hambach (1972)<br>Hochtief (1975) |
| 12. | Waiblingen | 835 | Ob. Muschelkalk<br>Lettenkeuper | Dolomit + Kalkstein<br>Verwitterter Tonstein | 434<br>263 | 100—1000<br>100 | Demag | 2,4 | |
| 13. | Pfaffenwaldstollen Stuttgart | 2 717 | Mittlerer Keuper<br>Stubensandstein | Sandstein<br>Tonstein (Sandstein) | 1000<br>1711 | 200— 800<br>300 | Demag | 2,85 | Brune (1974) |

[1] Mündliche Mitteilung der ausführenden Firma Baresel AG, Stuttgart.

moins horizontale et peu tectonisée des différentes roches sédimentaires du Sud-Ouest de l'Allemagne est à l'origine des avantages et des désavantages quant à l'utilisation de foreuses de tunnel. Ces problèmes sont exposés dans les exemples de 6 galeries percées et mis en évidence par les diagrammes d'avancement de tunnel. L'étude systématique de tous les renseignements réunis pendant la construction des galeries est d'une grande importance pour les projets futurs; des données sur les performances d'avancement moyen et maximum pourraient être un début modeste.

Les influences principales diminuant la stabilité des roches sédimentaires horizontales sont les suivantes: des joints marqués, une fissuration parallèle à l'axe de la galerie, l'altération et le lessivage de gypse dans les roches argileuses, ainsi que la formation de karst dans les calcaires. L'apparition d'eau dans une galerie crée plus de problèmes dans le cas des roches argileuses que dans les autres roches. Les possibilités de l'exploration géologique par carottage et sismique de réfraction sont discutées à l'aide de quelques exemples.

## Einleitung

Die ersten Bohrversuche für einen maschinellen Vortrieb wurden in Baden-Württemberg vor 10 Jahren gestartet. Damals kam eine stationäre Bohranlage zum Einsatz, deren Bohrkopf (⌀ 2 m) im Gneis des Südschwarzwalds und im Massenkalk der Schwäbischen Alb getestet wurde. 2 Jahre später begannen nahezu gleichzeitig 3 verschiedene Tunnelvortriebsmaschinen (TVM) in unterschiedlichem Gebirge zu bohren; die Krupp-Fräse (⌀ 2,85 m) im Nordtrum des 24 km langen Albstollens (Müller und Damm, 1970, Naber, 1970), eine Robbins-Maschine (⌀ 3,5 m) bei Geislingen/Steige (Hausch, 1968, Schmid und Wurster, 1970) und eine Demag-Maschine (⌀ 2,10 m) in den Südstollen der 2. Fernleitung der Bodensee-Wasserversorgung (Naber und Hähnig, 1968).

Seit 1967 wurden in Baden-Württemberg insgesamt 27,8 km Stollen maschinell aufgefahren (Tabelle 1). Die hierbei gesammelten geologischen Erfahrungen sollen an einigen Beispielen mit Vortriebsdiagrammen erläutert werden. Möglichkeiten der Vorerkundung und Aussagewert geologischer Prognosen werden abschließend kritisch beleuchtet.

## Geologischer Überblick

Die Geologie Baden-Württembergs ist gekennzeichnet durch eine zumeist söhlige, tektonisch wenig gestörte Lagerung sandiger, kalkiger oder toniger Sedimentgesteine wechselnder Festigkeit. Diese Gebirgsarten sind durch Verwitterung, Verkarstung und Auslaugung in Oberflächennähe, manchmal auch bis in größere Tiefen entfestigt und gestört. Kristallines Grundgebirge tritt nur im Odenwald sowie im mittleren und südlichen Schwarzwald auf.

## Beispiele einiger TVM-Einsätze in Baden-Württemberg

1. *Wasserstollen Geislingen/Steige* der Landeswasserversorgung. Der erste in Baden-Württemberg fertiggestellte Bohrstollen liegt am Albrand und hat eine Länge von 1500 m. Er durchörtert Gesteine des Unteren Weißen

Jura, die aus Mergelsteinen mit wechselndem Kalkgehalt und zahlreichen dünnen Kalksteinbänken bestehen. Dem geologischen Gutachten lagen keine Bohrungen vor.

Nach einem Sprengvortrieb mit kräftiger Sicherung in der portalnahen Zone wurde der Stollen im Schichtfallen innerhalb von 2 Monaten aufgefahren. Lediglich an einigen achsparallelen Klüften wurden Anker gesetzt. Die endgültige Auskleidung, überwiegend 10 cm unbewehrter Spritzbeton,

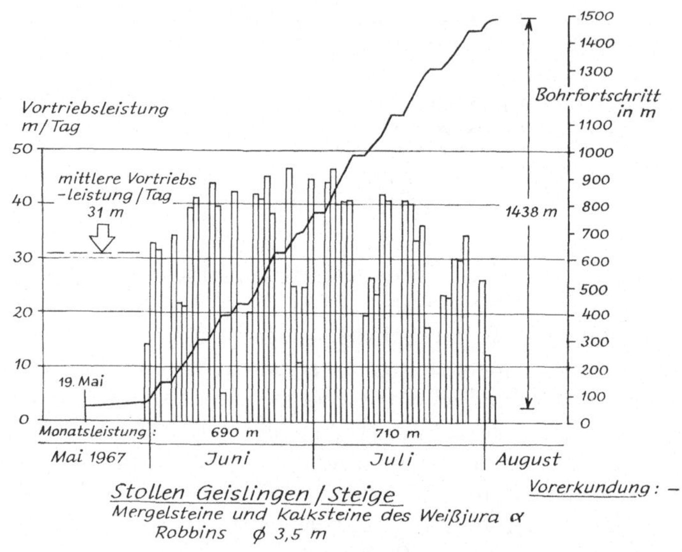


Abb. 1. Vortriebsdiagramm

wurde erst nach dem Durchschlag aufgebracht. Der hohe Bohrfortschritt von 31 m/Arbeitstag (Abb. 1) entspricht auf den Meter genau der Tagesleistung im Albstollen der Bodensee-Wasserversorgung (BWV) in demselben geologischen Horizont.

2. *Förderbandstollen Blaubeuren und Schelklingen* der Portlandzementwerke Heidelberg AG. Beide Stollen durchfahren Massenkalk des Oberen Weißen Jura, der unterschiedlich starke Verkarstung zeigt. Weniger als 1 m breite Karstspalten quer zur Stollenachse konnten in der Regel ohne größeren Verzug durchfahren werden. In breiteren Karstzonen ist das Gebirge zumeist stark zerrüttet und verlehmt. Solche Strecken waren nur durch sofortige Gebirgssicherung nach jedem Hub und z. T. sogar Handvortrieb vor dem Bohrkopf zu bewältigen (Abb. 2 und 3).

Erfahrungen über einen Einsatz der heutigen Maschinengeneration im verkarsteten Massenkalk unterhalb des Karstwasserspiegels liegen noch nicht vor. Es erscheint hierbei große Vorsicht geboten.

3. *Kräherwaldstollen* der Technischen Werke der Stadt Stuttgart AG. In diesem Stollen wurden erstmals Schichten des Gipskeupers und Schilfsandsteins maschinell aufgefahren (siehe Geol. Längsschnitt, Bild 7, in

Meyer-König, 1972). Dieses Gebirge kannte man vorher nur von Tunnelbaumaßnahmen, in denen entweder sprengend oder mittels Teilschnittmaschine

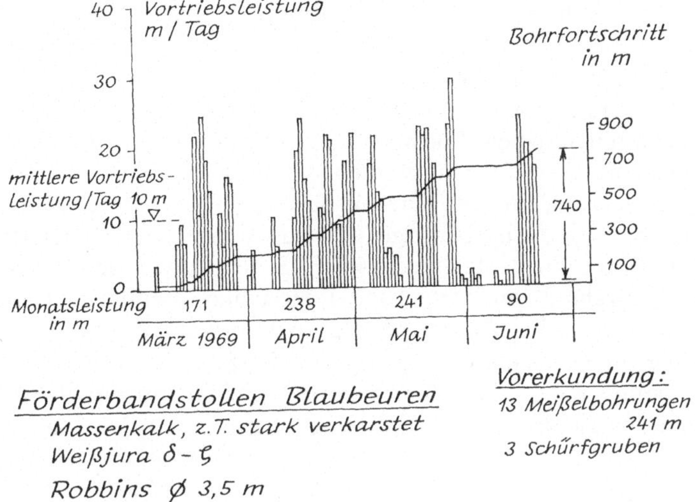


Abb. 2. Vortriebsdiagramm

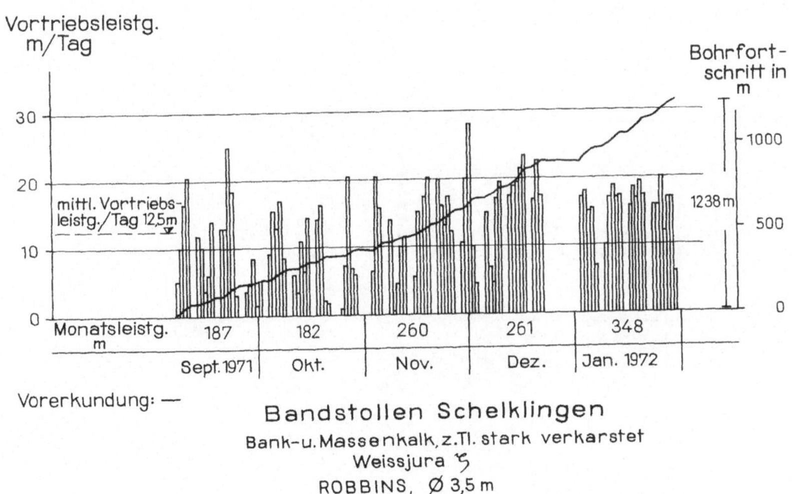


Abb. 3. Vortriebsdiagramm

vorgetrieben worden war. Mit den dabei aufgetretenen Problemen, wie z. B. Gipsauslaugung, aggressiven Bergwässern und Sohlhebungen, mußte gerechnet werden.

Die Trasse des Kräherwaldstollens verläuft parallel zu einem breiten, tief eingeschnittenen Tal. Die zu erwartende kräftige Gebirgsauflockerung als Folge des Talzuschubes zeigte sich bereits in den Bohrungen durch häufigen totalen Spülverlust, senkrecht stehende, offene Klüfte innerhalb des Sandsteins und eine extrem tiefreichende Gipsauslaugung, die unter den kleinen Nebentälchen bis zu 50 m u. G. und damit unter jede mögliche, auch weiter bergeinwärts liegende Trasse hinabreichte. Diese Tatsache mag die Mehrzahl der anbietenden Firmen bewogen haben, die direkte Trasse als preisgünstigste Variante anzubieten.

Nach einem 50 m langen Vorstollen in stark brüchigen, deutlich horizontal geschichteten mürben Tonsteinen, die gerade noch mit einer kleinen Teilschnittmaschine aufgefahren werden konnten, kam die DEMAG-Maschine (20—23 H) zum Einsatz. Die ausgelaugten Keupermergel zeigten erstaunlicherweise noch recht günstige Gebirgseigenschaften. Mehrausbrüche blieben auf kleinere Firstablösungen nach Schichtfugen beschränkt. Diese Zonen waren durchaus mehrere Tage ungesichert standfest. Das änderte sich jedoch schlagartig bei Zutritt geringsten Bergwassers.

Wegen der zu erwartenden günstigeren Verhältnisse im Schilfsandstein wurde die Steigung nach etwa 80 m Vortrieb erhöht, um möglichst rasch in die hangenden Sandschiefer und Sandsteine zu gelangen. Diese erwiesen sich

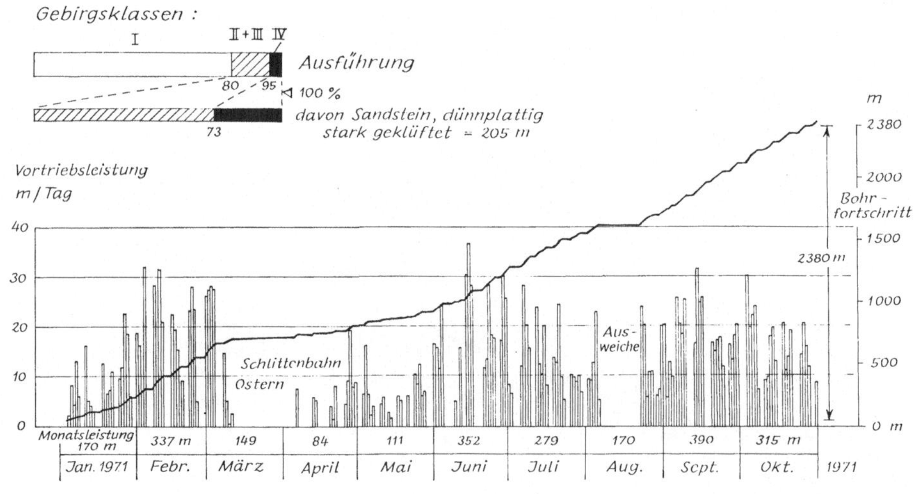


Abb. 4. Vortriebsdiagramm

im Berginneren als leicht bohrbar und über mehrere Wochen sehr gut standfest. Bei der Vorerkundung waren diese feinsandigen Tonsteine zumeist in dünne Scheibchen zerfallen und dadurch für den Vortrieb zu ungünstig beurteilt worden.

Als Folge der Steigung kam der Stollen nach 750 m in einem tief eingeschnittenen kleinen Nebentälchen, bei der Schlittenbahn, nochmals auf kurze Strecke zutage. Dies ergab technische Vorteile in der Bewetterung und Abförderung. Die geringen Vortriebsleistungen in diesem Abschnitt (Abb. 4) weisen jedoch auf erhebliche Probleme beim Bohrbetrieb hin. Hier wurden — entgegen der dringenden geologischen Empfehlung — die beiden stark aufgelockerten Talflanken nicht konventionell aufgefahren, sondern man wagte den Maschineneinsatz. In diesem Abschnitt kam es zu gefährlichen Verbrüchen bis 3 m über die Firste und einem Tagbruch nahe dem Portal. Der dünnbankige Sandstein löste sich hier nach Schichtfugen und vor allem an hang- und damit stollenparallelen Entspannungsklüften schlagartig ab. Aufwendige Sicherungsarbeiten im stark beengten Maschinenbereich wurden notwendig. Fast der gesamte Mehrausbruch von 200 $m^3$ entfällt auf die Umgebung der Schlittenbahn (Meyer-König, 1972, Bild 7).

Auf 350 m wurden unausgelaugte, gipsführende Tonsteine aufgefahren, deren gute Standfestigkeit bestätigt wurde. Eine Spritzbetonversiegelung erfolgte in der Regel nach 5 bis 10 Tagen, um feinste Aufblätterungen nach Schichtfugen zu verhindern. Wie in den bisherigen Tunnelbauvorhaben war das Gebirge unterhalb des Gipsspiegels vollständig trocken. Sohlhebungen traten nicht auf. Aufgrund der geologischen Situation dicht unter der Auslaugungsfront waren sie auch nicht zu erwarten.

4. *Pfaffenwaldstollen,* Tiefbauamt der Stadt Stuttgart. Der im Keupergebirge bisher letzte Einsatz einer TVM mit einem ∅ von 2,85 m fand beim Pfaffenwaldstollen im Südwesten Stuttgarts statt. Für diesen 2,7 km langen Abwasserstollen wurden aufgrund der morphologischen Situation — 50 bis 60 m unter einer ungegliederten Hohcfläche —, der recht günstigen Bohr- und geophysikalischen Ergebnisse sowie der bereits in den Tonsteinen des Gipskeupers gemachten Erfahrungen eine durchaus erfolgversprechende Prognose gestellt, die leider nur zum Teil zutraf. Der massige Sandstein, der im wesentlichen auf die beiden Portalzonen beschränkt blieb, war, wie erwartet, ohne jeglichen Mehrausbruch über viele Monate absolut standfest. In diesen Strecken ergaben sich jedoch gewisse Transportprobleme, hervorgerufen durch Schlammbildung des weitgehend zu Sand zermahlenen Gebirges in Verbindung mit Bergwasser.

Anders verhielten sich die Tonsteine in den berginneren Zonen (Brune, 1974). Ihre unerwartet schlechte Standfestigkeit hat ihre Ursache in sehr zahlreichen gekrümmten Kluftflächen mit Harnischen, die das Gebirge sehr unregelmäßig zerlegen, während eine Schichtung fast vollständig fehlt. Als Folge der Gebirgsentspannung kam es in diesen Strecken zu erheblichen Nachbrüchen sehr unterschiedlicher Größe, die zumeist noch im Maschinenbereich — d. h. nach wenigen Stunden — niedergingen. Häufig waren es langgestreckte, bis 0,5 $m^3$ große Gebirgsspieße, die mühsam von Hand zerlegt und weggeräumt werden mußten. Nach dem Abwerfen blieb der gebohrte Querschnitt zumeist bis hinter den Nachläufer standfest. Eine erste Sicherung durch Spritzbeton brauchte deshalb in der Regel erst nach Durchfahren der Maschine vorgenommen zu werden. Günstig beeinflußt wurde die Standfestigkeit der Tonsteine schon durch eine geringe Zunahme des Feinsandgehaltes oder eingeschaltete geringmächtige Konglomerat-Lagen.

Nachteilig hingegen wirkte sich jeglicher Bergwasserzutritt aus. Wurden diese Tonstein-Zonen nicht rasch und ausreichend durch Baustahlgewebe und Spritzbeton gesichert, kam es — oft Wochen später — zu erneuten und gefährlichen Verbrüchen. Schon bei geringer Wasserführung weichten die

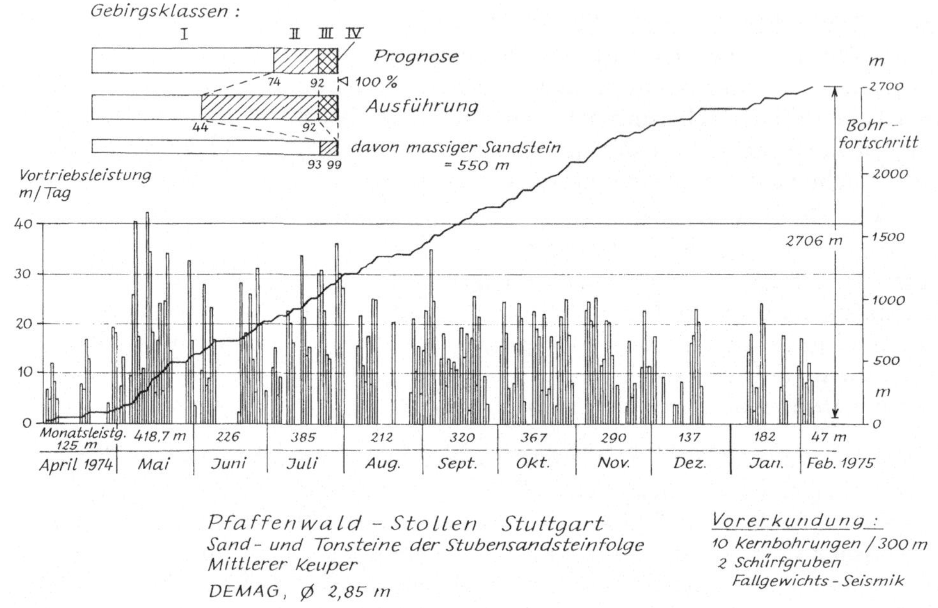


Abb. 5. Vortriebsdiagramm

Tonsteine unter der Last des Gleisbetriebes rasch auf; zeitraubende Gleisbauarbeiten waren die Folge. Trotz dieser Erschwernisse wurde noch ein recht guter Bohrfortschritt erzielt: 2700 m in 11 Monaten (Abb. 5).

5. *Abwasserstollen der Stadt Waiblingen.* Mit diesem 835 m langen Stollen östlich von Stuttgart sollen die Beispiele über Einsätze von TVM in Baden-Württemberg abgeschlossen werden. Beim Vortrieb traten vielfältige geologische und auch technische Schwierigkeiten auf, die letztlich zu einem vollständigen Stillstand der Maschine und händischen Gegenortbetrieb auf den verbliebenen 138 m führten.

Etwa die Hälfte des gesamten Stollens wurde in einem massigen Dolomit stark wechselnder Festigkeit aufgefahren, dessen Standfestigkeit bei einem Durchmesser von 2,4 m nahezu unbegrenzt war. In mehreren 5 bis 20 m breiten und mit Keupermaterial und harten Dolomitbrocken verfüllten Dolinen ließ sich die Maschine nicht mehr verspannen und es traten dieselben Schwierigkeiten wie im Weißjura-Karst von Blaubeuren auf. Ab Station 435 kamen Tonsteine des Unteren Keupers ins Profil, die sich schon beim geringsten

Zutritt von Sickerwasser sofort oder nach wenigen Stunden an ausgeprägten Schichtfugen ablösten und niederbrachen. Aufweichungen der Sohle und das Nachgeben des Gebirges beim Verspannen machten die Maschine praktisch manövrierunfähig. Vor allem war die geforderte Kurvenfahrt unter diesen Verhältnissen nicht möglich. Daß dasselbe Gebirge bei vollständiger Trockenheit auch über mehrere Tage standfest blieb, zeigten die letzten Meter, bevor die TVM wegen größerer vertikaler Abweichung endgültig zum Stillstand kam.

## Geologische Prognose, Vorerkundung

Aus dem zumeist einfachen geologischen Bau Baden-Württembergs erwachsen Vor- und auch Nachteile für zukünftige Vorhersagen.

Vorteile insofern, als Erfahrungen von früheren Bohrstollen auf dieselben Gebirgsarten mit größerer Sicherheit übertragen werden können als z. B. in tektonisch stark gestörten Gebieten. Deshalb ist eine gezielte Auswertung aller Unterlagen der bisherigen Einsätze von TVM von besonderer Wichtigkeit (Rutschmann, 1974). Die Vortriebsdiagramme und durchschnittlichen bzw. maximalen Tagesleistungen (Abb. 6) sind hierzu ein bescheidener Anfang.

Nachteilig macht sich die meist söhlige Lagerung der Sedimentgesteine in Baden-Württemberg in nicht standfesten Gebirgsstrecken bemerkbar, weil diese — abgesehen von Störungszonen — zumeist länger anhalten. Im Gegensatz zum Sprengvortrieb, wo ein kastenförmiger Ausbruch die Regel ist, wird man in Bohrstollen nur in den Gebirgsarten mit verstärkten Firstnachbrüchen zu rechnen haben, in denen ausgeprägte Schichtfugen mit geringer oder fehlender Kohäsion auftreten. Ihr ungünstiger Einfluß wird durch achsparallele Klüftung oder dicht stehende unregelmäßige Klüftung, die in einigen Tongesteinen des Keupers besonders häufig zu beobachten ist, erheblich verstärkt. Die Erschwernisse beim Bohrvortrieb in Bergwasser führenden Tongesteinen wurden an mehreren Beispielen erläutert. Sie haben gezeigt, daß erhebliche Unsicherheiten in der geologischen Vorhersage bestehen bleiben. Grundlage werden auch zukünftig die Ergebnisse der Kernbohrungen sein, deren Durchmesser in den milden Gebirgsarten 100 mm nicht unterschreiten sollte, um Fehleinschätzungen stärker verbohrter Kerne zu vermeiden.

Seit einigen Jahren werden im Rahmen der Vorerkundung verstärkt auch fallgewichtsseismische Messungen durchgeführt. Ihr Aussagewert ist zumindest für einige Gebirgsarten recht erfolgversprechend.

Im Muschelkalk werden Fortpflanzungsgeschwindigkeiten von über 3 km/s vermutlich weitgehend unverkarstete Bereiche widerspiegeln, eine stärkere Auflockerung und Verwitterung ist in Zonen mit 2—2,5 km/s zu erwarten.

Unausgelaugtes, gipsführendes Gebirge ist im Gipskeuper durch Geschwindigkeiten von 3 km/s gekennzeichnet, in Auslaugungszonen werden Werte um 1,7 km/s erreicht (Kottmann, 1972).

Die Auswertung der geophysikalischen Messungen vom Pfaffenwaldstollen führte zu einer Fehleinschätzung. Im speziellen Fall war die Ge-

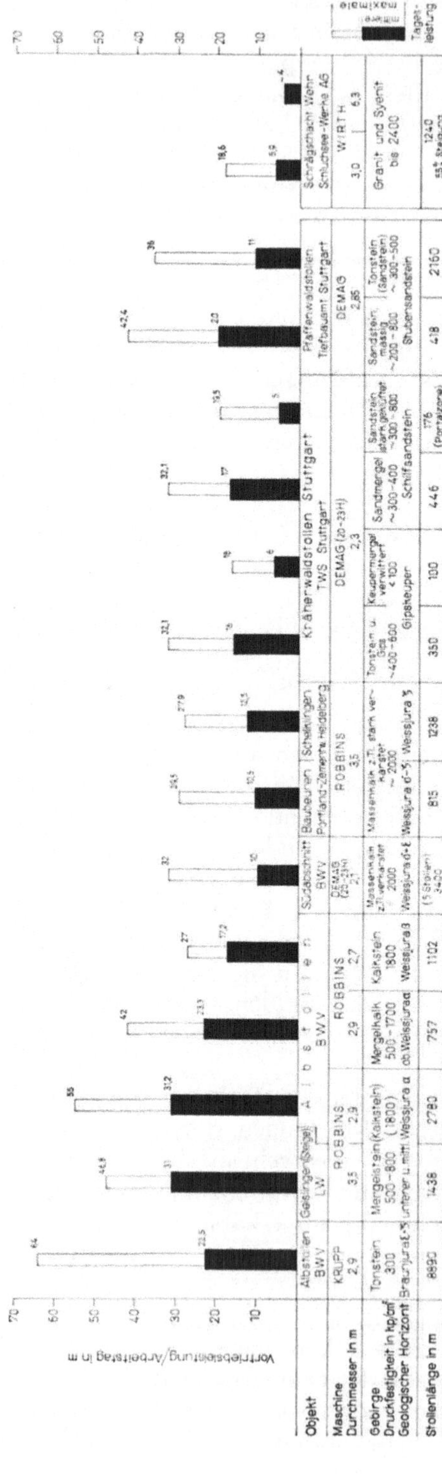


Abb. 6. Mittlere und maximale Tagesleistungen bei einigen Bohrstollen in Baden-Württemberg

schwindigkeit von 3 km/s kein Kriterium für günstige Gebirgsverhältnisse. Andererseits blieben tiefgründig verwitterte, jedoch ungeklüftete Dolomite mit Fortpflanzungsgeschwindigkeiten von nur 1 bis 1,5 km/s wochenlang im Waiblinger Bohrstollen ungesichert standfest. Da möglichst jedes zukünftige Untertagebauprojekt Baden-Württembergs auch seismisch erkundet werden soll, sind im Laufe der Zeit gesichertere Aussagen zu erwarten.

## Literatur


Brune, F.: Der Pfaffenwaldstollen. Werkzeitschrift „Unser Betrieb", Deilmann-Haniel, Nr. 14, S. 28—31 (1974).

Hambach, P.: Vollmechanische Tunnelvortriebsmaschinen unter besonderer Berücksichtigung des Erweiterungsbohrens. Glückauf *108,* S. 678—690 (1972).

Hausch, P.: Einsatz der Robbins-Tunnel-Vortriebsmaschine in Geislingen/Steige beim Bohrstollen für die Landeswasserversorgung Stuttgart. Moderne Stollen- und Tunneltechnik, S. 90—100, 8. Arbeitstagung des Fachausschusses für Bergtechnik (1968).

Hochtief AG: Die Hornbergstufe des Hotzenwaldwerkes. Hochtief-Nachrichten *48,* S. 20—27 (1975).

Koerner, U.: Schwerpunkte der geologischen Untersuchungen für den Bau von Alb-Stollen des Zweckverbandes Bodenseewasserversorgung und Basis-Stollen der Planungsgemeinschaft Bodensee-Neckar-Stollen. Vorträge d. Baugrundtagung 1972 in Stuttgart, S. 439—451.

Kottmann, A.: Technische Einzelheiten am Kräherwaldstollen. gwf-wasser/abwasser *113,* S. 178—182 (1972).

Krause, H., und A. Schreiber: Vorschläge für eine Gebirgsklassifizierung beim Einsatz von Tunnelvortriebsmaschinen (TVM). Straße, Brücke, Tunnel *24,* S. 190—192 (1972).

Krause, H., und F. Wurm: Zur Geologie des Kräherwaldstollens. Werkzeitschrift „Unser Betrieb", Deilmann-Haniel, Nr. 10, S. 20—23 (1972).

Meyer-König, W.: Die Wasserversorgung von Stuttgart. gwf-wasser/abwasser *113,* S. 173—178 (1972).

Müller, K., und G. Damm: Auffahrung des Albstollens beim Bau der zweiten Fernleitung der Bodensee-Wasserversorgung. baupraxis, H. 12 (1969) und H. 3, S. 53—60 (1970).

Naber, G.: Mechanischer Stollenvortrieb im Hartgestein. Rock Mechanics and Engineering Geology *IV,* S. 209—215 (1968).

Naber, G.: Probleme beim Bau des Albstollens. Vortrag über „Mechanisierung im Tunnel-, Stollen- und Streckenvortrieb" anläßlich Tagung Hannover-Messe (1968).

Naber, G., und W. Hähnig: Der Bau des Ghaibergstollens. Rohre-Rohrleitungsbau-Rohrleitungstransport *7,* S. 61—65 (1968).

Naber, G.: Der Bau von Druckstollen durch die Schwäbische Alb für die 2. Fernleitung der Bodensee-Wasserversorgung. Rock Mechanics 2, S. 146—166 (1970).

Rutschmann, W.: Mechanischer Tunnelvortrieb im Festgestein. Düsseldorf: VDI. 1974.

Schmid, H., und E. Wurster: Der Bau des Rohrstollens Geislingen (Steige). gwf-wasser/abwasser *111*, S. 260—267 (1970).

Anschrift des Verfassers: Dr. Heinz Krause, Geologisches Landesamt Baden-Württemberg, Urbanstraße 53, D-7000 Stuttgart, Bundesrepublik Deutschland.

Rock Mechanics, Suppl. 5, 61—79 (1976)


# Felsgründungen von großen Talsperren Probleme — Lösungen

Von

**K. W. John**

Mit 14 Abbildungen

## Zusammenfassung — Summary

*Felsgründungen von großen Talsperren, Probleme – Lösungen.* Es werden vier in Entwicklungsländern erstellte bzw. in Bau befindliche Großprojekte des Wasserkraftbaues unter Betonung ihrer Gründungsprobleme skizziert. Anhand der Lösungen der dabei anstehenden Felsbauprobleme wird der Beitrag der Felsbaumechanik erläutert. Zusätzlich werden einige grundsätzliche Bemerkungen gemacht, sowohl zu geotechnischen Erkundungen als auch zu felsmechanischen Berechnungen, letztere im Rahmen der jeweiligen Entwurfsüberlegungen.

*Tachien, Formosa* — Einbindung einer 180 m hohen Bogenstaumauer in regelmäßig zerlegtem Quarzit.

*Itaipu, Brasilien – Paraguay* — Gründung einer bis zu 180 m hohen aufgelösten Pfeilermauer auf horizontal geschichtetem Basalt; Parameterstudie des Bauwerk-Gründungs-Systems, in erster Linie im Hinblick auf die zu erwartenden Verformungen.

*Chicoasen, Mexico* — Talsperrenstelle mit komplexen geologisch-geotechnischen Verhältnissen, die eine große potentielle Felsrutschung nahelegen. Der Bau eines 220 m hohen Felsschüttdammes und Untertageaushubarbeiten in der Größenordnung von 1,5 Mio $m^3$ haben begonnen.

*Inga, Zaire* — Serie von Kraftanlagen am unteren Zaire; starker Einfluß des ausgeprägten geologischen Flächengefüges auf Felsböschungen, weniger auf die Gründungen der Sperrenbauwerke. Inga 3 sieht Parallelstollen großen Durchmessers vor, Kontrolle des Sprengens und damit der Gebirgsauflockerung erscheint wichtiger als komplexe Bemessungsverfahren.

*Rock Foundation of Large Dams. Problems — Solutions.* Four large hydropower projects in developing countries, either completed or under construction, are presented emphasizing their foundation problems. The solutions of the rock engineering problems encountered serve to demonstrate the contribution of rock mechanics. Additionally, some principal remarks are made on both geotechnical exploration and rock mechanics analyses, the latter within the frame of the respective design considerations.

*Tachien, Taiwan* — Foundation of a 180 m high arch dam in regularly stratified and jointed quartzite.

*Itaipu, Brasil – Paraguay* — Foundation of a hollow gravity dam, up to 180 m in height, on horizontally stratified basalt; with parametric study of dam-foundation system, mainly with respect to deformations to be anticipated.

*Chicoasen, Mexico* — Dam site with complex geological and geotechnical conditions, suggesting a large potential rock slide. Construction of 220 m high rock fill dam and underground works with total volume of 1.5 Mill. $m^3$ are underway.

*Inga, Zaire* — Series of hydropower plants at the lower Zaire; strong influence of distinct geological structure on rock slopes, much less on foundations of dams. Inga 3 forsees parallel tunnels of large diameters; control of blasting and thus of rock loosening appears more important than sophisticated design analysis.

## Einleitung

In der vorliegenden Arbeit werden die felsmechanischen und felsbaumechanischen Probleme einiger großer Bauvorhaben des Wasserkraftsektors in Entwicklungsländern skizziert. Dabei wird auf die eine oder andere grundsätzliche Frage des Fachbereiches Felsmechanik-Felsbaumechanik eingegangen, auch unter Berücksichtigung der außerhalb des eigentlichen Fachgebietes liegenden Randbedingungen. In den sich ergebenden Fallskizzen werden die jeweiligen Lösungen und Lösungsversuche deutlich, als Beiträge einer praxisorientierten Felsbaumechanik zur Lösung von tatsächlich vorliegenden Bauproblemen. Die zur Sprache kommenden Lösungen können kaum als außergewöhnlich bezeichnet werden; sie waren aber immer Beiträge, um im Fels sicherer und wirtschaftlicher zu bauen.

Die Bearbeitung der vorgestellten Projekte lag bzw. liegt vorwiegend in den Händen von verschiedenen internationalen Arbeitsgruppen, bei denen dem Verfasser die Möglichkeit zur Mitarbeit in verschiedenen Funktionen eingeräumt worden war und ist.

In dieser Einleitung sollte noch erinnert werden, daß der Tiefbau in Mitteleuropa und in den Entwicklungsländern unter weitgehend unterschiedlichen Gesichtspunkten durchgeführt werden muß. In den Entwicklungsländern gibt es sowohl für Entwurf als auch für Bauausführung einen größeren Freiraum, der dort zu Lösungen führt, die zwar funktionsgerecht, aber hierzulande nicht möglich wären, weil sie weder vorliegenden Entwurfsrichtlinien noch üblichen Ausführungsqualitäten entsprechen. Auf der anderen Seite können bei Bauvorhaben in den Entwicklungsländern manche in Mitteleuropa fest eingeführte oder sogar vorgeschriebene Verfahren und/oder Maßnahmen nicht einfach abgerufen werden, sondern müssen gegebenenfalls in Form von Kompromissen mit dem dort „Machbaren" errungen werden.

## Obere Tachien-Talsperre, Formosa

Die Planungsarbeiten für dieses Projekt liefen in den vierziger Jahren während der japanischen Besetzung an. Nachdem von verschiedenen Gruppen eine Vielzahl von Entwürfen vorgelegt worden war, begann der Bau in den Jahren 1969/70. Heute ist die Anlage, mit 234 MW installierter Leistung, in vollem Betrieb.

Hier soll nur auf die Gründung bzw. die Einbindung der 181 m hohen Tachiensperre aufmerksam gemacht werden (siehe Abb. 1). Diese Sperre ist

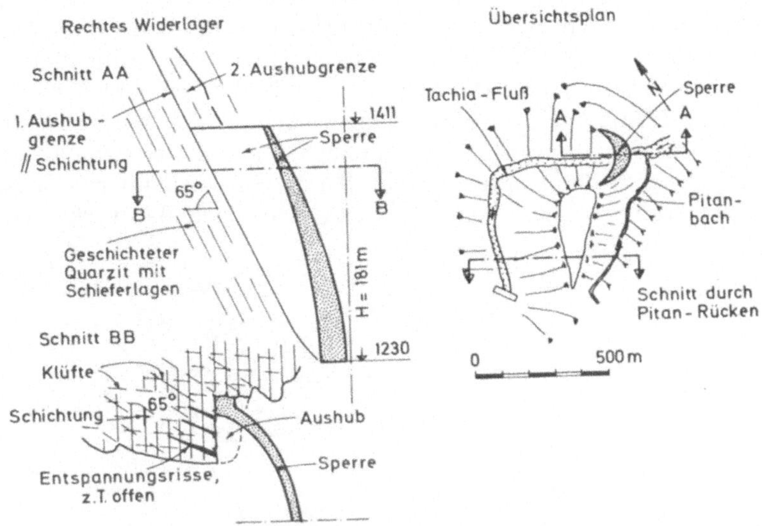


Abb. 1. Obere Tachien-Talsperre, Übersichtsplan und rechtes Felswiderlager
Upper Tachien dam, site map and right rock abutment

Abb. 2. Fertiggestellter rechter Widerlageraushub zu Beginn der Betonierarbeiten
Completed excavation at right bank, begin of concreting

ein doppelgewölbtes, sehr schlankes Bauwerk reinster italienischer Schule. Sie wurde in kompetenten, aber regelmäßig zerlegten Quarzit mit Schieferlagen gegründet, wobei das Schichtflächengefüge recht steil talaufwärts einfiel. Die ursprünglich vorgesehene Unterschneidung dieser sehr ausgeprägten Schwächeflächen durch eine immerhin 300 m hohe Aushubnische wurde von der mit dem endgültigen Entwurf beauftragten italienischen Entwurfsgruppe abgelehnt. Es war offensichtlich, daß dies in einer von Taifunen und Erdbeben geprägten natürlichen Umwelt zu Standsicherheits- und damit bautechnischen Problemen geführt hätte. Man entschloß sich sehr frühzeitig, die Sperre und ihre Gründung der Natur anzupassen und sie stromabwärts zu neigen, mit einem Widerlageraushub parallel zu den vorhandenen Schwächeflächen (siehe Abb. 2). Diese beim Anblick des fertigen Bauwerkes vielleicht

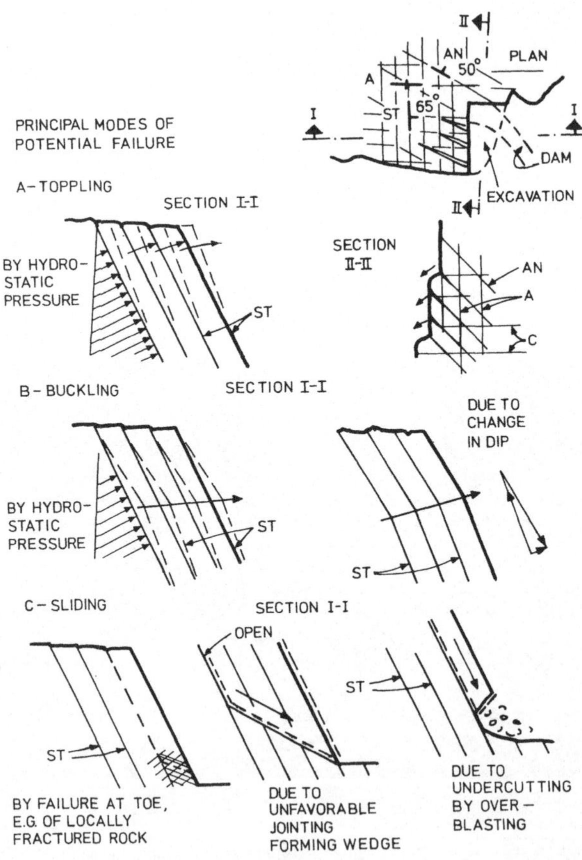


Abb. 3. Bruchmechanismen der Felsböschungen der rechten Widerlagernische
Failure mechanisms of rock slope of right bank excavation

gewagt oder zumindest ausgefallen erscheinende Lösung ergab sich dementsprechend aus einer Kombination von Entwurfsintuition und Ausführungserfahrung der verantwortlichen Ingenieure, unterstützt von ingenieurgeologischen und felsbaumechanischen Überlegungen.

Das wirklich kritische Stadium der Standsicherheit der ca. 300 m hohen Felsböschung des rechten Widerlageraushubes war der Zeitpunkt vor dem Betonieren der Sperre. Untersuchungen zur Standsicherheit und der Entwurf von Felssicherungsmaßnahmen mußten dabei nicht nur konventionelle Gleit-

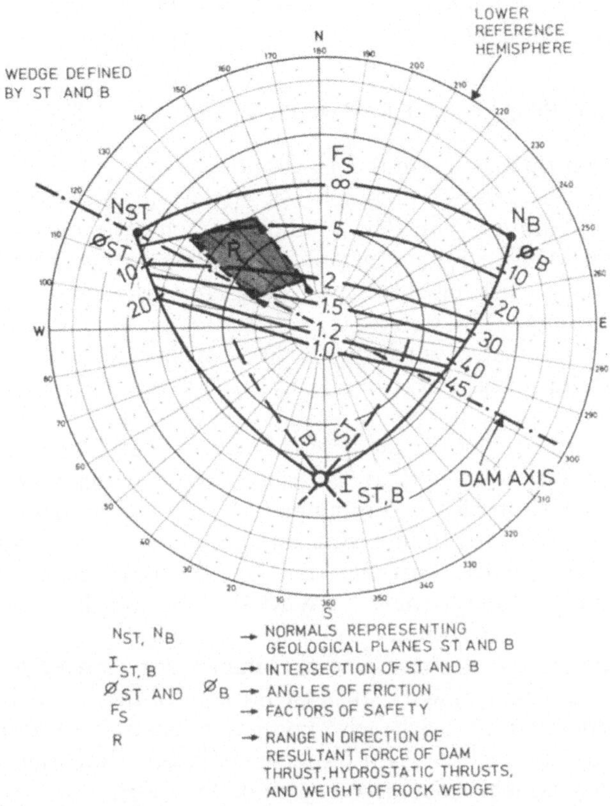


Abb. 4. Abschätzung der Standsicherheit des rechten Felswiderlagers mittels Lagenkugelverfahrens

Assessment of stability of right rock abutment by means of reference hemisphere method

bruchmechanismen, sondern auch das Ausknicken von Schichtpaketen und das Abkippen von durch Entspannung gelockerten Felsmassen berücksichtigen (siehe Abb. 3). Die Richtung des Mauerschubes in bezug auf das vorhandene geologische Trennflächengefüge wurde mit Hilfe von Untersuchungen auf der Grundlage der Lagenkugel — Abb. 4 — optimalisiert.

Der vorgeschlagene Entwurf war sicher realistisch; die Ausführung war ohne größere Schwierigkeiten möglich, mit nur zwei sehr begrenzten örtlichen Verbrüchen. Viel größere Probleme ergaben sich aus der vertraglichen Absicherung der erforderlichen Anpassung des Aushubes an die Natur. Die notwendige Flexibilität bei der Bauausführung mußte hart errungen und letztlich auch bezahlt werden.

Der Entwurf und die Ausführung der zu dem vorliegenden Projekt gehörenden Krafthauskaverne, mit normalen Abmessungen, einschließlich der vorwiegend untertage angelegten Nebenanlagen, war mehr oder weniger Routine. Im Rahmen der Entwurfsbearbeitung wurden bereits 1970/71 Finite-Element-Untersuchungen, unter Berücksichtigung des geologischen Flächengefüges und der räumlichen Erstreckung des Hohlraumes, durchgeführt. Hierüber ist bereits berichtet worden.

## Itaipu-Projekt am Rio Parana, Brasilien und Paraguay

Itaipu ist ein im Bau befindliches (Baubeginn im Jahre 1974) Flußkraftwerk, das wohl das größte entsprechende derzeit in Arbeit befindliche Projekt sein dürfte, zumindest in der westlichen Welt. Die installierte Leistung wird ca. 10000 MW betragen, bei einer maximalen Sperrenhöhe von fast 180 m, einer Länge des eigentlichen Betonbauwerks von 1,9 km und anschließenden Erd- und Felsschüttdämmen mit einer Gesamtlänge von 7 km. Die Betriebsabflußmenge wird bei 6000 $m^3/s$ liegen, während mit einer maximalen Abflußmenge des Rio Parana bis zu 70000 $m^3/s$ gerechnet werden muß.

Planung und Entwurf für dieses Großprojekt laufen seit ca. fünf Jahren. Aus politischen Gründen und auch technischen Überlegungen heraus entwickelte man ein komplexes Verbundsystem zwischen dem brasilianisch-paraguayischen Bauherrn, Itaipu Binacional, einer mit der Koordination beauftragten internationalen Gruppe, IECO-ELC, und den eigentlichen brasilianischen und paraguayischen Entwurfsfirmen, mit Kontrolle durch ein internationales Beratergremium.

Die Talsperre, eine Schwergewichtsmauer von gewaltigen Abmessungen (siehe Abb. 5 a und b) wird auf fast horizontal liegenden Basaltergüssen gegründet werden, die an sich sehr kompetent sind, aber durch definitive Kontakte, Brekzienschichten von unterschiedlicher Mächtigkeit und auch Zwischenmedien voneinander getrennt sind. Das Gründungsproblem ist an sich übersichtlich, die sich aus den vorliegenden Dimensionen ergebenden Konsequenzen sind allerdings respekteinflößend. So ergäbe die Vertiefung der Gründungssohle des eigentlichen Mauerkörpers (ohne Krafthaus und Flügelbauwerke) um einen Meter, die im Regelquerschnitt kaum erkennbar wäre, für Mehraushub und Mehrbeton von jeweils ca. 200000 $m^3$ Mehrkosten von ca. 9 Mio US$. Die grundsätzliche Entscheidung zwischen massivem und aufgelöstem Mauerquerschnitt hatte aber noch eindrucksvollere Konsequenzen; gegenüber dem massiven Normalquerschnitt könnte eine Pfeilermauer Kostenminderungen bis in die Größenordnung von 50 Mio US$ erbringen.

Als Beitrag der Geotechnik zu dem Vorentwurf der Itaipu-Talsperre wurde eine Parameterstudie des Mauer-Fels-Systems für beide Querschnittsvarianten durchgeführt, mit dem Ziel, einmal die wirklich kritischen geotechnischen Eingangswerte zu definieren, zweitens die zu erwartenden Verformungen innerhalb der verschiedenen Systeme abzuschätzen. Für den aufgelösten Querschnitt waren hier besonders die Setzungsunterschiede zwischen benachbarten Stützpfeilern von Bedeutung, dazu die Bewegungsunterschiede zwischen Sperre und Krafthaus, letztere in Verbindung mit dem Entwurf der mächtigen Druckrohre mit Durchmessern von über 10 m. In Anbetracht der sehr komplexen Systemgeometrie und der nachgewiesenermaßen praktisch ausschließlich elastischen Materialeigenschaften von Beton, Felselemen-

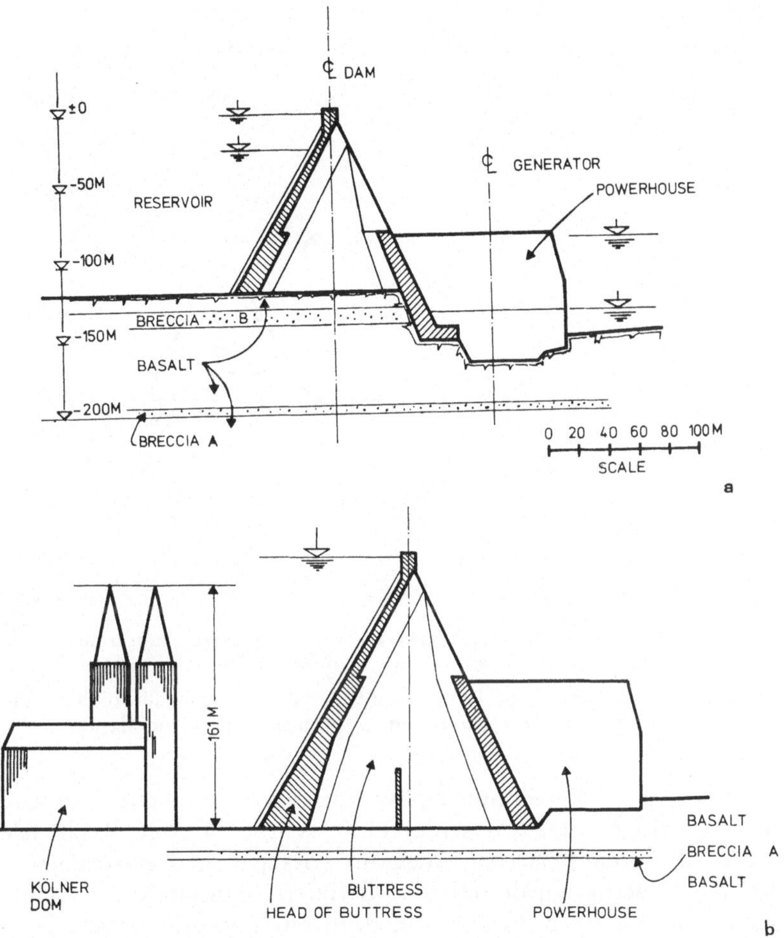


Abb. 5. Itaipu-Talsperre, Variante mit aufgelöster Pfeilermauer
a) Sperrenhöhe = 120 m; b) maximale Sperrenhöhe = 180 m

Itaipu dam, hollow gravity alternative
a) Dam height = 120 m, b) maximum dam height = 180 m

ten und auch Flächengefüge unter den gegebenen Belastungen wurde ein sehr effektives FEM-Programm für rein elastisches Verhalten verwendet. Bei den Berechnungen fand der Einfluß des in dem doch mehr oder weniger durchlässigen Gründungsfels wirkenden Auftriebes besondere Beachtung. Die realistische Simulierung der nachstehenden Abfolge von Geometrie und Belastung war dabei von großem Einfluß auf die rechnerischen Verformungen des Bauwerkes und seiner Gründung.

1. Natürliche Felsoberfläche zwischen den Umschließungsdämmen,
2. Baugrube im wassergesättigten, d. h. unter Auftrieb stehenden Gebirge,
3. Belastung des Gründungsfelses durch das Bauwerk,
4. Einstau des fertigen Bauwerkes, mit Wasserdrücken auf das Bauwerk.

Abb. 6 zeigt den Einfluß der Durchlässigkeit der Felsgründung auf die rechnerischen Verformungen.

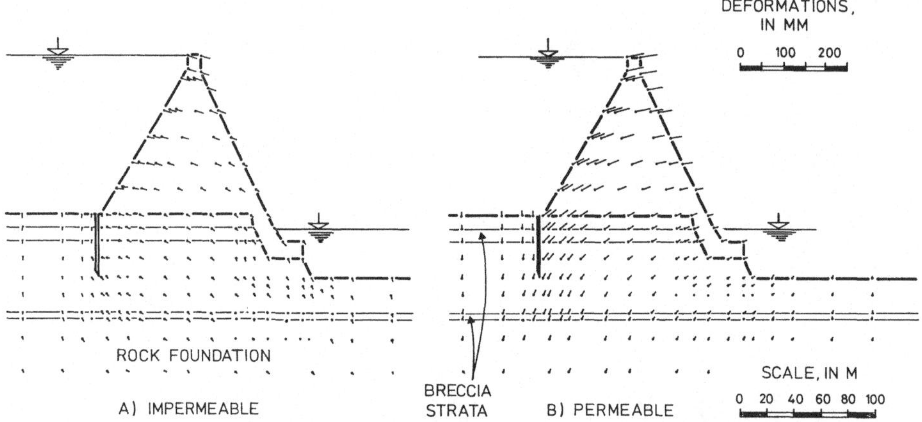


Abb. 6. Berechnete Verformungen des Bauwerk-Fels-Systems von Itaipu infolge Einstau
a) Undurchlässige Felsgründung, b) durchlässige Felsgründung

Computed deformations of the Itaipu dam-foundation system due to impounding
a) Impermeable rock foundation, b) permeable rock foundation

Bei diesen FEM-Berechnungen wurde als zusätzliche Kontrolle der „Yield-Factor" eingeführt. Mit seiner Hilfe wurde für alle Rechenelemente kontrolliert, ob deren Belastung noch im vorgegebenen elastischen Bereich war. Der Yield-Factor wurde dabei so definiert, daß ein Wert von 1 einem Spannungszustand an der Fließgrenze, d. h. am Ende des elastischen Bereiches, beschrieb. Werte $<1$ zeigten dagegen Beanspruchungen im rein elastischen Bereich (siehe auch Beispiel auf Abb. 7).

Im Rahmen der vorliegenden Parameterstudien wurde auch der potentielle Einfluß der vermuteten hohen, in horizontaler Richtung wirkenden tektonischen Spannungen auf die Gebirgsfestigkeit im Bereich der bis zu 100 m tiefen Einschnitte untersucht. Besonders interessierte dabei, ob im Bereich dieser Böschungen die sicher vorhandenen, annähernd horizontalen geologischen Schwächezonen infolge örtlicher Scherverformungen zu Schwächeflächen mit geringer Scherfestigkeit umgewandelt werden würden. Die Rechnung sagte hierzu eindeutig nein; sorgfältige Beobachtungen und In-situ-Messungen werden dies noch bestätigen müssen.

Die hier skizzierten Untersuchungen bestätigen, daß das Potential von relativ übersichtlichen FEM-Programmen, die rein wissenschaftlich vielleicht schon als überholt betrachtet werden könnten, für viele in der Ingenieurpraxis wirklich anstehende Entwurfsaufgaben, mit meist beschränkten Eingangsdaten, noch nicht ausgeschöpft ist. Diese Erfahrung deckt sich mit der

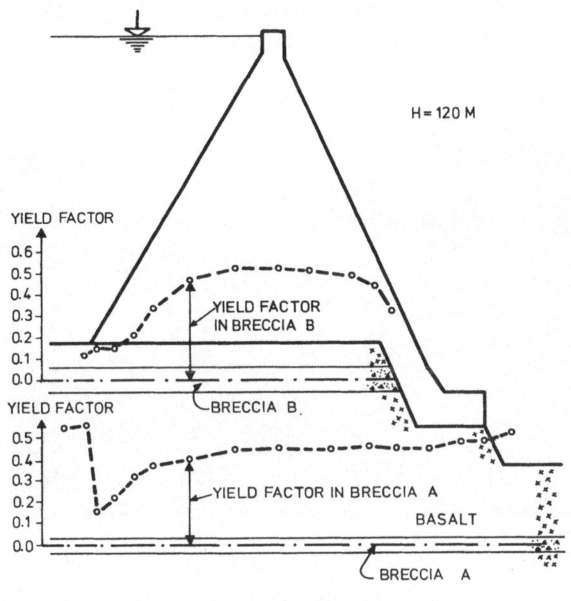


Abb. 7. „Yield-Factor", dargestellt am Beispiel der Beanspruchung zweier Brekzienschichten, mit $YF \ll 1$, d. h. Beanspruchung der Brekzie im elastischen Bereich

"Yield Factor", shown for the example of the stressing of two breccia strata, with $YF \ll 1$, i. e. stressing of breccia within elastic range

derzeit international diskutierten Beobachtung, daß wirkliche Engpässe weder beim Rechnen noch beim Programm auftreten, sondern vorwiegend sowohl bei der Idealisierung des gegebenen Problems als auch bei den analytischen Fähigkeiten des Entwurfspersonals.

## Chicoasen-Projekt am Rio Grijalva, Mexico

Im Südosten von Mexico, im Staate von Chiapas, war zwischen den in jüngster Vergangenheit in Betrieb gegangenen Kraftwerken von Malpasso und L'Angostura eine ca. 130 km lange Strecke des Rio Grijalva, mit einem Wasserkraftpotential von ca. 240 m Druckhöhe bei einer Betriebswassermenge von ca. 400 m³/s, unentwickelt geblieben. Eine prominente Engstelle, Chicoasen, wurde einige Jahre lang für eine über 200 m hohe Bogenstaumauer ins Auge gefaßt (siehe Abb. 8). Dann legten systematische geotechnische Erkundungen eine vorher nur vermutete potentielle Felsrutschung nahe, mit einer Größenordnung von einigen Millionen m³, mit Gleitmöglichkeiten entlang tonigen Zwischenlagen in einem geschichteten und gefalteten Kalksteinpaket, das durch viele kleinere Störungen zerlegt ist. Zusätzlich wird das Flußtal ober- und auch unterhalb der Sperrenstelle von großen regionalen Störungen durchschnitten. Aus Praxis und Theorie heraus muß die ganze Region als stark erdbebengefährdet bezeichnet werden. Als eine Konsequenz all dieser zumindest potentiellen Schwierigkeiten war das Pro-

Abb. 8. Chicoasen, Blick von Oberstrom auf Canyon und linke Talflanke
Chicoasen site, view of canyon, and left bank from upstream

jekt bis zur Energiekrise 1973/74 zumindest zurückgestellt worden; um die Jahreswende 1975/76 ist dort eine Großbaustelle (Abb. 9) in vollem Betrieb.

Heute wird folgendes (siehe auch Abb. 10) ausgeführt: ein Felsschüttdamm mit einer Höhe von ca. 220 m, mit einem konventionellen Querschnitt und breiten mittigen Tonkern, mit einem Gesamtvolumen von ca. 14 Mio m³. Das enge Canyon ergibt einen ungewöhnlichen Längsschnitt, der für einen Schüttdamm sicher nicht ganz unproblematisch ist. Das Schüttmaterial für den Stützkörper wird zum Teil aus den Bereichen der potentiellen Rutschung gewonnen und mit Hilfe der Transportbänder von Tabela eingebaut. Selbstverständlich sind beim Entwurf die neuesten Erkenntnisse über den Bau von Schüttdämmen in Erdbebengebieten berücksichtigt worden.

Bauentschluß und Baubeginn waren zum großen Teil von globalen Energieüberlegungen dominiert; wie bei vielen großen Tiefbauprojekten in Entwicklungsländern oft der Fall, war die Planung bei Baubeginn noch nicht in allen Details abgeschlossen. Es hatte sich aber auch schon vorher gezeigt, daß bei den komplexen geologisch-geotechnischen Verhältnissen eine Detailplanung ausschließlich auf der Grundlage der Erkundungsergebnisse einfach nicht realistisch war. Endgültige Erkenntnisse über die tatsächlichen Gegebenheiten können in vielen Fällen erst durch die großmaßstäblichen Aufschlüsse über- und untertage während der eigentlichen Bauausführung gewonnen werden. Entwurf und Bauausführung werden sich dann kurzfristig an diese Gegebenheiten anpassen müssen.

Die Untertagearbeiten für Krafthauskaverne mit Nebenanlagen, Umleitungs- und auch Hochwasserentlastungsstollen werden ein Gesamtvolumen

Abb. 9. Aushubarbeiten im Chicoasen-Canyon zwischen Abschlußdämmen
Dam excavation at the floor of Chicoasen canyon between cofferdams

von 1,5 Mio m³ haben, bei großen allerdings nicht ungewöhnlichen Spannweiten (ca. 20 m bei der Kaverne, dazu Stollendurchmessern, zum Beispiel für die Hochwasserentlastung bis zu 18 m). Die geologischen Bedingungen lassen für die Tunnelbauarbeiten keine unüberwindlichen Schwierigkeiten erwarten; die größten Schwierigkeiten liegen sicher im Bauzeitplan, nach dem die Untertagearbeiten in ca. zwei Jahren abgeschlossen sein sollten. Sowohl Entwurfs- als auch Bauabteilung des Bauherrn, CFE—Comisión Federal Electricidad, und auch die beteiligten rein mexikanischen Baufirmen haben durch vorhergegangene sehr erfolgreich abgeschlossene Großprojekte viel Erfahrung mit großen Untertagehohlraumbauten im entsprechenden Gebirge. Entwurf mit Bemessung, aber auch Bauausführung mit Bauüberwachung dieser Hohlraumbauten werden weitgehend von dem abweichen, was man in Mitteleuropa zu fordern gewohnt ist. Trotzdem werden innerhalb des allgemeinen Baufortschrittes die vorgesehenen Untertageinstallationen funktionsbereit sein, wenn gegebenenfalls auch mit einigem Anlaß zur Detailkritik. Die Hohlraumbauten werden dabei ganz sicher wirtschaftlich erstellt werden, auch wenn die Kosten der zu erwartenden Bauverzögerung in Ansatz gebracht werden.

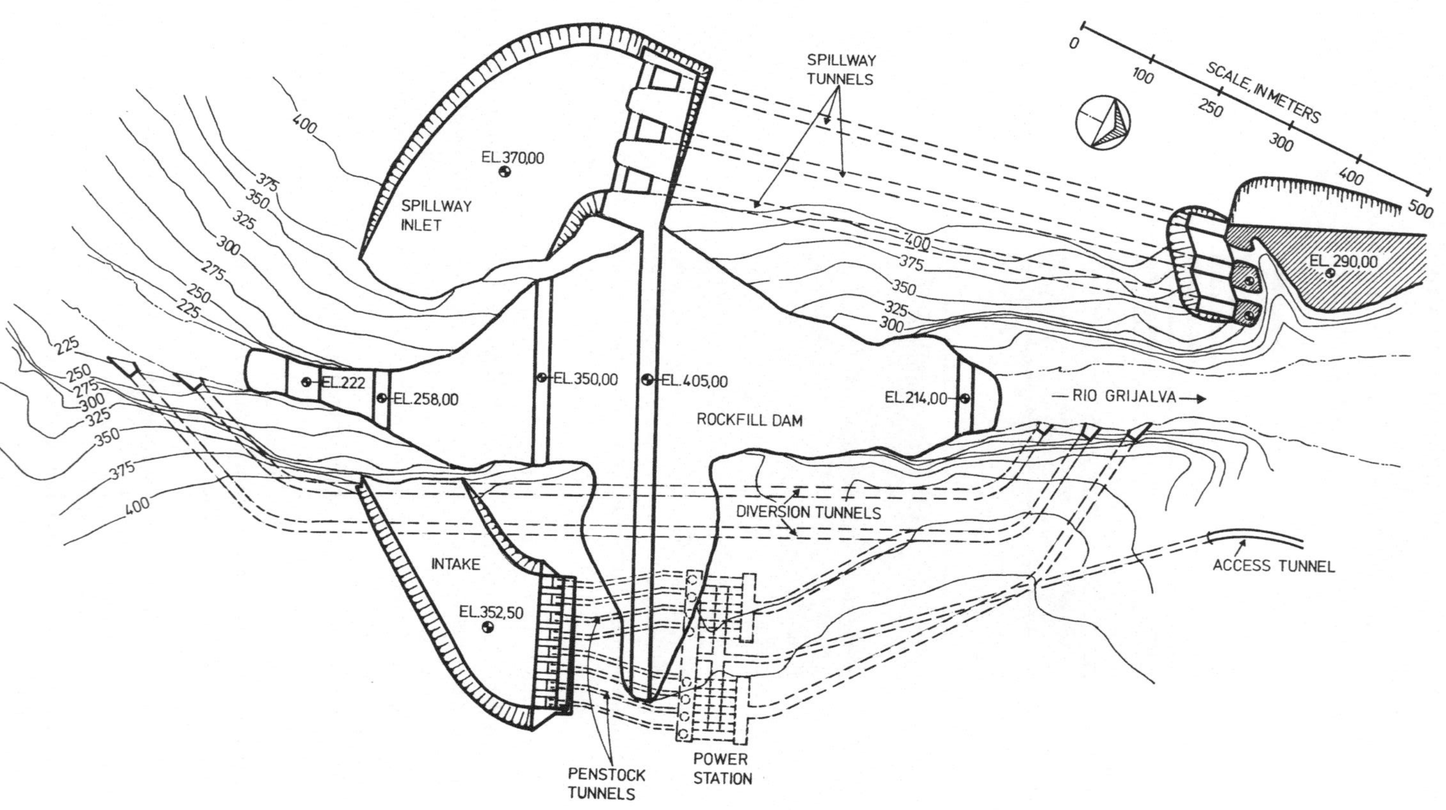


Abb. 10. Übersichtsplan des gesamten Chicoasen-Projektes
Project layout of Chicoasen

Abschließend soll auf eine Problematik eingegangen werden, die weiter oben bereits angesprochen wurde und die in Chicoasen noch nicht wirklich befriedigend bewältigt werden konnte: die realistische, aber doch noch „machbare" Idealisierung eines nicht ganz einfachen geologischen Sachverhaltes als eine der Grundlagen für Bemessung und Entwurf von großen und größten, dabei auch komplexen Tiefbauten. In Chicoasen ist, wie bereits angedeutet, die Stratigraphie zwar recht übersichtlich: drei unterschiedliche Kalksteinschichten mit einer gegen eine Talflanke einfallenden Schichtung. Geologische Details, wie Kleinstörungen, Schichtflächen, Faltung, die letztlich für eine geomechanisch-geotechnische Bewertung entscheidend sind, sind dagegen extrem komplex und nicht mit letzter Sicherheit erfaßbar, auch nicht mit Hilfe von weit mehr als hundert Kernbohrungen bester Qualität, bis zu einer Teufe von ca. 200 m, mit einigen km Erkundungsstollen und, gerade fertig geworden, einem Erkundungseinschnitt mit einem Volumen von ca. 15000 m$^3$.

Zwei grundsätzliche nicht nur in Chicoasen gemachte Erfahrungen sollen hier mitgeteilt werden. Erstens, die Idealisierung oder das „modeling" sollte objektiv bleiben, frei von vorgefaßten Meinungen, seien sie technisch-wissenschaftlich oder auch technisch-politisch motiviert. Sie sollten auch unabhängig bleiben von vorliegenden Entwurfskonzeptionen oder vorhandenen Rechenroutinen. Weiterhin sollten die Baugeologen nicht nur eine erste Idealisierung der natürlichen Gegebenheiten vorschlagen, sondern an der Erstellung der Entwurfsgrundlagen bis zur Bauausführung hin interessiert bleiben, sonst leidet unter Umständen die Realität der entstehenden Entwurfskriterien und/oder Rechenmodelle so weitgehend, daß die entsprechenden Ergebnisse bzw. Entwürfe ihre Aussagekraft weitgehend verlieren.

## Inga 1/2/3 in der Republik Zaire

Seit der belgischen Kolonialzeit wird die Nutzung des Unterlaufes des Zaire, des früheren Kongos, für die Energiegewinnung geplant, seit ca. 10 Jahren wird dort auch gebaut: Inga 1 ist heute in Betrieb, Inga 2 im Bau und Inga 3 in der Planung. Die verschiedenen Anlagen sind auf dem Übersichtsplan der Abb. 11 gegeben.

Für die relativ kleine Sperre der Inga-1-Anlage, eine aufgelöste Pfeilerstützmauer mit einer Höhe von ca. 50 m, war der anstehende Fels, eine sehr harte aber sehr regelmäßig zerlegte Gneisvariante (Abb. 12), perfekt, nicht jedoch für die Böschungen der Kanäle, die die Kraftwerksanlage mit dem Fluß verbinden sollten. Die ursprünglich vorgesehenen glatten, jedoch unverkleideten Rechteckquerschnitte, mit Tiefen von über 20 m, waren in dem anstehenden Gebirge nicht zu realisieren.

Für das nachfolgende Inga-2-Projekt hatte man diese negative Erfahrung verarbeitet und die Kanalquerschnitte dem Trennflächengefüge angepaßt. Grundsätzlich wurde angestrebt, die Böschungsneigung parallel zu den Verschneidungslinien der maßgeblichen Trennflächen anzuordnen, eine geologisch-geometrische Aufgabe, die mit Hilfe der Lagenkugelgeometrie außerordentlich leicht gelöst werden kann. In Abb. 13 ist ein entsprechendes Bei-

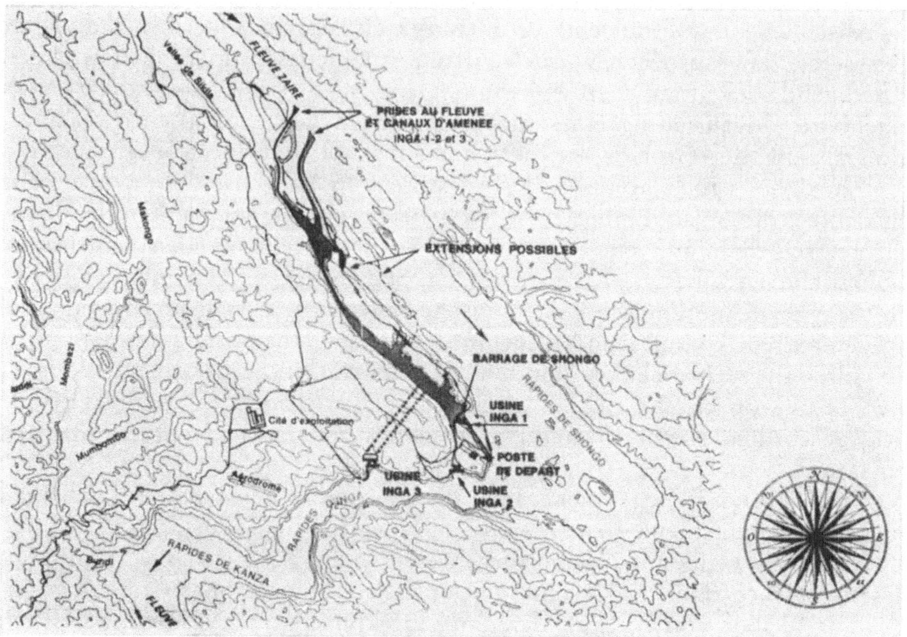


Abb. 11. Übersichtsplan der drei Inga-Projekte
Project layout of the three Inga projects

Abb. 12. Fels als regelmäßiges Diskontinuum, Inga 1
Rock as regular discontinuum, Inga 1

spiel dargestellt. In Anbetracht der besonderen Umstände auf dieser Baustelle war die Kontrolle der Sprengarbeiten nicht sehr streng, die sich somit ergebenden Böschungsflächen nicht sehr schön (siehe Abb. 14). Durch den Wegfall von jeglichen zusätzlichen Sicherungsmaßnahmen waren sie aber

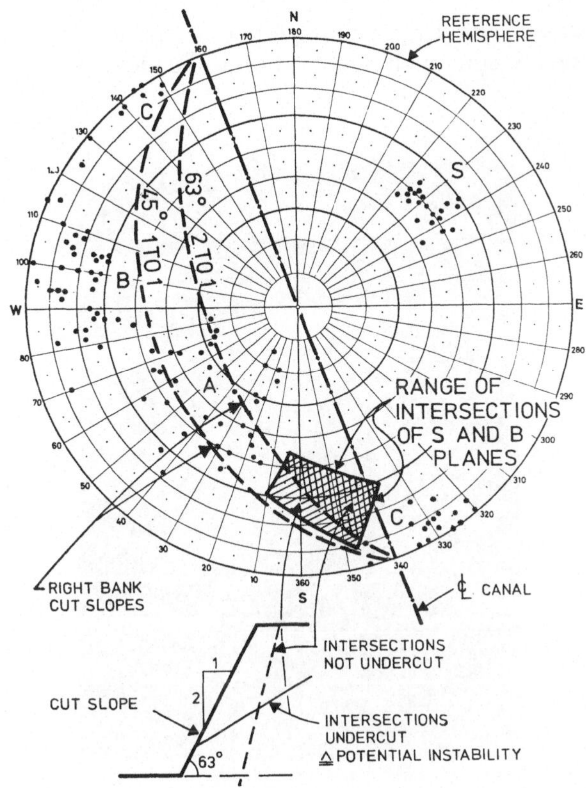


Abb. 13. Überprüfung der Gleitkinematik einer Felsböschung von Inga 2, bei zwei Trennflächenscharen, mittels Lagenkugelverfahren

Assessment of kinematics of rock slope of Inga 2 with respect to sliding, considering two sets of discontinuities, using the reference hemisphere approach

auf alle Fälle sehr wirtschaftlich und entsprechen voll und ganz der gegebenen Aufgabe, mehr künstliche Täler als Bauwerke im konventionellen Sinne zu erstellen.

Für das in Planung befindliche Inga-3-Projekt verbindet man das zusätzliche Krafthaus nicht mehr mittels Kanälen mit dem Fluß, sondern mittels drei oder vier Parallelstollen, mit Durchmessern um die 16 m, die die Beuge eines gewaltigen Flußknies durchörtern werden. Im Rahmen des Vorentwurfes wurden für diese Tunnel einige Vorberechnungen auf der Grundlage der Methode der Finiten Elemente durchgeführt. Die Ergebnisse entsprachen den Erwartungen, nachstehende Folgerungen boten sich an:

1. Trotz eindeutigen Trennflächengefüges ist das anstehende Gebirge so gut, daß Versuche zur Bestimmung von Festigkeit und Verformbarkeit einen relativ geringen Beitrag zum eigentlichen Tunnelentwurf liefern würden. Außer Durchlässigkeitsbestimmungen wurden daher keine In-situ-Versuche als dringend notwendig erachtet.

2. Die durchgeführten, relativ einfachen und übersichtlichen tunnelstatischen Berechnungen auf der Grundlage der Methode der Finiten Elemente ergaben eindeutige, wenn auch nicht überraschende Erkenntnisse über die

Abb. 14. Fertige Felsböschung des Inga-2-Kanals
Completed rock slope of the Inga 2 canal

Abhängigkeit der Entwurfsgrößen von entsprechenden Eingabewerten. Komplexe Studien, mit elastoplastischem Materialverhalten, räumlichen Modellen u. a. m., erschienen für das vorliegende Projekt nicht mehr erforderlich.

3. Der Schlüssel zu den großen Inga-Tunneln liegt viel weniger bei modernen, aufwendigen Berechnungsverfahren, sondern bei einer streng kontrollierten Bauausführung, mit systematischer Überwachung von Sprengarbeiten und Gebirgsverformungen, beide im Hinblick auf Gebirgsauflockerung und Gebirgsdurchlässigkeit nach Fertigstellung der Tunnel.

Die Kontrolle vor Ort wird dabei streng, aber auch pragmatisch sein müssen. Die derzeit international sehr angeregt diskutierte, neue tunnelbautechnische Gebirgsklassifizierung nach Barton, Lien und Lunde, und auch nach Bieniawski, neben der von Lauffer, dürfte für die Inga-3-Tunnel von einigem Interesse sein. Für die Felsbaumechanik kann man sich aus diesem Projekt vorwiegend einen Beitrag erhoffen zur Frage der vergleichenden tunnelbautechnischen Gebirgsklassifizierung und Gebirgsbeschreibung, im Hinblick auf die Bauausführung des dann vorliegenden Tunnelbauentwurfes, und weniger in bezug auf neue tunnelbautechnische Bemessungsverfahren.

## Abschluß

Hier soll zunächst eine Beobachtung vom 16. US-Symposium für Felsmechanik, das im September 1975 in Minneapolis, Minnesota, stattgefunden hat, eingeflochten werden. Aus der Durchsicht von sehr vielen neueren Veröffentlichungen des Fachgebietes Fels(bau)mechanik könnte geschlossen werden, daß heute unter der Überschrift von Entwurf von Untertagehohlräumen oder auch anderen Bauwerken im Fels, vielfach vorwiegend von Berechnungen (Analysen) der entsprechenden abstrakten Problemstellungen gesprochen wird. Aus der Sicht dieses Berichterstatters liegt jedoch hier eine gewisse Diskrepanz vor, da felsmechanische Berechnungen in den seltensten Fällen dem felsbautechnischen Entwurf gleichzusetzen sind. Im Interesse eines realen Bauvorhabens darf die Berechnung, auch die beste, nicht Selbstzweck werden; sie muß dem Entwurf dienen, und zwar so unmittelbar, daß der zusätzliche Aufwand auch zu einem besseren und sichereren Bauwerk führt. Selbstverständlich ergibt sich aus der Sicht des Forschers eine etwas andere Perspektive. Von Fall zu Fall sollten daher Kompromisse angestrebt werden, jeweils angepaßt an die innerhalb der Gruppierung — Bauherr, Entwurfsbüro, Berater und ausführende Firmen — herrschende Atmosphäre. In vielen Fällen könnte Hoeks Ermahnung eine Erinnerung sein, auf dem Boden der Realitäten zu bleiben.

> Hoek erinnerte in Minneapolis, daß es verschiedene Krankheiten gibt. Gegen die eine oder andere hilft vielleicht nur Penicillin, Aspirin versucht man dann erst gar nicht. In manchen anderen, vielleicht gar nicht so seltenen Fällen hilft aber bereits Aspirin, Penicillin wäre hier nicht angebracht.

Dementsprechend erscheinen für viele Entwurfsfragen der Felsbaupraxis an sich vorhandene elegante, komplexe und auch oft recht aufwendige Berechnungsverfahren einfach nicht notwendig. Ganz sicher sollten diese jedoch für die viel selteneren, aber um so wichtigeren Problemfälle in Bereitschaft gehalten werden. Bei ihrer Anwendung muß man sich jedoch immer Rechenschaft darüber ablegen, ob die Parameter — die Möglichkeit ihrer Bestimmung vorausgesetzt — und andere Fakten, die in die Rechnung eingehen können, nicht nur die Berechnung, sondern auch den Entwurf dominieren.

In den vorhergehenden Beispielen sollte der Beitrag von seiten der Fels(bau)mechanik bei der Lösung von bei Großprojekten im Ausland anstehenden Problemstellungen dargestellt werden. Dieser Beitrag ist oft sehr wichtig, nur sehr selten jedoch dominierend. Aus den jeweiligen und vielen anderen hier nicht vorgestellten Lösungen von fels(bau)technischen Problemstellungen ergaben sich einige allgemeinere Folgerungen, die bei der Weiterentwicklung des Fachgebietes Fels(bau)mechanik eigentlich nicht verdrängt werden sollten.

Abschließend dankt der Verfasser seinem Kollegen und Freund Alessandro Gallico, Oberingenieur von Electroconsult in Mailand, Italien, für eine über fünfzehnjährige Zusammenarbeit auf dem Grenzgebiet zwischen Geologie und Bauwesen, unter Berücksichtigung von Praxis und Theorie, zur Lösung von felsbautechnischen Fragestellungen bei zahlreichen internationalen Wasserkraftprojekten, von denen die vier hier vorgestellten Bauvorhaben nur eine kleine Anzahl darstellen.

## Literatur

Nachstehende Literaturhinweise sind bewußt auf in der vorliegenden Arbeit ganz speziell angesprochene Projekte bzw. Problemstellung beschränkt.

*Tachien*

[1] John, K. W., und A. Gallico: Engineering Geology of the Site of the Upper Tachien Project, Paper VI/9, Proc. 2nd Intern. Congress of Engineering Geology, Sao Paulo, 1974, Vol. 2.

[2] John, K. W., und A. Gallico: Design Studies of Underground Powerhouse Situated in Jointed Rock, Paper VII/9, Proc. 2nd Intern. Congress of Engineering Geology, Sao Paulo, 1974, Vol. 2.

[3] Gallico, A., und K. W. John: Graphical Stability Analysis for Rock Abutment of Arch Dam, Proc. 3rd Intern. Congress for Rock Mechanics, Denver, 1974, Vol. II B.

*Itaipu*

[4] John, K. W.: Felsversuche und Felsmessungen im Rahmen von parametrischen Untersuchungen, Interfels Meßtechnik Information, 1974.

[5] IECO-ELC: Itaipu Project, Concrete Dam, Stress and Deformation Analyses by F. E. M. — Second Phase, April 1975 (unveröffentlichter Bericht).

*Felsbaumechanik und Ingenieurpraxis*

[6] Hoek, E., und P. Londe: Surface Workings in Rock, General Report, Theme 2, Proc. 3rd Intern. Congress for Rock Mechanics, Denver 1974, Vol. I A, 1974.

[7] John, K. W.: Properties of Rock Masses in Research and Engineering Practice, Panel Paper, Theme 1 “Physical Properties of Intact Rock and Rock Masses”, Proc. 3rd Intern. Congress for Rock Mechanics, Denver 1974, Vol. I A, 1973/74.

[8] John, K. W.: Slopes and Foundations — General Review and Comments, Session 1, 16th Symposium on Rock Mechanics, Minneapolis, September 1975, im Druck.

[9] Hoek, E.: Slopes and Foundations — General Review and Comments, Session 2, 16th Symposium on Rock Mechanics, Minneapolis, September 1975, im Druck.

*Lagenkugelverfahren*

[10] Hoek, E., und J. W. Bray: Rock Slope Engineering, The Institution of Mining and Metallurgy, London, 1974.

[11] John, K. W.: Baugrubensicherung und Tunnelverbau im Festgestein, Veröffentl. Haus der Technik Essen, Vol. 314, 1973.

[12] John, K. W., und R. Deutsch: Die Anwendung der Lagenkugel in der Geotechnik, Festschrift L. Müller-Salzburg, Karlsruhe, 1974.

*Gebirgsklassifizierung*

[13] Barton, N., R. Lien, und J. Lunde: Analysis of Rock Mass Quality and Support Practice in Tunneling and a Guide for Estimating Support Requirements, Internal Report, Norges Geotekniske Institutt, 1974.

[14] Bieniawski, Z. T., als Herausgeber: Tunneling in Rock, 2nd ed., South African Institute of Civil Engineers u. a. Pretoria, 1974 (insbesondere Kap. 6).

[15] Schimmer, E. R.: Geotechnische Gebirgsklassifizierung, Diplomarbeit, Ruhr-Universität Bochum, 1975.

Anschrift des Verfassers: Professor Dr.-Ing. Klaus W. John, Lehrstuhl Geologie III — Geotechnik, Ruhr-Universität Bochum, Universitätsstraße 150. D-4630 Bochum-Querenburg, Bundesrepublik Deutschland.

Rock Mechanics, Suppl. 5, 81—100 (1976)


# Gründungsprobleme beim Bau von Seilschwebebahnen

Von

**H.-U. Werner**

Mit 15 Abbildungen

## Zusammenfassung — Summary — Résumé

*Gründungsprobleme beim Bau von Seilschwebebahnen.* Bei der ingenieurgeologischen Bearbeitung von Seilbahnprojekten sind im allgemeinen drei projektspezifische Probleme zu lösen:

— Gründung der Stützen.
— Dimensionierung und Herstellung der Schächte für die Spanngewichte.
— Einleitung großer Seilkräfte in den Untergrund.

Als typisch für Seilbahnprojekte kann dabei angesehen werden, daß die Standorte der einzelnen Bauwerke durch eine nach anderen als geotechnischen Gesichtspunkten getroffene Trassenwahl meist unverrückbar festliegen. Hinzu kommt, daß Forderungen des Naturschutzes erfüllt und klimatische Besonderheiten, wie z. B. große Schneehöhen, Eisbildungen und Lawinengefahr, berücksichtigt werden müssen. Viele Standorte zeichnen sich zudem durch schlechte Zugänglichkeit aus, was den Umfang möglicher Baugrunduntersuchungen einschränkt und die Herstellung der Bauwerke erschwert.

Am Beispiel einiger Seilschwebebahnen mit Großkabinen bis zu 100 Personen Fassungsvermögen (u. a. Hochfellnbahn im Chiemgau und Fellhornbahn im Allgäu) werden die angesprochenen Gründungsprobleme verdeutlicht und mögliche Lösungswege aufgezeigt.

*Foundation Problems in Conjunction with the Construction of Aerial Cableways.* The engineering-geological treatment of aerial cableways requires solutions in three project-oriented problem areas:

— foundation of cableways supports,
— sizing and construction of shafts for counterweights,
— transfer of large cable loads into the ground.

Typically, the aerial cableways projects are laid out in such a way that the locations of structures are determined in accordance with other then geotechnical considerations. In addition, requirements related to the preservation of natural beauty and the climatic conditions, such as depth of snow, frost actions and the danger of avalanches must be considered. In many instances difficult access of various locations of structures complicate considerably the necessary soil investigations as well as the constructions.

The case of some aerial cableways with capacities of up to 100 persons per gondola (a. o. Hochfellnbahn/Chiemgau and Fellhornbahn/Allgäu) are used to make plain the above mentioned foundation problems and to show possible solutions.

*Problèmes de fondation dans la construction de téléphériques.* Pendant l'étude géotechnique de projets de construction de téléphériques il faut, en général, résoudre trois problèmes spécifiques:

— Fondation des pylônes.
— Dimensionnement et construction des puits pour les contre-poids.
— Introduction de grandes forces de câble dans le sous-sol.

On peut considérer typique pour les projets de téléphériques le fait que les emplacements des superstructures sont, dans la plupart des cas, absolument donnés par le choix du tracé, qui est fait usité d'autres aspects que du point de vue géotechnique. En outre, il faut tenir compte de la protection de la nature ainsi que des particularités climatiques, comme par exemple la hauteur de neige, les formations de glace et le danger d'avalanches. Beaucoup d'emplacements présentent aussi des difficultés d'accès, ce qui limite les possibilités d'étude du sous-sol et rend difficile la construction des superstructures.

A l'aide de différents exemples, et en particulier des téléphériques Hochfelln-bahn/Chiemgau et Fellhornbahn/Allgäu, dont les voitures ont une capacité de jusqu'à 100 personnes, les problèmes de fondation cités ci-avant sont décrits et des solutions sont présentées.

## 1. Einleitung

Im Juni 1975 fand in Wien der IV. Internationale Seilbahnkongreß statt. Auf diesem Kongreß wurden vor allem Eigenschaften, Prüfmethoden und Sicherheiten von Seilen diskutiert. Außerdem kamen rechtliche, wirtschaftliche, betriebs- und verwaltungstechnische Fragen des Seilbahnwesens zur Sprache. Geotechnische Probleme wurden nicht angesprochen. Das spiegelt die Praxis wider, in welcher die Trasse einer Seilbahn im allgemeinen nach allen anderen als geotechnischen Gesichtspunkten festgelegt wird.

Der Ingenieurgeologe hat bei der gründungstechnischen Bearbeitung von Seilbahnprojekten im wesentlichen folgende, in drei Gruppen zusammengefaßte Probleme zu lösen:

a) Gründung der Stützen,
b) Dimensionierung und Herstellung der Schächte für die Spanngewichte,
c) Einleitung großer Seilkräfte in den Untergrund.

Da die Bauwerke von Seilbahnen meist exponiert und in großer Höhe zu errichten sind, werden diese Aufgaben nicht unerheblich erschwert.

## 2. Gründung von Seilbahnstützen

### 2.1. Allgemeines

Seilbahnstützen mit Höhen von mehr als 60 m (Abb. 1) sind bei modernen Luftseilbahnen mit bis zu 125 Personen fassenden Kabinen heute keine Seltenheit mehr. Die Abstände zwischen den Stützenfüßen können dabei so groß sein, daß sie z. B. ohne weiteres Platz für ein Zweifamilienhaus bieten (Abb. 2).

Die Fundamentbeanspruchungen je Stützenfuß liegen in der Größenordnung von:

| | |
|---|---|
| 1000 ÷ 2000 kN | Druck |
| 500 ÷ 1000 kN | Zug |
| 100 ÷ 300 kN | Horizontalbeanspruchung sowohl längs als auch quer zur Seillinie |

Zur Vorbemessung der Fundamente kann in Deutschland die Verordnung für den Bau und Betrieb von Seilbahnen, die sogenannte „BOSeil" [1] herangezogen werden, welche u. a. eine Sicherheit gegen Abheben von 1,5 fordert. Für den Spannungsnachweis in der zweiachsig ausmittig beanspruch-

Abb. 1. 70 m hohe Stütze einer Großkabinen-Luftseilbahn
70 m high pylon of an aerial cableway
Pylône d'un téléphérique avec une hauteur de 70 m

ten Sohlfuge erhält man damit Eckspannungen, die selten größer sind als 0,5 MN/m². Kipp- und Gleitsicherheitsnachweise können bei stoffschlüssigem Anschluß des Betons an die Fundamentgrubenwände entfallen. Die auftretenden Horizontalbelastungen des Felses sind im allgemeinen gering. Bei normalen Gelände- und Gebirgsverhältnissen läßt sich auch der Nachweis ausreichender Gesamtstabilität leicht erbringen.

Anders wird dies bei extremen Geländeverhältnissen, wie sie im Bereich von Seilbahnstützen im allgemeinen anzutreffen sind (Steilhänge, Felsrippen).

Steht außerdem ein schlechter oder stark in seinen Eigenschaften wechselnder Untergrund an, kann auch nicht mehr von normalen Gebirgsverhältnissen ausgegangen werden. Es ist also besonders zu untersuchen, welche Maßnahmen zur Vermeidung bzw. Berücksichtigung möglicher Verschiebungen und unterschiedlicher Setzungen zu ergreifen sind.

Dies setzt eine gründliche Kenntnis der jeweiligen Gebirgsverhältnisse voraus. Die Anzahl der notwendigen Aufschlußbohrungen (nach Möglichkeit orientierte Kernbohrungen) richtet sich nach den Ergebnissen der Oberflächenkartierung. In besonderen Fällen kann der Einsatz einer Fernsehsonde erforderlich werden. Der Verfasser möchte jedoch an dieser Stelle darauf hinweisen, daß ihm persönlich die Freigabe der Fundamentgruben zum Betonieren durch einen Ingenieurgeologen wichtiger erscheint als das Niederbringen einer in der Achse der Stütze, also ca. 15 m von den jeweiligen

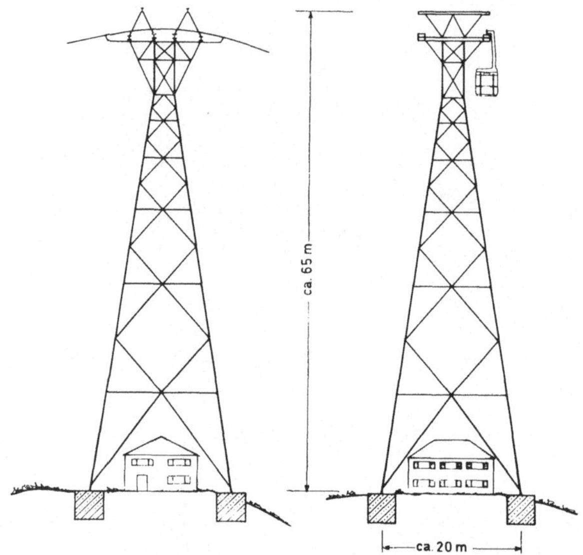


Abb. 2. Größenvergleich Seilbahnstütze – Zweifamilienhaus
Dimensions of a pylon in comparison with a two-story building
Comparaison des dimensions d'une pylône avec celles d'une maison à deux étages

Fundamenten entfernt angeordneten Aufschlußbohrung. Anhand der Beobachtungen in der ersten, gemeinsam mit Vertretern der Bauleitung und der Baufirma zu besichtigenden Fundamentgrube lassen sich meist diejenigen Kriterien festlegen, welche zur Erfüllung der Abnahmebedingungen aller weiteren Fundamentgruben notwendig sind.

### 2.2. Aufnahme der Horizontalkräfte bei den Stützenfüßen

Ist bei normaler Fundamentausbildung geländebedingt kein Widerlager zur Aufnahme der Horizontalkräfte vorhanden, so läßt sich relativ leicht durch Umgestaltung der Fundamentform Abhilfe schaffen (Abb. 3a). Steht das Trennflächengefüge besonders ungünstig in bezug auf die Lage der Fundamentgrubenwände oder ist beim Lösen des Felses zu sorglos gesprengt worden, fallen die Fundamentgruben wesentlich größer aus als vorgesehen. In solchen Fällen ist das Ausbetonieren der gesamten Fundamentgrube unwirtschaftlich und zu überprüfen, ob die Hinterfüllung eines in Schalung

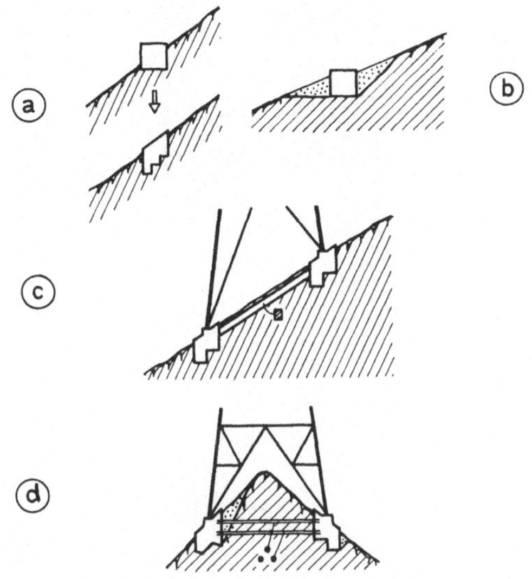


Abb. 3. Aufnahme der Horizontalkräfte bei Stützen durch: a) geeignete Formgebung der Fundamente, b) geeignetes Hinterfüllmaterial, c) und d) gegenseitige Abstützung der Einzelfundamente

Possibilities of ruling the horizontal forces of pylons: a) Changing the shape of foundation; b) Selecting the right backfill; c) and d) Mutual supporting structures

Introduction des forces horiconteaux dans la roche: a) Changement de la forme de la fondation; b) Sélection d'un bon remblai; c) et d) Etaiement mutuel

hergestellten Fundamentes in der Lage ist, die Horizontalkraft ohne unzumutbare Verschiebung des Stützenfußes aufzunehmen (Abb. 3b). Läßt sich dieser Nachweis nicht erbringen, kann von der generell geltenden Möglichkeit Gebrauch gemacht werden, die von den Einzelfundamenten aufzunehmenden Horizontalkräfte durch Stahlbetonbalken, die gleichzeitig auf Druck und Zug zu bemessen sind, gegenseitig abzubauen (Abb. 3c). Da über der Geländeoberfläche angeordnete Betonbalken keinen ästhetisch befriedigenden Eindruck vermitteln, sollte diese Aussteifung unsichtbar für den späteren Betrachter erfolgen. Bei Felsrippen empfiehlt sich der gebirgsschonende Einbau von ummörtelten Stahleinlagen in vorgebohrte Löcher (Abb. 3d).

Befinden sich die oberflächennah anstehenden Schichten im oder nahe dem labilen Zustand (Grenzgleichgewicht), müssen die Horizontalkräfte in tieferliegende stabile Schichten eingeleitet werden. Eine solche Gründung wurde bei den Stützen der oberen Sektion der Fellhornbahn im Allgäu ausgeführt (Abb. 4). Wegen ihres Aussehens und der bekannten Tatsache, daß die steilen Grashänge der Allgäuer Alpen am sichersten mit Steigeisen begangen werden, soll sie hier als „Steigeisengründung“ bezeichnet werden.

Als „Zacken“ wurden Schächte von 2 m Durchmesser und ca. 7 m Tiefe durch das Hangschuttmaterial und die Verwitterungszone bis in das aus einer Wechselfolge von Tonschiefer und Sandstein bestehende feste Gebirge

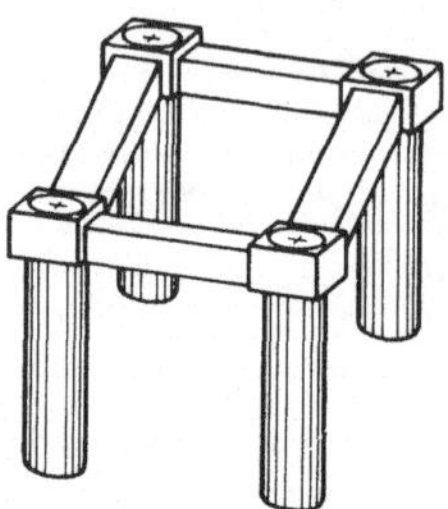

Abb. 4. Steigeisen-Gründung — Crampon-Foundation — Fondation avec des crampons

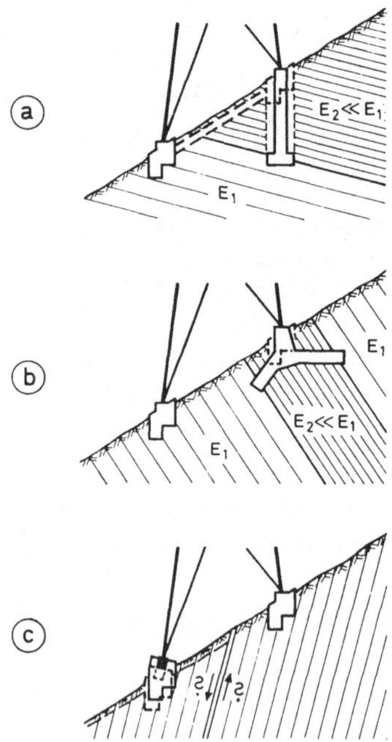


Abb. 5. Maßnahmen bei Schichtwechseln im Stützenbereich: a) Fundament-Vertiefung; b) Überbrücken der gering tragfähigen Zone; c) Einbau von Justiermöglichkeiten

Taking into consideration different moduli of deformation or faults: a) and b) Foundation on rockmass of better qualities; c) Possibility of regulating the exact position of the feet of pylon

Prise en considération des différents types de la roche ou des annomalies: a) et b) Changement de la forme de la fondation; c) Installation d'une construction pour régler la position exacte des pieds de la pylône

(Flysch) abgeteuft und ausbetoniert. Der Felsaushub erfolgte manuell im Schutz von wiedergewinnbaren Linerplates ohne jegliche Sprengung. Der Beton wurde mit Hubschraubern angeliefert, was sich in diesem speziellen Fall als wirtschaftlichste Methode herausstellte. Wo sich die Verbindungsschrauben der Linerplates nicht rechtzeitig lösen ließen, mußten eventuell vorhandene Hohlräume hinter den Blechen mit Beton verfüllt bzw. verpreßt werden, um den geforderten stoffschlüssigen Anschluß zu erreichen.

### 2.3. Vermeidung bzw. Berücksichtigung möglicher Setzungsdifferenzen zwischen den Stützenfüßen

Empfindlicher als auf Horizontalverschiebungen reagieren Seilbahnstützen auf unterschiedliche Setzungen benachbarter Einzelfundamente. Sie bringen außer einer unerwünschten zusätzlichen Beanspruchung der Stahl-

Abb. 6. Stützenfuß mit Nachstellmöglichkeit zum Ausgleich unterschiedlicher Setzungen
Construction for readjusting a foot of a pylon in case of expected different settlements
Le pied d'une pylône avec un dispositif de rajustement en cas de tassements différents

konstruktion eine Verschiebung der Seilauflager mit sich, die aufgrund der Geometrie der Stützen ein Vielfaches der Setzungsdifferenz ausmacht.

Setzungsdifferenzen sind in erster Linie bei stark unterschiedlichen Untergrundverhältnissen bei den einzelnen Stützenfüßen zu erwarten. Wenn sie nicht durch ein Durchfahren (Abb. 5a) ober Überbrücken (Abb. 5b) der zusammendrückbaren Schichten — hierzu gehören in Höhen mit Permafrost auch stark mit Eis durchsetzte Zonen — vermieden werden können, sind die zulässigen Felspressungen unter der Bedingung gleicher Fundamentsetzungen festzulegen. Wegen der ständig wechselnden Richtung und Größe der resultierenden Kraft empfiehlt es sich jedoch, zusätzlich entsprechende Nachstellmöglichkeiten an den Stützenfüßen vorzusehen (Abb. 6).

Unabhängig von der unmittelbaren Belastbarkeit des Gebirges können unterschiedliche Bewegungen der einzelnen Stützenfundamente auch dann eintreten, wenn sich im Einflußbereich der Stütze eine Störzone befindet (Abb. 5c), bei der es sich möglicherweise um eine Verschiebungskluft handelt. Liegt Gewißheit darüber vor, gibt es nur eine wirtschaftliche Lösung: Wechsel des Standortes. Werden hingegen Gebirgsbewegungen kaum für möglich gehalten, aber doch nicht ganz ausgeschlossen, so sind Vorkehrungen für eine erhöhte Sicherheit der Gründung zu treffen. Dazu gehört in erster Linie eine äußerst intensive Untersuchung der Gebirgsverhältnisse, selbst wenn dadurch Bau- oder Fertigstellungstermine gefährdet werden sollten.

Als Beispiel für die Gründung im Bereich einer eventuellen Verschiebungszone soll hier die Stütze IV der Hochfellnbahn im Chiemgau stehen (Abb. 7 und 8): Sie mußte an einem Hang mit einer Neigung von 45° bis 50°,

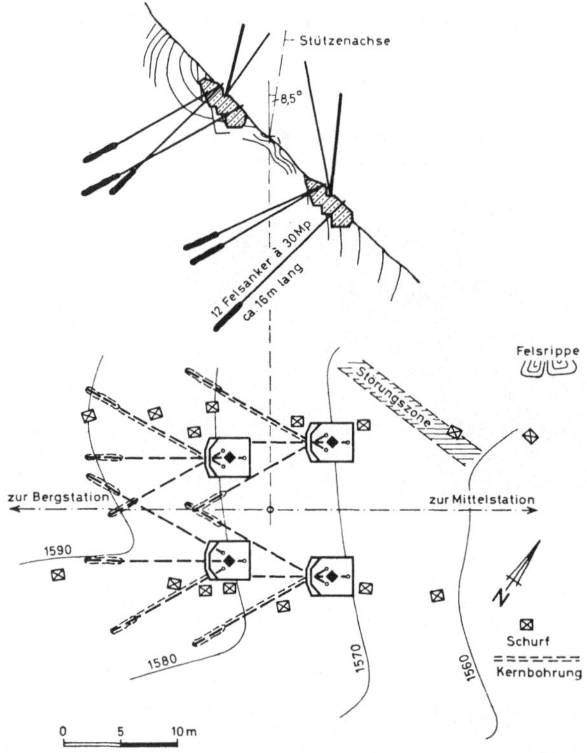


Abb. 7. Beispiel einer Stützengründung am Steilhang (Stütze IV der Hochfellnbahn)
Example of the foundation of a pylon on a steep slope (pylon no. 4 of the Hochfellnbahn)
Exemple d'une fondation d'une pylône dans une pente raide (pylône no. 4 de Hochfellnbahn)

also mehr als 100%, errichtet werden. Unter der dünnen Hangschutt- und Verwitterungsdecke standen stark gefaltete Lias-Fleckenmergel mit tonigen Zwischenlagen an. Die Klüfte waren oberflächennah zum Teil bis 30 cm breit und mit Lehm gefüllt. In größeren Tiefen herrschte ein anderes System kalzitverheilter Klüfte vor.

Nördlich der Stütze traten dickbankige Oberrätkalke zutage. Die normalerweise in diesem Gebiet zwischen Lias und Oberrät anzutreffenden roten Kalke des Unterlias wurden bei der Oberflächenkartierung anhand von 15 Schürfen nicht aufgeschlossen. so daß eine Störzone vermutet werden

Abb. 8. Gründungsarbeiten für die Stütze IV der Hochfellnbahn
Pylon no. 4 of the Hochfellnbahn under construction
Travaux à la fondation pour la pylône no. 4 de la téléphérique sur le Hochfelln

mußte. Bei einer der je Fundament angeordneten Kernbohrungen konnte der Übergang zum Oberrät in ca. 12 m Tiefe eindeutig festgestellt werden. Die mögliche Verschiebungszone wurde dortselbst in ca. 16 m Tiefe erbohrt.

Wegen der Verwitterungsempfindlichkeit des Untergrundes und der Gefahr schalenförmiger Gleitungen wurde aus einer Vielzahl von Gründungsvarianten eine gewählt, welche mit nur geringer und kurzfristiger Störung der Gebirgsverhältnisse ausgeführt werden konnte: 4 verankerte Einzelfundamente mit nur geringer Gründungstiefe. Je Fundament wurden unter Berücksichtigung der durch das Trennflächengefüge vorgegebenen ungünstigen Ankerrichtungen drei ca. 16 m lange Felsanker mit einer Vorspannung von je 300 kN eingebaut, nachdem in den Ankerlöchern Abpreßversuche und Felsvergütungen durch Vorinjektionen vorgenommen worden waren.

Die Prüfung der Anker erfolgte noch nicht nach den zum Teil übertrieben strengen Regeln, die später aufgrund der seinerzeit noch im Entwicklungsstadium befindlichen Normen und Zulassungsrichtlinien bei permanent verankerten Bauten auf Fels anzuwenden waren [2]. Alle als Freispielanker ausgebildeten Felsanker erhielten Meßvorrichtungen zur Kontrolle der Ankerkräfte auf der Basis von Stangenextensiometern. Die bisher durchgeführten Messungen haben in einigen Fällen ein geringes Nachlassen der Vorspannkräfte angezeigt, was allerdings auf Schlupfbewegungen beim Anspannen und Festlegen der Anker zurückgeführt werden dürfte. Ein Anker ist vermutlich unbeabsichtigt nach seiner Herstellung blockiert worden, so daß dessen Meßergebnisse nicht einwandfrei ausgewertet werden konnten.

Ob tatsächlich Fundamentverschiebungen aufgetreten sind, läßt sich anhand der bisherigen Meßergebnisse noch nicht eindeutig sagen. Mit Sicherheit steht jedoch fest, daß diese gegebenenfalls in den Grenzen der Meßgenauigkeit liegen. Da die rechnerische Gesamtsicherheit der Stütze selbst bei Ausfall eines Ankers je Fundament oder bei Ausfall aller Anker eines Fundamentes noch mehr als 1,5 beträgt, ist bislang auf zusätzliche Anker, für die bereits je Fundament 3 Leerrohre von 15 cm Durchmesser vorgesehen sind, verzichtet worden. Die Messungen werden fortgesetzt und deren Ergebnisse zu gegebener Zeit veröffentlicht.

### 2.4. Stützengründungen in kriechendem Untergrund

Erfahrungsgemäß ist es besser, Kriechbewegungen zu respektieren als zu versuchen, diese aufzuhalten. Dies gilt sowohl für Kriechhänge als auch für Gletscher (Stützengründungen in Eis sind ein Kapitel für sich, was nicht zum Thema dieser Tagung gehört). Der Winkel zwischen Kriechrichtung und Trasse ist von entscheidendem Einfluß. Parallel zur Trasse auftretende Hangbewegungen verändern die Seillinie nicht so ungünstig wie quer zur Trasse kriechende Hänge.

Die Gründung einteiliger Stützen kann bei geringer Dicke der kriechenden Schicht (Abb. 9a) nach dem Verfahren der sogenannten „Knopflochmethode“ auf dem unverschieblichen Untergrund erfolgen. Mittels entsprechend dem erwarteten Kriech-Geschwindigkeits-Profil gestaffelter und verschieblicher Schachtringe lassen sich die Kriechdrücke von der Gründung fernhalten. Ist der Hohlraum zwischen Schacht und Fundament auf ein Minimum geschrumpft, müssen die Schachtringe wieder versetzt werden. Erfahrungen über das Zusammenwirken mehrerer nahe nebeneinander angeordneter „Knopflöcher“, wie sie z. B. für eine aufgelöste Stütze auf 4 Füßen notwendig wären, liegen nach Wissen des Verfassers noch nicht vor.

Lassen die Gebirgsverhältnisse bis in große Tiefen Kriechbewegungen erwarten, sind auch bei aufgelösten Masten zusammenhängende, möglichst starre Fundamente zu errichten. welche die Hangbewegungen einwandfrei mitmachen. Durch entsprechende Vorkehrungen ist Sorge zu tragen, daß sich die Stützen jeweils wieder in ihre Sollage zurückbringen lassen (Abb. 9b). Ist die Kriechgeschwindigkeit größer als erwartet oder der Bahnbetrieb länger als vermutet rentabel, kann das Fundament relativ einfach vergrößert werden.

Unter Ausnützung der größten zulässigen Verschiebungen der Seilauflager kann eventuell auf solche Vorkehrungen verzichtet werden (Abb. 9c), wie es z. B. bei einer Stütze der Schilthornbahn in der Schweiz geschah [3]:

Hier war durch Beobachtungen eine Kriechgeschwindigkeit von ca. 10 mm je Jahr festgestellt worden. Da die große Spannweite zur Bergstation von fast 2 km eine Abweichung der Stütze gegenüber ihrer Sollage von 25 cm

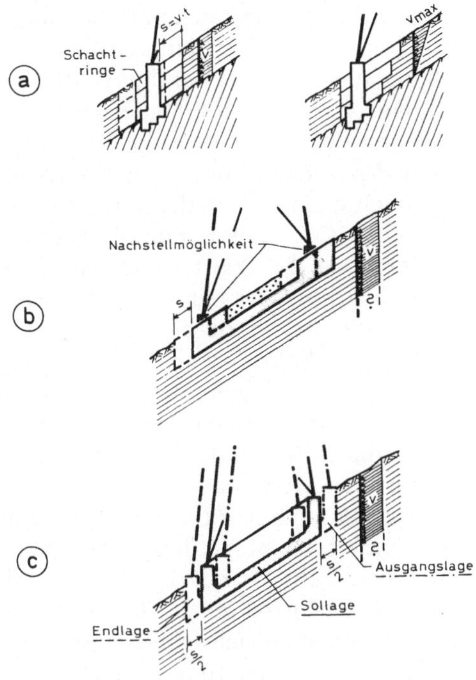


Abb. 9. Stützengründungen in Kriechhängen

a) „Knopfloch-Methode"; b) Stützenfüße mit Nachstellmöglichkeiten; c) Ausnutzung der höchstzulässigen Seilabweichung von der Soll-Lage

Foundation of pylons in creeping slopes

a) "Button-hole method"; b) Readjusting devices at the feet of the pylon; c) Utilizing the greatest possible deviation of the cable

Mesure à prendre en cas des pentes fluantes:

a) Emploi de la méthode "boutonnière"; b) Installation de dispositifs de rajustement; c) Exploitation de la déviation du cable aussi grande que possible

erlaubte, wurde ein ungestörter Bahnbetrieb während eines halben Jahrhunderts garantiert. Erwähnenswert erscheint hier noch, daß der Gründungskörper in Form eines schwimmenden Troges hergestellt wurde.

Der Vergleich der in den Abb. 9b und 9c dargestellten Möglichkeiten zur Berücksichtigung der Kriechbewegungen zeigt, daß die Einsparung der Kosten für die Nachstellbarkeit der Stütze bzw. Stützenfüße im Fall stagnierender Kriechbewegung die Hinnahme eines ständig unter extremen Bedingungen laufenden Seilbahnbetriebes bedeutet. Im anderen Extremfall überhöhter Kriechbewegungen verkürzt sie die Dauer der Gebrauchsfähigkeit der Stütze.

## 3. Schächte für die Spanngewichte

### 3.1. Allgemeines

Sowohl Tragseil als auch Zugseil — evtl. auch 2 Tragseile, selten 2 Zugseile — müssen ständig unter Spannung gehalten werden. Die hierzu erforderlichen Spanngewichte werden in Schächten geführt, deren Tiefe sich nach dem größten Seildurchhang unter Berücksichtigung der Einflüsse von Wind und Temperatur ergibt. Durch zusätzliche Umlenkrollen in der Seilführung kann der erforderliche Spannweg und damit die Schachttiefe reduziert werden, wovon vor allem bei Zugseilen Gebrauch gemacht wird.

Die Tragseilspanngewichte sind normalerweise an der Talstation untergebracht, wodurch zum einen an Gewicht gespart und zum anderen der Seilumlenkwinkel verkleinert wird. „Talstation" in diesem Sinne ist auch derjenige Teil einer Mittelstation, der zur oberen Sektion einer in zwei Strecken aufgeteilten Trasse gehört, sowie die niedriger gelegene Bergstation einer sogenannten „Verbindungsbahn", welche von einem Berggipfel zum anderen führt, um z. B. einzelne Skigebiete miteinander zu verbinden. Der Spannschacht für das Zugseil wird je nach Antriebssystem an der Tal- oder an der Bergstation angeordnet. Bei Seilbahnen mit 2 Sektionen befinden sich meist beide Antriebe in der Mittelstation.

Es ist also im allgemeinen damit zu rechnen, daß in jedem Stationsgebäude mindestens ein Spannschacht zu liegen kommt. Die Querschnitte der Schächte für die Spanngewichte der Tragseile einer Fahrbahn sind bei Großkabinenbahnen etwa 20 $m^2$ bis 40 $m^2$ groß. Werden alle Spanngewichte in nur einem Schacht geführt, ergeben sich Querschnittsflächen bis zu 100 $m^2$. Die Schachttiefen liegen etwa zwischen 10 m und 25 m.

### 3.2. Bemessung und Herstellung der Spannschächte

Die Bemessung der Schachtwände richtet sich nach dem gewählten Bauverfahren, welches wiederum von den Untergrundverhältnissen abhängt.

An den Talstationen stehen meist gemischtkörnige Böden mit hohem Anteil an bindigen Bestandteilen an. Die Schächte werden hier zweckmäßigerweise als Senkkästen ausgebildet, wobei im allgemeinen das notwendige Absenkgewicht und die erforderliche Stabilität des Kastens in den extremen Absenkphasen maßgebend für die Dimensionierung der Wände sind.

Bei den im Fels abzuteufenden Schächten sind die Bauverfahren und Bemessungskriterien nach den Festigkeits- und Verwitterungseigenschaften des anstehenden Gebirges unter besonderer Berücksichtigung des Trennflächengefüges festzulegen. Bei standfestem, aber verwitterungsempfindlichem Gebirge genügt meist eine dünne Spritzbetonsicherung, zu deren Verstärkung wegen der überwiegend rechteckigen Grundrißform der Schächte Baustahlgewebe eingelegt werden sollte.

Bei vorübergehend standfestem Gebirge sind die Schachtwände auf den zu erwartenden Felsdruck zu bemessen (Abb. 10). Dieser kann durch vorhandene Gleitflächen (Klüfte mit Füllungen geringerer Scherfestigkeit) in seiner Richtung vorgegeben sein. Der horizontale Anteil der Felsdruckkraft

$F_h$ nimmt in diesem Fall nicht linear mit der Tiefe zu, sondern hängt von der Neigung möglicher Gleitflächen und vom zulässigen Reibungswinkel ab. Anstelle von $k_h$ = konst. ist also ein Wert $k_h^* = f(\beta, \varphi_{zul})$ für die Berechnung des Felsdruckes maßgebend. In welchen Bereichen die Werte $k_h$ und $k_h^*$ stark voneinander abweichen, zeigt das Diagramm in Abb. 10.

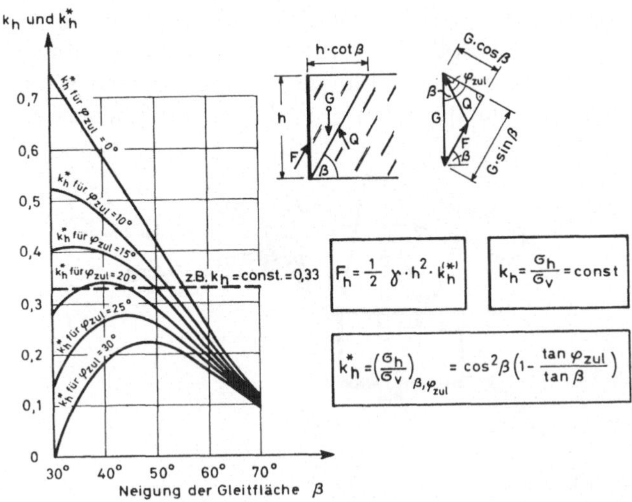


Abb. 10. Einfluß des Trennflächengefüges auf die Größe des Felsdruckes auf die Spannschacht-Wände

Influence of joints on the rock-pressure on the shaft-walls

Influence des fissures sur la pression de roche sur les mures des puits

Sollen die Schächte auch Bauwerkslasten aufnehmen — sei es zur Einleitung von Vertikalkräften in tieferliegende, tragfähige Schichten oder zur Einleitung großer Horizontalkräfte in den Untergrund — so sind diese Lastfälle bei der Bemessung der Schachtwände selbstverständlich zu berücksichtigen.

## 4. Einleitung der Seilkräfte in den Untergrund

### 4.1. Allgemeines

Die Größe der bei den Seilbahnstationen in den Untergrund einzuleitenden Horizontalkräfte aus Seilzug hängt von der Seillinie und vom jeweiligen Betriebszustand ab. Bei der mit Doppeltragseilen ausgestatteten Luftseilbahn auf das Fellhorn mit Großkabinen von 100 Personen Fassungsvermögen betragen die maximalen Seilkräfte in der unteren Sektion je Fahrbahn z. B. 2 × 940 kN. Infolge der flachgeneigten Endgradiente der Seillinie und unter Hinzurechnung des Anteils aus der wesentlich geringeren Zugseilkraft ergibt sich daraus eine Horizontalkraft von immerhin 4000 kN.

Die zur Befestigung der Seile üblichen Trommeln können sowohl innerhalb als auch außerhalb der Stationsgebäude auf eigenen Fundamenten angeordnet werden.

## 4.2. Anordnung der Seiltrommel getrennt vom Stationsgebäude

Dies ist die einfachere der beiden Methoden, bei schlechtem Untergrund aber oft nur die einzig mögliche. Der Vorteil der getrennt vom Gebäude angeordneten Trommeln (Poller) besteht darin, daß das Stationsgebäude nur die steil nach unten gerichteten und im allgemeinen kleinen Seil-Umlenkkräfte aufzunehmen hat. Aus Platzgründen — z. B. bei anschließenden Restaurants

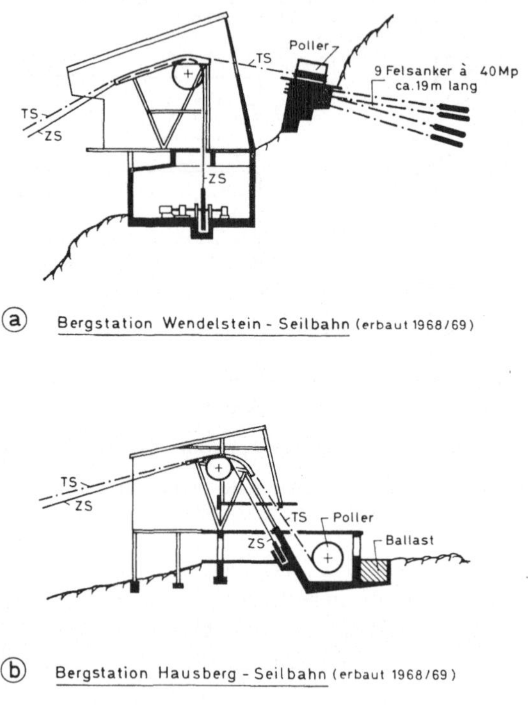


Abb. 11. Trennung von Seillast und Gebäudelast bei Bergstationen

Examples for separate introduction of cable-load and building-load into the ground

Introduction séparée des forces de câble et de l'édifice (exemples)

oder Stationsgebäuden für weiterführende Seilbahnen — kann dieser Vorteil nicht immer genutzt werden. Außerdem vermitteln frei durch die Luft geführte Tragseile hinter der Bergstation meist den Eindruck eines Provisoriums und sind deshalb aus ästhetischen Gründen nicht immer erwünscht.

Zur Verankerung der Pollerfundamente ist zu sagen, daß diese umso wirtschaftlicher wird, je mehr sich der Winkel zwischen der Richtung der resultierenden Ankerkraft und der Richtung der Seilkräfte dem Wert $180^0$ nähert.

Eine klare Trennung von Poller und Gebäude ist bei der Wendelsteinbahn [4] vorgenommen worden (Abb. 11a). Neun ca. 19 m lange und auf 400 kN vorgespannte Felsanker nehmen die Zugkräfte aus den Tragseilen mit zweifacher Sicherheit auf. Unter Berücksichtigung des Eigengewichtes

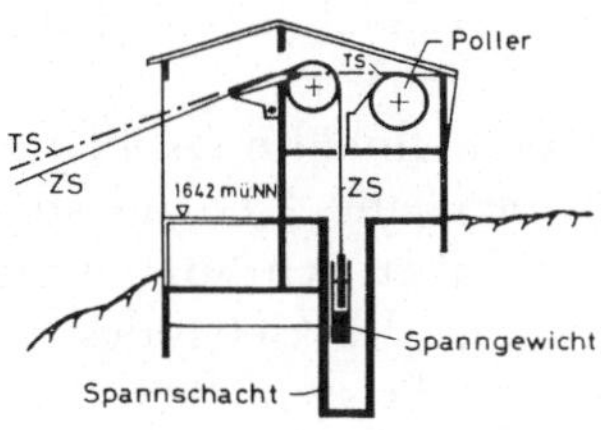


(a) Bergstation Hochfelln - Seilbahn (erbaut 1969/70)

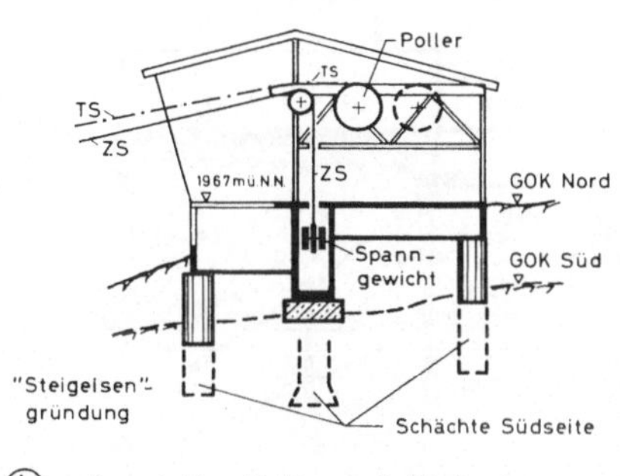


(b) Bergstation Fellhorn - Seilbahn (erbaut 1971/72)

Abb. 12. Aufnahme der Seilkräfte vom Gebäude

Examples for introducing the cable-load into the station-building

Ancrage des câbles dans l'édifice (exemples)

des Pollerfundamentes ist die resultierende Kraft etwa normal zur Felsoberfläche gerichtet, so daß die Gebäuderückseite keinem zusätzlichen Felsdruck ausgesetzt worden ist.

Bei der Hausbergbahn [5] ist nur eine statische Trennung von Stationsgebäude und Pollergründung vorgenommen worden (Abb. 11b). Zur Erhöhung der Sohlreibung dient ein mit Kies gefüllter Ballastkasten. Interessant ist hier, daß das Zugseil an der Bergstation nur umgeleitet wird. Diese Maßnahme setzt die sonst ungewöhnliche Unterbringung von sowohl Antrieb als auch Spanngewicht an der Talstation voraus.

### 4.3. Befestigung der Seiltrommel im Gebäude

Die innerhalb der Stationsgebäude angeordneten Trommeln erfordern entweder ein hohes Gebäude-Eigengewicht, um die Resultierende in eine steile Lage zu zwingen, oder eine hohe Gebäudesteifigkeit sowie Sporne zur Einleitung der Horizontalkräfte. In jedem Fall setzt sie aber eine hohe Belastbarkeit des Gebirges besonders auf der Seite der Kabineneinfahrt voraus. Da die Gegebenheiten speziell bei den Bergstationen äußerst individuell sind, sollen die verschiedenen Möglichkeiten dieser Methode an einigen ausgeführten Beispielen erläutert werden:

Bei der Bergstation der Hochfellnbahn (Abb. 12a) wurde mit Hilfe von statisch wirksamen Wandscheiben eine Gebäudesteifigkeit erreicht, welche es erlaubte, die Horizontalkräfte über den Spannschacht in den Untergrund einzuleiten, und dies trotz der Lage des Gebäudes nahe einer Geländekante. Das aus dem Hebelarm Seilpoller – Felswiderstandskraft resultierende Biege-

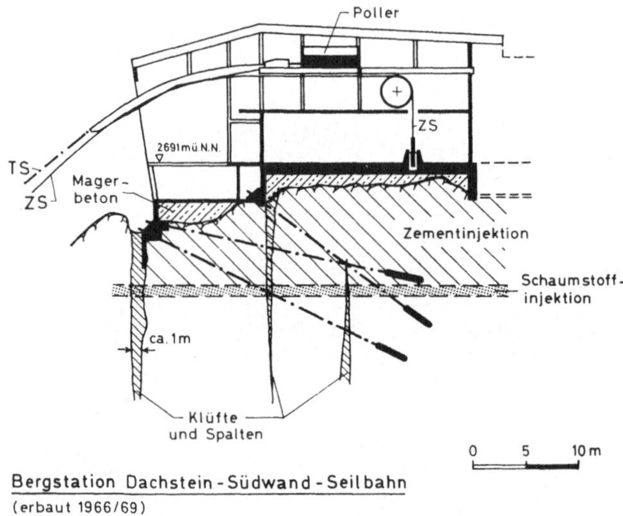


Abb. 13. Verbesserung der Untergrundverhältnisse zur Aufnahme großer Seilkräfte (Beispiel)

Improvement of rock conditions in order to carry high cable-loads (example)

Amélioration des conditions de roche en cas des grandes forces de câble (exemple)

moment führte zu einer hohen Randbelastung der Fundamente der parallel zur Trasse angeordneten Wände. Diese konnte durch einen mit starker Schubbewehrung versehenen Verbindungsbalken unter der Kabineneinfahrt abgemindert werden.

Bei der Bergstation der Fellhornbahn (Abb. 12b) wurde die bereits erwähnte Methode der „Steigeisengründung“ angewendet. Hier war wegen des vorläufig nur einseitigen Betriebs der oberen Sektion zusätzlich ein Torsionsmoment aufzunehmen, wozu sich die gewählte Gründungsart sehr gut eignete. Infolge der großen Geländeneigung quer zur Seilachse ergaben sich unterschiedliche Tiefen für die einzelnen gegenseitig ausgesteiften Brunnen.

Bei der Dachstein-Südwand-Bahn [6] war das aus hartem Dachsteinkalk bestehende Gebirge stark durchklüftet (Abb. 13) und der zur Verfügung stehende Platz quer zur Trasse geländebedingt nur um weniges größer als

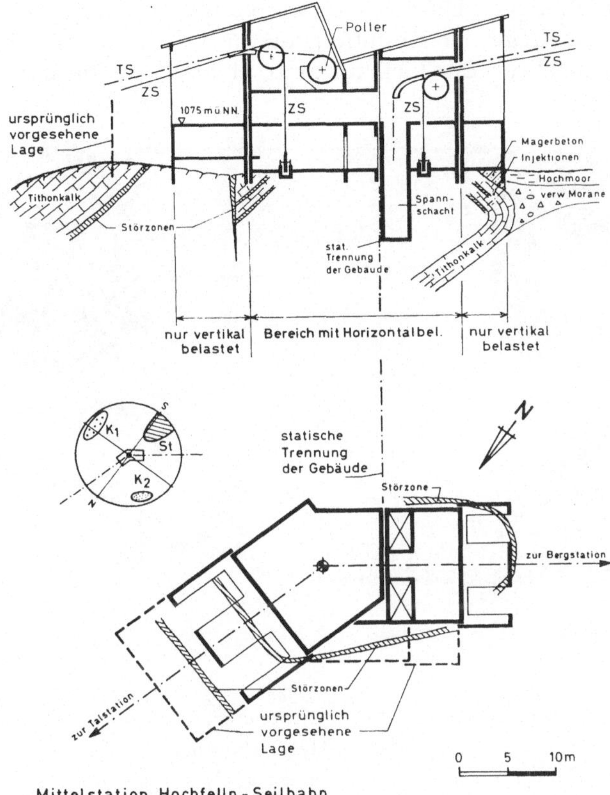


Abb. 14. Beispiel einer aufgrund äußerst ungünstiger Untergrundverhältnisse erforderlich gewordenen Lage-Veränderung eines Stationsgebäudes

Example of the necessary change of location of a station-building, due to miserable rock conditions

Exemple du changement de l'emplacement original d'une station téléphérique, devenu nécessaire à cause d'une mauvaise roche

die Gebäudebreite. Da die Möglichkeit einer getrennten Pollergründung ausschied, mußte eine Verbesserung der Gebirgsverhältnisse vorgenommen werden. Wegen der sich zum Teil nach unten öffnenden Klüfte galt es zunächst, den Vergütungsbereich einzuschränken, was mit einer Schaumstoff-Vorinjektion gelang. Erst danach waren Zementinjektionen möglich. Zusätzlich wurden ca. 30 zwischen 15 m und 30 m lange und auf ca. 350 kN vorgespannte Felsanker sowohl längs als auch quer zur Trasse eingebaut und somit eine in sich verspannte verfestigte Felskuppe geschaffen.

Besondere Untergrundverhältnisse lagen auch bei der Mittelstation der Hochfellnbahn vor (Abb. 14). Etwa parallel zur Hangoberfläche liegende Schichten aus rotem, stark zerklüftetem Tithonkalk sowie deutliche Faltungen desselben im Gründungsbereich zwangen zu einer Verschiebung der ursprünglichen Lage der nebeneinander angeordneten Stationsgebäude. Diese wurden außerdem jedes für sich noch einmal statisch getrennt, um den Bereichen mit schlecht tragfähigem Untergrund nur geringe Lasten zuzuordnen. Zusätzlich wurde die Lage der Resultierenden aus Seilkraft und Eigengewicht so weit wie möglich von der Geländekante abgerückt. Von der Möglichkeit,

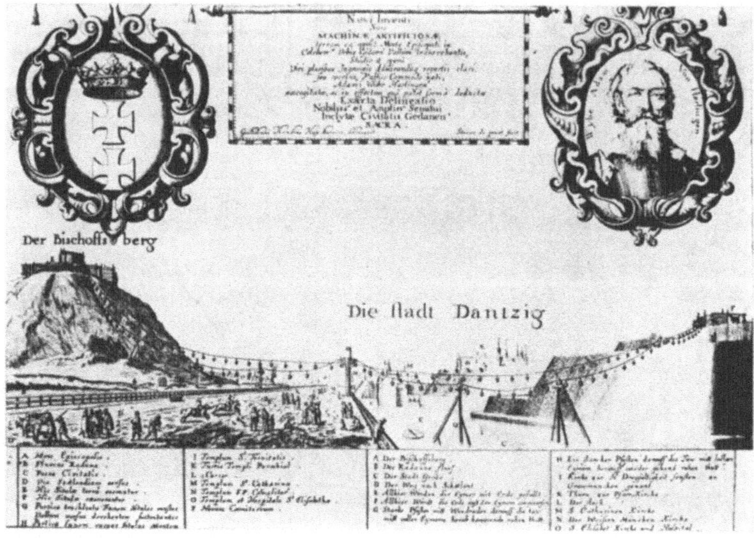


Abb. 15. Kupferstich von der 1644 errichteten ersten großen Luftseilbahn (Archiv: Pohlig-Heckel-Bleichert)

Engraving of the first big aerial cableway built in Danzig (today Gdańsk/Poland) in 1644

Estampe de la première téléphérique construit à Danzig (aujourd'hui Gdańsk/Pologne) en 1644

die gesamte Horizontalbeanspruchung des Untergrundes durch eine feste Verbindung der beiden Stationsgebäude abzumindern, wurde abgesehen, da eine getrennte In- bzw. Außerbetriebnahme der einzelnen Sektionen erhalten bleiben sollte.

Wie sich noch während der Bauzeit herausstellte, war die lang umkämpfte und einigen zusätzlichen Zeit- und Geldaufwand erfordernde Verschiebung der Mittelstation eine richtige Maßnahme: Bei der infolge der Zurücksetzung des Gebäudes notwendigen Vertiefung der Kabineneinfahrten genügte ein leichtes Antippen mit einer kleinen Planierraupe und schon rutschte dort, wo zunächst die resultierende Kraft eingeleitet werden sollte, das zu entfernende Material den Hang hinunter.

## 5. Schlußbemerkung

Möglicherweise ist das rechtzeitige Erkennen solcher Gefahrenquellen ein Grund dafür, daß seit dem Bau der in Abb. 15 gezeigten ersten Luftseilbahn [7] noch nie eine versagende Gründung ein Seilbahnunglück verursacht hat. Dies wäre auch eine Erklärung dafür, daß sich auf dem in der Einleitung erwähnten Internationalen Seilbahnkongreß kein einziges Referat mit der Gründung von Seilbahnbauwerken befaßte. Des weiteren hieße dies, daß bei den mehr als tausend Großkabinen-Seilschwebebahnen auf der Welt, wovon alleine ca. 700 in unseren Alpen errichtet wurden [8], eventuell zu hohe und damit unwirtschaftliche Sicherheitsreserven eingebaut worden sind. Nutznießer dieser hohen Sicherheit waren zum Beispiel im vergangenen Jahr 132 Mio Fahrgäste, die mit österreichischen Seilbahnen insgesamt, also einschließlich der Standseilbahnen und Lifte, befördert worden sind. Die Vergleichszahl der ÖBB für 1974, nämlich 175 Mio, nimmt sich dagegen nicht besonders hoch aus [9].

## 6. Acknowledgements

Dieser Beitrag entstand während der Tätigkeit des Verfassers als Sachbearbeiter für Felsbaufragen am Institut für Grundbau und Bodenmechanik der Technischen Universität München. Allen, die freundlicherweise Unterlagen für die Ausarbeitung des Referates zur Verfügung gestellt haben, sei an dieser Stelle nochmals gedankt. Ganz besonderer Dank gilt dem seinerzeitigen Kollegen, Herrn Dipl.-Geol. Hellerer, der dem Verfasser bei der Bearbeitung seiner Projekte stets mit Rat und Tat zur Seite stand.

### Literatur

[1] Ausführungsbestimmungen zur Verordnung für den Bau und Betrieb von Seilbahnen (BOSeil), Teil I: Seilschwebebahnen. Vorschlag des Länderausschusses für Eisenbahnen und Bergbahnen. April 1972.

[2] Werner, H.-U.: Gründung und Verankerung des geneigten Anlaufturmes für die Skiflugschanze in Oberstdorf. III. Kongreß der ISRM, Denver/Colorado, USA, Sept. 1974.

[3] Gruner, G., und F. Stöcklin: Die Schilthornbahn, II. Teil: Bauprobleme bei der Ausführung. Schweizerische Bauzeitung 85, H. 26, Juni 1967.

[4] Ulrich, R.: Zur Eröffnung der Wendelstein-Seilbahn, Teil: Geologie und Baugrund. Eigenverlag Wendelsteinbahn GmbH, München 1970.

[5] Kirschbauer, A.: Vierzig Jahre Seilbahntechnik bei der Wank-Bahn AG, in: Vierzig Jahrzehnte Wank-Bahn AG. Eigenverlag. Garmisch-Partenkirchen, Dez. 1969.

[6] Pacher, F.: Zusammenfassende felsmechanische Begutachtung für die Bergstation Hunerkogel, März 1969, unveröffentlicht.

[7] Vorblatt im Buch: Deutsche Bergbahnen, 2. Ausgabe, Tegernseer Tal Verlag, Rottach-Egern 1962.

[8] Schmoll, H. D.: Versuch einer internationalen Statistik über Seilbahnanlagen. 4. Intern. Seilbahnkongreß, Wien, Juni 1975.

[9] Hanausek, E.: Lawinen-, Erosions- und Rutschungsgefahr für Seilförderanlagen. 4. Intern. Seilbahnkongreß, Wien, Juni 1975.

Anschrift des Verfassers: Dr.-Ing. Hans-Ulrich Werner, Fa. Dorsch-Consult Ingenieurges. m. b. H., Elsenheimerstr. 63, D-8000 München 21, Bundesrepublik Deutschland.

Rock Mechanics, Suppl. 5, 101—114 (1976)


# Wirtschaftliche Aspekte des Hohlraumbaues in druckhaftem Gebirge

Von

**Horst Pöchhacker**

Mit 6 Abbildungen

### Zusammenfassung — Summary — Résumé

*Wirtschaftliche Aspekte des Hohlraumbaues in druckhaftem Gebirge.* In den letzten Jahren wurden in Österreich beim Vortrieb von Straßentunneln große Strecken stark druckhaften Gebirges aufgefahren. Dabei zeigte sich, daß die baulichen und betrieblichen Schwierigkeiten viel größer waren, als man es aufgrund der bis zu diesem Zeitpunkt gemachten Erfahrungen erwartet hatte.

In tektonisch schwer beanspruchtem Gebirge mit ungünstiger Schieferung und geringer Festigkeit konnte der Vortrieb von Querschnitten mit mehr als 10 m Stützweite nur dadurch erfolgreich und wirtschaftlich durchgeführt werden, daß es gelang, die Neue Österreichische Tunnelbauweise nicht nur konsequent anzuwenden, sondern auch weiter zu entwickeln. In diesem Zusammenhang seien die Dehnungsschlitze im Spritzbetongewölbe sowie der Einbau von 9 m und 12 m langen SN-Ankern unmittelbar vor Ort erwähnt.

Durch die Auswertung zahlreicher Meßergebnisse konnten mehrere Erkenntnisse gewonnen werden, die sicher ihren Niederschlag in der Theorie und Praxis des modernen Tunnelbaues finden werden.

In dieser Arbeit sollen vor allem die wirtschaftlichen Aspekte dieser neuen Erkenntnisse dargestellt werden. Die Kosten im Vortrieb hängen sehr wesentlich davon ab, zu welchem Zeitpunkt und mit welchem Stützmittel der erforderliche Ausbauwiderstand erzeugt wird. Die Verbundwirkung Anker – Gebirge sowie der Einfluß der Ankerlänge auf die Größe des Ausbauwiderstandes müssen noch genauer und vor allem in quantitativer Hinsicht untersucht werden, da eine gute Prognose der zu erwartenden Deformationen bedeutende Kosteneinsparungen bringen könnte.

Die ausreichende Bemessung des Außengewölbes mit dem Ziel, ein endgültiges Gleichgewicht zu erreichen, ist bei sehr stark druckhaftem Gebirge eine unwirtschaftliche Lösung. In welchem Maße und zu welchem Zeitpunkt auch das Innengewölbe zur Übernahme von Kräften herangezogen werden kann, wird anhand von praktischen Beispielen gezeigt.

Schließlich wird auch darauf eingegangen, welchen Einfluß die Projektierung und die technischen Vertragsbestimmungen auf die Wirtschaftlichkeit eines Hohlraumbaues haben.

*Economic Aspects of Underground Excavation in Rock Masses That Are Subject to Heavy Pressure.* In the course of driving road tunnels in Austria in recent years, long stretches of badly squeezing rock had to be excavated. In doing so it was found that the difficulties encountered in regard to construction and operating routine were, in fact, much greater than had been expected on the basis of the experience gained up to that time.

In tectonically heavily stressed rock of unfavourable foliation cleavage and low strength, cross sections with a span of more than 10 m (33 ft) could only be driven successfully and economically thanks to the fact that it proved possible not only to apply consistently the New Austrian Tunnelling Method, but also to develop it even further. In this connection one should mention the expansion joints in the shotcrete lining as well as the SN-anchors 9 m or 12 m (30 or 40 ft) in length right at the working level.

Thanks to the evaluation of numerous measuring results it was possible to arrive at a number of conclusions which, undoubtedly, are going to be reflected both in the theory and practice of modern tunnelling engineering.

This paper intends, above all, to describe the economic aspects of these new findings. The cost of excavation work depends very materially on the time at which, and on the support with the aid of which, the required lining resistance is produced. The composite action anchor/rock as well as the effect of the length of the anchor on the extent of the lining resistance still remain to be investigated even more closely, and in particular as regards the quantitative aspect, as an accurate forecast of the deformations to be expected could result in significant cost savings.

The sufficient dimensioning of the auxiliary lining so as to attain a final equilibrium must be regarded as an uneconomical solution in the case of rock that is subject to heavy pressure. The extent to which, and the time at which, the inner lining, too, can be used for the absorption of forces is shown by means of practical examples.

Finally the paper also deals with the effect exercised by project planning and by the technical specifications of the contract on the economy of an underground excavation.

*Aspects économiques des excavations souterraines en terrain poussant.* Les percements de tunnels routiers, réalisés en Autriche ces dernières années comprenaient de longs tronçons en terrain très poussant. Il s'avéra que les difficultés constructives et opérationelles rencontrées étaient plus grandes que celles prévues sur la base des expériences acquises jusqu'à cette époque.

Seulement l'application et le parachèvement de la nouvelle méthode autrichienne de construction de tunnels ont permis le percement rentable de sections de plus de 10 m de portée dans des roches à fortes contraintes tectoniques, de schistosités défavorables et de faible résistance. Mentionnons dans ce contexte les joints de dilatations en voûte de béton projeté et la mise en oeuvre sur place de boulons d'ancrage SN d'une longueur de 9 et de 12 m.

L'analyse de nombreux résultats de mesure a permis de dégager un certain nombre de nouvelles connaissances qui se répercuteront certainement sur la théorie et la pratique de la construction moderne de tunnels.

Dans ce travail nous insistons surtout sur les aspects économiques de ces nouvelles connaissances. Les coûts du percement dépendent d'une part très fortement du moment où l'on produit la résistance requise du soutènement définitif et d'autre part des moyens employés à cette fin. L'adhérence ancrage-roche ainsi que l'influence de la longueur d'ancrage sur la grandeur de la résistance de soutènement définitif doivent encore faire l'objet d'études plus précises, surtout sur le plan quantitatif, car un bon pronostic des déformations à attendre pourrait entraîner une réduction importante des coûts.

Le dimensionnement suffisant de la voûte extérieure avec le but d'atteindre un équilibre définitif est une solution non économique en terrain très poussant. Quelques exemples pratiques sont exposés pour montrer à quelle mesure, et à quel moment, il faut aussi faire appel à la voûte intérieure pour l'absorption des forces.

Pour terminer, l'auteur souligne l'influence que peuvent exercer l'étude du projet et les spécifications techniques du contrat sur la rentabilité d'une exavation souterraine.

Seit den Tagen der großen Eisenbahntunnelbauten im vorigen Jahrhundert — es entstanden damals neue Bau- und Betriebsweisen — haben diese bis nach dem Zweiten Weltkrieg keine entscheidende Verbesserung erfahren. Dafür machten die Boden- und die Felsmechanik große Fortschritte, und die Erkenntnisse dieser Wissenschaften fanden Eingang in die Praxis des Hohlraumbaus. Die Zusammenhänge zwischen Druckumlagerung und Ausbauwiderstand — im vorigen Jahrhundert nur intuitiv erfaßt — wurden aufgezeigt, und es entstand auf der Grundlage dieser Theorie und gewisser technologischer Neuerungen, wie der Entwicklung des Spritzbetons und der Gebirgsankerung, die NATM.

Als Folge der Motorisierungswelle begann in der Nachkriegszeit eine neue Epoche des Großtunnelbaus: Diesmal wurden große Straßentunnel in den Alpen vorgetrieben — viele von ihnen unweit der alten Eisenbahntunnel. Zunächst lagen diese Tunnel vorwiegend in standfestem oder gebrächem Gebirge und die Entwicklung der Bau- und Betriebsweisen war geprägt von einer intensiven Mechanisierung beim Bohren und Schuttern. Die Gebirgsstützung blieb von zweitrangiger Bedeutung, sieht man von der Beherrschung der Bergschlagerscheinungen durch gezielte Ankerungen ab. Erst in den allerletzten Jahren wurden vornehmlich in Österreich große Straßentunnel in stark druckhaftem Gebirge ausgeführt, und dabei zeigte sich, daß viele Erkenntnisse der Geomechanik durch die Ergebnisse der felsmechanischen In-situ-Messungen qualitativ zwar bestätigt wurden, quantitativ aber oft um Größenordnungen von diesen abwichen. Der Grund liegt in der erwähnten Tatsache, daß sich die Theorie bis vor kurzem nur auf Beobachtungen und Messungen beim Ausbruch von Hohlräumen in relativ gutem Gebirge stützen konnte. Jetzt aber entstanden Bau- und Betriebsweisen, die durch den Vorrang der Gebirgsstützung gegenüber dem Lösen und Transportieren des Gesteins geprägt wurden. Die technische Seite dieser neuen Verfahren, wie sie beim Bau des Tauerntunnels entwickelt wurden und zur Zeit beim Vortrieb des Arlbergtunnels im Westlos verbessert werden, ist in Veröffentlichungen im Detail beschrieben worden.

Hier soll vor allem auf die wirtschaftlichen Aspekte der auf die Theorie gestützten praktischen Erfahrungen beim Bau dieser Tunnel hingewiesen werden.

Von den Stützmitteln der NATM sind zur Erreichung eines Gleichgewichtes im Außengewölbe bzw. eines Verformungszustandes mit einer zulässigen Rest-Verformungsgeschwindigkeit nur jene von Bedeutung, die ins Gebirge reichen und mit diesem einen echten Verbundkörper bilden: es sind dies die Anker und allenfalls auch Injektionen. Beide Stützmittel verbessern das den Hohlraum umgebende Gebirge und machen es zu einem Bestandteil des Bauwerkes. Sie allein ermöglichen das bei extrem schlechten Gebirgsverhältnissen und großen Stützweiten des Hohlraums notwendige Maß der Entspannung des Gebirges ohne schädliche Auflockerung.

Die außerhalb des Hohlraumes angebrachten Stützmittel, wie Spritzbeton, Stahlbogen, Baustahlgitter etc., entsprechen dem Hilfsgewölbe der konventionellen Bauweisen und sind vorwiegend temporär im Bereich der Brust beim Übergang vom räumlichen auf den ebenen Spannungszustand von Bedeutung. Sie dienen dem Schutz der Mannschaft, da durch sie das Ablösen hohlraumnaher Gesteinspartien verhindert wird. Im geschlossenen Ring haben sie relativ wenig Anteil am Ausbauwiderstand. Die in der Praxis bereits erfolgreich durchgeführte Auflösung des Spritzbetongewölbes in einzelne Teilschalen durch Dehnungsschlitze bzw. der Ersatz des Spritzbetongewölbes durch Maschengitter zwischen den Köpfen ausreichend dicht gesetzter Mörtelanker bestätigen die Richtigkeit dieser Auffassung.

Bei der Beurteilung des Ausbauwiderstandes einer Ankerung werden in Zukunft die Ergebnisse von Messungen in druckhaften Bereichen großer Tunnel Berücksichtigung finden müssen. Der bisher üblicherweise aus dem Stahlquerschnitt und der Stahlfestigkeit eines Ankers sowie der Ankerdichte als radialer Innendruck am Hohlraumrand unter Vernachlässigung der Ankerlänge und der Verbundwirkung im Tragring errechnete Wert des Ausbauwiderstandes einer Ankerung ist viel kleiner als der tatsächlich erreichbare. Bei extremen Verhältnissen kommt man dadurch zu dem Schluß, daß der Ausbauwiderstand nur durch die Verwendung tragfähigerer Anker erhöht werden kann. Sehr große Deformationen werden prognostiziert.

Die Praxis bzw. die Auswertung von Meßergebnissen zeigen aber, daß bei der Ausbildung eines Tragringes durch ausreichend lange Anker, die entsprechend dicht gesetzt werden müssen, die Deformationen kleiner als errechnet sind und das Gleichgewicht im Außengewölbe früher als angenommen erreicht wird (Abb. 1).

Der Grund dafür liegt darin, daß durch die Verbundwirkung zwischen Anker und Gebirge (sie drückt sich vor allem in der Erhöhung der Kohäsion des Gebirges durch die Ankerung aus) und die Vergrößerung der wirksamen Tragringstärke durch längere Anker ein hoher Ausbauwiderstand entsteht, ohne daß die Verformbarkeit der hohlraumnahen Gesteinspartien ungünstig verändert wird. Diese tatsächliche Größe des Ausbauwiderstandes einer Ankerung als Funktion der Ankerlänge, der Ankerdichte und der Ankertragfähigkeit sowie die Verbesserung der felsmechanischen Parameter durch die Bewehrung des Gebirges sind zur Zeit leider rechnerisch noch nicht erfaßt und daher auch vielen erfahrenen Tunnelbauern in ihrer Bedeutung noch nicht voll bewußt.

Eine genaue Prognosemöglichkeit bezüglich der zu erwartenden Deformationen wäre in druckhaftem Gebirge von eminenter wirtschaftlicher Bedeutung, da man die erforderlichen Mehrausbrüche genauer bestimmen könnte. Solange die Deformationen mangels der Kenntnis über die Größe der Verbundwirkung zwischen Anker und Gebirge und vieler anderer Faktoren nicht genauer als bisher vorausgesagt werden können, wird man, um betrieblich und wirtschaftlich untragbare Überfirstungen und Nachprofilierungen zu vermeiden, die Überhöhungen eher zu groß wählen und dadurch nicht nur Mehrkosten im Ausbruch, sondern auch bei der Betonierung in Kauf nehmen müssen. Bei großen Straßentunneln in druckhaftem Gebirge lägen die möglichen Einsparungen in diesem Zusammenhang bei mehreren Millionen Schilling pro Kilometer.

Die Verbundwirkung in Form der Erhöhung der Kohäsion und vielleicht auch des Reibungswinkels im Vergleich zum ungeankerten Gebirge könnte durch entsprechende Modellversuche nachgewiesen werden. Die daraus resultierenden Werte sollten in Berechnungen Eingang finden, denen

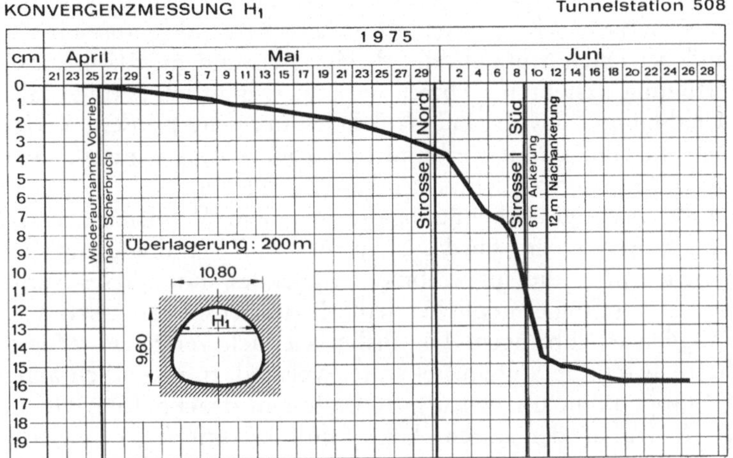


Abb. 1. Einfluß der 12-m-Ankerung auf den Deformationsverlauf (Arlbergtunnel West; Messung INTERFELS)

Influence of the 12 m anchors on the deformations

Influence de l'ancrage de 12 m sur la déformation

zugrunde gelegt wird, daß das Gebirge im Bereich der wirksamen Tragringstärke zum Bauwerk gehört und die äußeren Kräfte erst außerhalb dieses Tragringes angreifen. Bei einem solchen Rechenmodell müßten die Rechenergebnisse eine gute Übereinstimmung mit den Werten der In-situ-Messungen aufweisen.

Als praktisches Beispiel für die Ausbildung eines wirksamen Tragringes sei die Beherrschung eines schwer druckhaften Abschnittes im Westlos des Arlbergtunnels angeführt. Hier betrug der Reibungswinkel des Gebirges infolge flächenhaft austretenden Bergwassers nur $12^0$ bei einer Kohäsion von weniger als 1 kg/cm². Bei ca. 200 m Überlagerung und zusätzlichen negativen Einflüssen durch Kräfte infolge großräumiger Sackungen und Rutschungen in einem tektonisch stark vorbelasteten Gebirge sowie bei einer sich sehr ungünstig auswirkenden stehenden Schieferung trat heftiger Gebirgsdruck auf. Die ausschreibungsgemäße Ausführung des Außengewölbes mit seinen Regelstützmaßnahmen hätte hier unkontrollierbare Verformungen bis zum Verbruch zur Folge gehabt. Steife Einbauten innerhalb des Hohlraumes hätten zu einer völlig unwirtschaftlichen Dimensionierung bei einem gleichzeitigen Absinken der Vortriebsgeschwindigkeit auf einen Bruchteil der terminlich notwendigen geführt.

Durch das Einbringen von bis zu 12 m langen, teilweise vorgespannten Mörtelankern aus Rippentorstahl 60, ⌀ 24 mm, unmittelbar vor Ort bei einer Ankerdichte von 2 Stk/$m^2$ konnte das Gebirge, unterstützt durch Zementinjektionen, beherrscht werden. Die Gesamtdeformationen betrugen zwar noch immer 50—60 cm, wurden aber durch die Anordnung von Dehnungsschlitzen im Spritzbetongewölbe von diesem ohne Zerstörungen aufgenommen. Daß diese Methode sehr wirtschaftlich ist, zeigen Kostenvergleiche: die spezifischen Kosten des Ausbauwiderstandes, ausgedrückt in S je kg/$cm^2$, sind bei jenen Stützmitteln, die im Verbund mit dem quasi kostenlos zur Verfügung gestellten Gebirge wirken, wesentlich geringer als bei den anderen. Unabhängig davon sind natürlich durch die größere Verformungsmöglichkeit und die damit verbundene größere Entspannung große Einsparungen im Vergleich zu steifen Einbauten gegeben.

Eine sehr wichtige Erkenntnis, die aus dem Vergleich von Deformationsmessungen gewonnen wurde, ist in diesem Zusammenhang von grundsätzlicher Bedeutung: die ins Gebirge reichenden und dieses vergütenden, jedoch eine Verformung ermöglichenden Stützmittel sind so rasch wie betrieblich nur möglich einzubringen. Die bisher vielfach vertretene Meinung, daß es wirtschaftlich sei, die Stützmittel stufenweise, d. h. in zeitlich aufeinanderfolgenden Etappen, einzubauen, ist zumindest in druckhaftem Gebirge nicht zutreffend. Je früher der durch Anker und Injektionen erzeugte Ausbauwiderstand aufgebaut wird, desto geringer kann der endgültige Gesamtausbauwiderstand gewählt werden. Das findet seine Ursache darin, daß durch diese Vorgangsweise schädliche Auflockerungen und damit eine Herabsetzung der Verbundwirkung durch das Absinken des Reibungswinkels und der Kohäsion während der Druckumlagerung, insbesondere bei Zutritt von Bergwasser, weitestgehend verhindert werden. Besonders ist dabei auf eine ausreichende Ankerlänge zu achten.

In einem praktischen Fall konnte beobachtet werden, daß ein Gebirge, das mit einer sofortigen 9-m-Ankerung hätte beherrscht werden können, durch den stufenweisen Einbau der Ankerung, beginnend mit einer Primärankerung von 6 m Ankerlänge und nach dem Einbau von 9-m-Ankern schließlich nur mehr mit 13 m langen Ankern im Gleichgewicht gehalten werden konnte, wobei die endgültige Ankerdichte weit über jener lag, die eine sofortige 9-m-Ankerung hätte haben müssen. Die möglichen Einsparungen durch eine ausreichende Sofortankerung im Vergleich zu einem langsamen stufenweisen Einbau können in extremen Fällen mehr als 50% betragen.

Im Lichte dieser Erkenntnis ist es klar, daß in druckhaftem Gebirge, bei dem wegen des Brustverhaltens größere Querschnitte in eine Kalotte und mehrere Strossen geteilt werden müssen, solange es technisch möglich ist, die Kalotte auf einmal geöffnet werden muß, damit die Ankerung im kritischen Kämpfer- und Firstbereich so rasch wie möglich eingebaut werden kann. Eine weitere Unterteilung der Kalotte, etwa in einen Firststollen mit nachfolgender Ausweitung, würde dies unmöglich machen. Zu den schädlichen Auswirkungen der verspätet eingebrachten Ankerung käme noch der negative Einfluß der Erhöhung der Anzahl von Zwischenbaustadien. Diese sind in schlechtem Gebirge immer sehr kritisch, da während ihrer Dauer statisch ungünstige Verhältnisse herrschen und die Gefahr einer Auflockerung am größten ist.

Allgemein kann zum vieldiskutierten Thema „Richtstollen ja oder nein" gesagt werden, daß in standfestem oder gebrächem Gebirge ein Richtstollen Vorteile bringen kann, wenn genügend Bauzeit vorhanden ist, um diesen vor Beginn der Ausweitung durchzuschlagen. In über lange Strecken druckhaftem Gebirge ist selbst in einem solchen Fall kein Vorteil zu erwarten, da statt der erhofften Entspannung eher mit schädlichen Auflockerungen zu rechnen ist, außerdem bei der Ausweitung zumindest Teile der Stützmittel des Richtstollens unter hohen Kosten entfernt werden müssen und hinsichtlich des Gebirgsverhaltens meist nur schwer vom kleinen auf den großen Querschnitt geschlossen werden kann. Feste Regeln gibt es hier aber ebensowenig wie bei der berühmten Frage „gleisloser Betrieb oder Gleisbetrieb", da von Fall zu Fall neu zu prüfen ist, welche der zahlreichen Randbedingungen gerade maßgeblich ist.

Wenn man anerkennt, daß der Ausbauwiderstand der Ankerung auch eine Funktion der Ankerlänge ist und der raschestmögliche Einbau der Ankerung der beste ist, bleiben noch zwei Fragen bezüglich der Ausbildung des wirtschaftlichsten Ankertragringes offen: Welche Kombination aus Ankertragkraft, Ankerdichte und Ankerlänge für einen bestimmten Punkt der Tunnellaibung und welche Variation dieser Kennwerte über den ganzen Tunnelumfang sind die wirtschaftlichsten?

Diese Fragen erscheinen zunächst wegen der Vielfalt möglicher Kombinationen schwer beantwortbar. Beobachtungen aus der Praxis zeigen aber, welche Fälle von Bedeutung sind und in welche Richtung spezielle Überlegungen in diesem Zusammenhang gehen müßten. Man kann von der Voraussetzung ausgehen, daß die Gesamtankerungskosten, bestehend aus Bohrlochkosten, Kosten für Vermörtelung, Teilvorspannung und Ankerstahl sowie aus den indirekten Kosten, durch die Beeinflussung anderer Arbeitsvorgänge bei einem Anker von 24—26 mm Durchmesser aus Rippentorstahl 50 oder 60 ein Minimum sind. Bei kleineren Durchmessern steigen die Lohnkosten pro kg Ankerstahl sehr rasch an, bei größeren Durchmessern wird die Bohrarbeit vor allem bei längeren Ankern teurer, die Lohnkosten steigen wegen der schweren Manipulierarbeit durch die große Steifigkeit der Anker — die Bohrlöcher sind ja alles andere als gerade — auch wieder an.

Der Gesamtausbauwiderstand im Außengewölbe kann als Summe der Ausbauwiderstände der Stützmittel außerhalb des Gebirges und der Stützmittel im Gebirge dargestellt werden. Für das in Teilschalen aufgelöste Spritzbetongewölbe kann der theoretische Wert aus der Stärke und Festigkeit des ungeteilten Gewölbes mit Hilfe eines Abminderungsfaktors, der die Wirkung der Schlitze ausdrückt, errechnet werden. Es kann aus den Erfahrungen der Praxis eindeutig gesagt werden, daß durch die Ausbildung solcher Schlitze der Ausbauwiderstand der Spritzbetonschale keineswegs Null wird, sondern daß durch die auch während der Druckumlagerung bestehen bleibende Verbindung der Teilschalen mit dem Gebirge und durch eine Kraftübertragung über das Gebirge im Bereich der Schlitze ein beachtlicher Restausbauwiderstand erhalten bleibt. Er kann mit ca. 40—70% des Ausbauwiderstandes der ungeteilten Schale angesetzt werden und hängt vom Verhältnis der E-Moduli und der Reibungswinkel des Spritzbetons und des Gebirges ab.

Der *erzielbare* Ausbauwiderstand der Stützmittel im Gebirge ist eine Funktion der Güte und Menge der verwendeten Baustoffe. Er hängt also ab von der Ankertragkraft,

der Ankerlänge,

der Ankerdichte,

der Art, Menge und Verteilung des Injektionsgutes

sowie der Qualität des Gebirges, ausgedrückt durch den Grad der Inhomogenität und Anisotropie sowie durch die Größe des Reibungswinkels und der Kohäsion.

Der *notwendige* Ausbauwiderstand hängt natürlich von anderen Veränderlichen ab, wie z. B.:

der Überlagerung bzw. der Lage des Tunnels zur Geländeoberfläche

dem Vorhandensein tektonischer Spannungen

der zulässigen Verformung oder Spannung im Außengewölbe

der Baumethode etc.

Bei der Suche nach der wirtschaftlichsten Lösung gilt zunächst ganz allgemein, daß kein Aufwand gescheut werden sollte, das Absinken der Gebirgsqualität während der Druckumlagerung zu verhindern. Die dadurch vermiedenen Mehrkosten sind stets größer als dieser in der Regel bescheidene Aufwand. Wie wesentlich die Verhinderung des Absinkens des Reibungswinkels ist, beweist eine Berechnung nach Kastner, wie sie Rabcewicz für den Arlbergtunnel-West vorgenommen hat (Abb. 2).

Sie zeigt den Zusammenhang zwischen dem Reibungswinkel und der Größe der plastischen Zone bei verschiedenen Überlagerungshöhen. Bei Absinken des Reibungswinkels unter 15$^0$ nehmen die Deformationen sprunghaft zu. Der Reibungswinkel ist zwar auch eine Funktion der Zeit, kann aber durch geeignete Maßnahmen annähernd konstant gehalten werden. Interessant ist die von H. Huber gemachte Feststellung, daß auch die Scherfestigkeit zeitabhängig ist. Vergleicht man nämlich die Ergebnisse von Routine-Triaxialversuchen, bei denen die Last ca. 15 Minuten lang wirkt, mit jenen von Langzeitversuchen, dann erkennt man, daß die Scherfestigkeit mit steigender Belastungsdauer abnimmt, und zwar nach 24 Stunden um etwa 10 bis 20%. Diese Beobachtung sollte bei den theoretischen Untersuchungen des Druckumlagerungsvorganges Berücksichtigung finden.

Bei der Suche nach der wirtschaftlichsten Konstruktion des Ankertragringes ist noch die Variation zwischen Ankerlänge und Ankerdichte zu untersuchen.

Die bisherige Praxis lehrt, daß unter der Voraussetzung, daß Ankerlänge und Ankerdichte in einem mittleren Bereich liegen, eine Erhöhung der Ankerlänge wirksamer ist als eine Erhöhung der Ankerdichte. Dies liegt daran, daß bei einer Erhöhung der Ankerdichte über einen gewissen Grenzwert hinaus die Gewölbewirkung zwischen den einzelnen Ankern nicht mehr

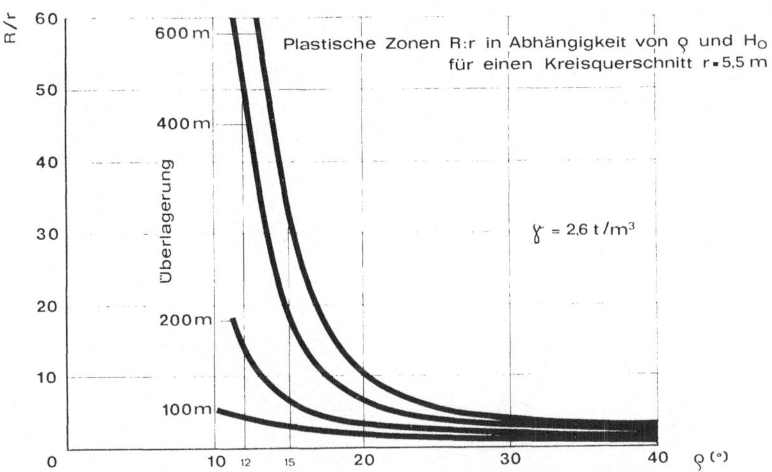


Abb. 2. Einfluß des Reibungswinkels auf die Größe der Deformationen (Arlbergtunnel West; aus Gutachten von Prof. Rabcewicz)

Influence of the angle of friction on the extent of the deformations

Influence de l'angle de frottement sur l'importance des déformations

wesentlich zunimmt, gleichzeitig aber die Ausnützung der Anker geringer wird. Bei einer Verlängerung der Anker hingegen wird der Tragring vergrößert, d. h. mehr Gebirge wird zum Mittragen herangezogen, der Ausbauwiderstand steigt noch wesentlich.

Bei stark asymmetrischer Belastung eines Tunnelquerschnittes, d. h. bei sehr ungleichmäßiger Verteilung der Deformationen um den Umfang, hat es sich als wirtschaftlich erwiesen, Ankerlänge und Ankerdichte um den Tunnelumfang zu variieren. Der potentielle Scherbruch nach Rabcewicz wird dabei gezielt verhindert. Dort wo der Scherbruch unter kleinem Winkel die Tunnellaibung trifft, werden kurze Anker mit hoher Ankerdichte versetzt, da diese im Sinne der Bruchbewegung nur auf Abscheren beansprucht werden. In der Mitte des Bruchkeiles liegen lange Anker mit geringerer Ankerdichte, die ins unzerstörte Gebirge reichen und ausschließlich auf Zug beansprucht werden (Abb. 3).

Dazwischen gibt es hinsichtlich Ankerdichte und Ankerlänge einen Übergang.

Bei drehsymmetrischer Verteilung der Deformationen um den Tunnelumfang — wie sie in annähernd homogenem und isotropem Gebirge mit geringer Festigkeit bei einer hydrostatischen Druckverteilung oder durch

Kompensation verschiedener Wirkungen, wie etwa hoher Seitendruck bei liegender Schieferung, vorkommt — ist die Wahrscheinlichkeit der Ausbildung eines Scherbruches um den ganzen Tunnelumfang gleich groß, Ankerdichte und Ankerlänge bleiben hier im gesamten Querschnitt konstant.

Es gibt bei verschiedenen Kombinationen von Ankerlänge und Ankerdichte gleiche Ausbauwiderstände, die statisch also gleichwertigen Lösungen unterscheiden sich nur kostenmäßig. Durch gezielte Modellversuche über den Zusammenhang zwischen dem Ausbauwiderstand und der Ankerlänge bei konstanter Ankerdichte sowie dem Ausbauwiderstand und der Ankerdichte bei konstanter Ankerlänge — in beiden Fällen gibt es eine Wirtschaftlichkeitsgrenze, wenn trotz Steigerung der Ankerlänge oder der Ankerdichte

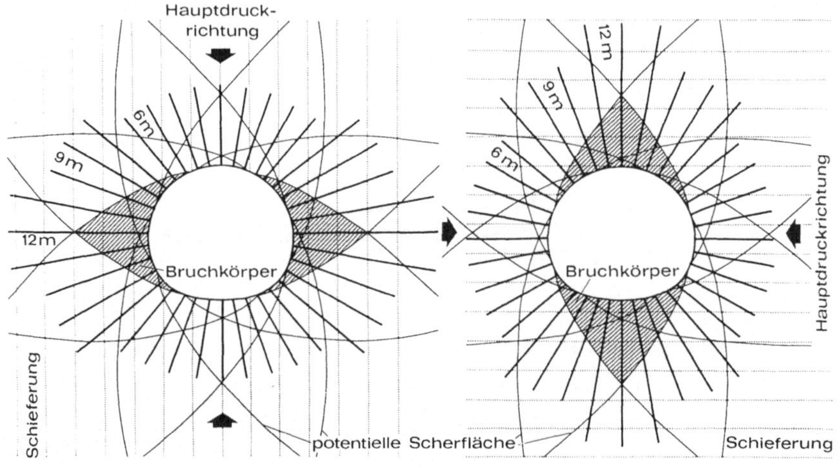


Abb. 3. Bemessung des Ankertragringes nach dem Bruchkörper

Dimensioning of the anchored arch regarding the planes of shear

Dimensionnement de l'anneau porteur d'ancrage d'après le corps de rupture

der Ausbauwiderstand kaum mehr zunimmt — könnten die Grundlagen für eine einfache rechnerische Ermittlung der jeweils wirtschaftlichsten Lösung geschaffen werden (Abb. 4).

Bei der wirtschaftlichen Bemessung des Außengewölbes nach den genannten Grundsätzen wurde zunächst von der Voraussetzung ausgegangen, daß — wie es bei der NATM ja vorausgesetzt wird — im Außengewölbe das Gleichgewicht erreicht werden muß, bevor das Innengewölbe eingebaut wird.

Auch in dieser Beziehung wurde man durch die außergewöhnlichen Verhältnisse, wie sie beim Vortrieb großer Querschnitte in stark druckhaftem Gebirge auftreten, zum Umdenken gezwungen, und zwar aus rein wirtschaftlichen Überlegungen. Halten die Gebirgsdeformationen trotz Einbaus eines tragfähigen Ankerringes auch nach dem Ringschluß noch monatelang an, und zwar ohne Tendenz einer Beruhigung, wobei in der Regel die

Deformationsgeschwindigkeit nur mehr im Bereich weniger mm pro Monat liegt, versucht man zuerst den Ausbauwiderstand im Außengewölbe nochmals kräftig zu erhöhen. Um eine Nachankerung in einem solchen Fall wirksam werden zu lassen, müssen die Anker sehr lang sein, sollen sie doch über die große plastische Zone hinausreichen, und mit hohen Kräften vorgespannt werden, da sie durch die geringe Restdeformation allein in vernünftiger Zeit

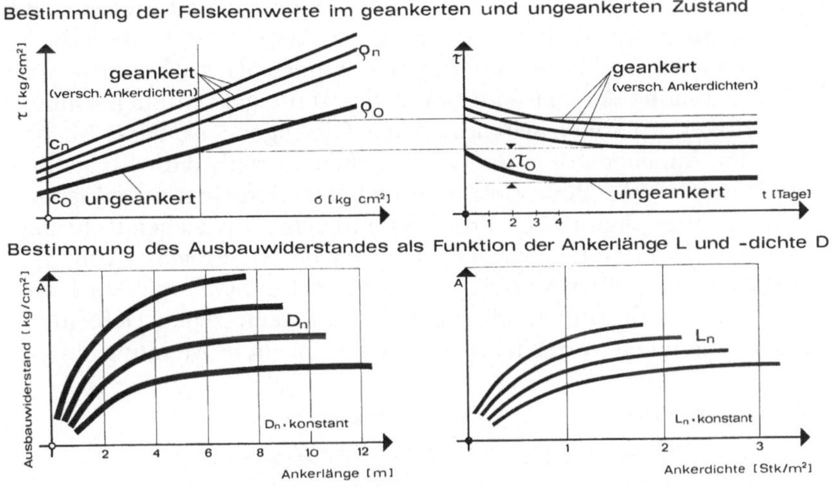


Abb. 4. Verbundwirkung im Tragring. Notwendige Versuche bzw. Auswertung von Meßergebnissen

Effect of the compound in the anchored arch

Adhérence dans l'anneau porteur

nicht mehr aktiviert werden können. Beispiele aus der jüngsten Tunnelbaupraxis zeigen, daß man das Innengewölbe auch dann einbauen kann, wenn die Deformationen im Außengewölbe noch nicht völlig abgeklungen sind. Beim ersten diesbezüglichen Versuch im Tauerntunnel ergab sich zwar, daß die Spannungen zunächst stark anstiegen, bald aber nach einer ruckartigen Zusammendrückung des während der Druckumlagerung aufgelockerten Tragringes wieder abnahmen. Dabei steigt durch die Wiederverdichtung der Ausbauwiderstand im Außengewölbe. Nach mehreren dieser Einregelungsvorgänge, die man als sekundäre Druckumlagerung bezeichnen kann (offensichtlich wird durch einen Dichteausgleich in tangentieller Richtung die Spannungsverteilung um den Umfang vergleichmäßigt), kommt es durch die fortschreitende Konsolidierung zur Ausbildung eines Gleichgewichts ohne zusätzliche Maßnahmen. Das Innengewölbe muß zwar gewisse Spannungen aufnehmen, sie bleiben aber aus den genannten Gründen wesentlich kleiner, als man es eigentlich erwarten würde. Große Kostensenkungen sind die erfreuliche Folge einer solchen Baumaßnahme.

In extremen Fällen können natürlich doch große Kräfte auf das Innengewölbe wirken, und zwar in der Regel einseitig, wie zum Beispiel beim

Auftreten hohen Seitendrucks. In einem solchen Fall stellt sich eine sehr interessante Optimierungsaufgabe hinsichtlich der wirtschaftlichsten Form des Tunnelquerschnittes. Anstelle einer Verstärkung des Innengewölbes durch eine größere Dicke und eine höhere Betonqualität (in letzter Konsequenz auch durch eine Bewehrung) kann man auch die Form des Innengewölbes verändern, und zwar so, daß seine Krümmung in Richtung der größten Kraft erhöht wird. Es ist zu untersuchen, ob die dabei notwendigen Mehrausbruchskosten unter jenen der höheren Betonqualität und größeren Betonmenge liegen. So hat z. B. Rabcewicz beim Arlbergtunnel-West in einem extrem druckhaften Abschnitt eine liegende Ellipse als Ausbruchsprofil vorgeschlagen. Der hohe Ausbauwiderstand des stark gekrümmten Ulmes hält dem dort auftretenden hohen Seitendruck das Gleichgewicht. Diese Ausbruchsform bietet im Außengewölbe den zusätzlichen Vorteil, daß die Schlitze im Spritzbetongewölbe zur Bewegungsrichtung der Deformation günstiger liegen als bei einem hochgestellten Profil. Die für eine ausreichende Entlastung notwendigen Deformationen werden dadurch besser erreicht (Abb. 5).

Beim konventionellen Vortrieb im druckhaften Gebirge wird vielfach vermutet, daß ein nicht unbeträchtlicher Teil der gemessenen Deformationen durch die Sprengungen verursacht wird. Obwohl diese Meinung durch rein

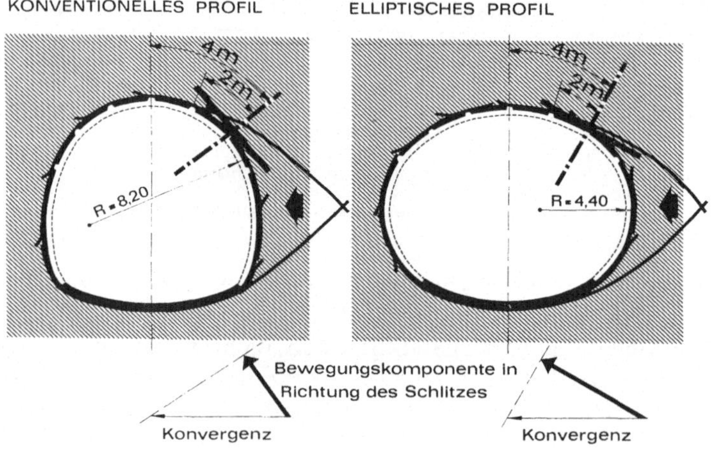


Abb. 5. Ausbildung des Querschnittes bei hohem Seitendruck (Arlbergtunnel West; aus Gutachten von Prof. Rabcewicz)

Shape of cross section under the condition of high lateral pressure

Formation de la section en cas de forte pression latérale

theoretische Überlegungen widerlegt werden kann, sollen hier sehr aufschlußreiche praktische Erfahrungen nicht unerwähnt bleiben. Beim Vortrieb des Arlbergtunnels im Westlos war in einem Abschnitt von ca. 200 m Länge die Gebirgsfestigkeit so gering, daß zum Lösen des Gebirges eine Teilschnittmaschine erfolgreich eingesetzt werden konnte. Ein Vergleich der Deformationsmessungen in gleichartigem Gebirge, einmal im Sprengbetrieb und einmal im Fräsbetrieb, zeigte keinen Unterschied bezüglich der Gesamtdeformationen. Es ist zwar die Deformationsgeschwindigkeit unmittelbar nach dem Lösen des Gebirges im Fräsvortrieb etwas kleiner als im Sprengvortrieb (bei der Sprengung wird ja besonders im schlechten Gebirge, also beim Vorhandensein feuchter, toniger Einlagerungen mit geringem Reibungswinkel ein Effekt ähnlich der Tixotropie wirksam, durch den eine relativ große Primärdeformation auftritt), in einer gewissen Entfernung hinter der

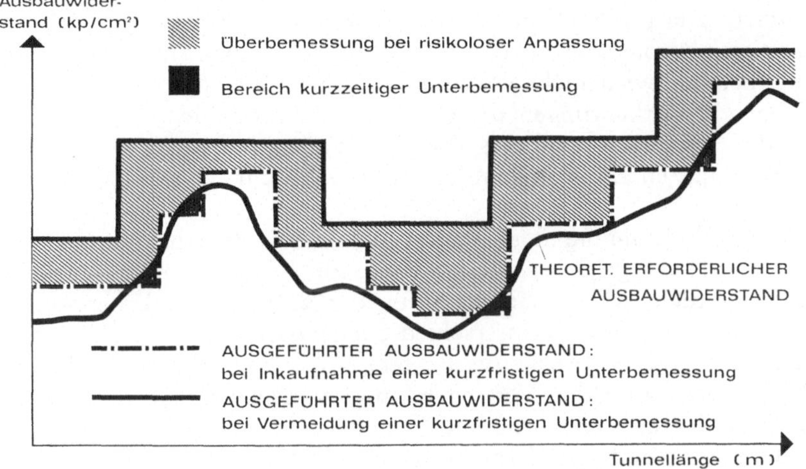


Abb. 6. Differenz zwischen erforderlichem und ausgeführtem Ausbauwiderstand

Difference between necessary and effected lining resistance

Différence entre résistance de soutènement définitif nécessaire et réalisé

Brust, also nach Ausbildung des ebenen Spannungszustandes ist aber in beiden Fällen die Gesamtdeformation wieder gleich. Der Unterschied liegt also lediglich im Deformationsverlauf der Anfangsphase. Kann also im Fräsbetrieb bezüglich der notwendigen Profilüberhöhung als Kompensation für die zu erwartenden Deformationen keine Einsparung erzielt werden, so ist eine solche doch durch die genauere Profilform und die damit verbundene Verringerung des Überprofils bei Ausbruch und Beton gegeben.

Am Ende der Betrachtungen über die wirtschaftlichen Aspekte des Hohlraumbaus in druckhaftem Gebirge muß erwähnt werden, daß natürlich nicht nur die jeweiligen geotechnischen Verhältnisse und die Bau- und Betriebsweisen Einfluß auf die Kosten eines Vortriebes haben, sondern auch sehr wesentlich die Projektierung und der Bauvertrag.

Die NATM ist sicher zur Zeit die wirtschaftlichste Bauweise für druckhaftes Gebirge, eine vollständige Ausschöpfung aller ihrer wirtschaftlichen Möglichkeiten ist aber nur dann realisierbar, wenn die auf der Planung basierenden technischen Vertragsbestimmungen dies zulassen.

Ein Maß für die Wirtschaftlichkeit der Methode ist die Differenz zwischen dem minimal notwendigen und dem tatsächlich hergestellten Ausbauwiderstand, die wesentlich vom Grad der Veränderung der Gebirgsverhältnisse abhängt. Bei stark wechselhaftem Gebirge ist diese Differenz größer als in einem Gebirge mit gleichbleibenden Eigenschaften, selbst wenn dieses im Mittel eine schlechtere Qualität besitzt. Um in einem solchen Fall wirtschaftlich bauen zu können, muß bei der möglichst guten Anpassung der Stützmaßnahmen an die jeweiligen Erfordernisse kurzzeitig auch eine Unterbemessung in Kauf genommen werden, als deren Folge Kosten für Nachsicherungen entstehen (Abb. 6).

Dieses sinnvolle Risiko sollte, da es kaum kalkulierbar ist, der Bauherr übernehmen. Die positiven Folgen des Akzeptierens dieses Risikos in Form einer besseren Anpassung an die Verhältnisse kommen ihm ja voll zugute; der Unternehmer wird nicht gezwungen, durch über das notwendige Maß hinausgehende Vorkehrungen dieses Risiko zu vermeiden. In den zur Zeit bestehenden Verträgen ist dieses Prinzip zwar enthalten, es sollte aber auf Grund der jüngsten Erfahrungen der Praxis vielleicht etwas klarer formuliert werden.

Bei der Bestimmung der Gebirgsgüteklassen in druckhaftem Gebirge treten nach wie vor große Schwierigkeiten auf. Diese könnten weitestgehend vermieden werden, wenn man im Sinne der aufgezeigten Erkenntnisse aus der Praxis als Maß für den Unterschied benachbarter Klassen die quantitativ definierte Zunahme des Ausbauwiderstandes der Regelstützmaßnahmen festlegt. Die in den laufenden Verträgen ausgewiesenen Regelstützmaßnahmen sind im druckhaften Bereich nämlich ausnahmslos zu gering. Bei der in der Praxis dann notwendigen Vermehrung der Stützmaßnahmen ist es strittig, ob und in welchem Maße dadurch eine Änderung der Klassifizierung, d. h. der Vergütung der Ausbruchspreise, gegeben ist.

Eine Auswertung der Meßergebnisse der jüngsten Großtunnelbauten in druckhaftem Gebirge und die Durchführung gezielter Modellversuche sollten die Basis der Ausschreibungen kommender Großhohlraumbauten sein. Nur so können die mit der NATM theoretisch erzielbaren Kosteneinsparungen auch praktisch voll realisiert werden. Die Praktiker haben mit der Weiterentwicklung der Ankertechnik — 12 m lange SN-Anker werden heute im laufenden Vortrieb unmittelbar vor Ort versetzt — bereits einen kleinen Beitrag dazu geleistet.

Anschrift des Verfassers: Dir. Dipl.-Ing. Horst Pöchhacker, Allgemeine Baugesellschaft — A. Porr AG, Rennweg 12, A-1031 Wien, Österreich.

Rock Mechanics, Suppl. 5, 115—132 (1976)


# Heitersbergtunnel der Schweizerischen Bundesbahnen Vortrieb mit 10,67 m Durchmesser Beschreibung und grundsätzliche Überlegungen

Von

**Duri Prader**

Mit 17 Abbildungen

**Zusammenfassung — Summary — Résumé**

*Heitersbergtunnel der Schweizerischen Bundesbahnen. Vortrieb mit 10,67 m Durchmesser. Beschreibung und grundsätzliche Überlegungen.* Der beschriebene Vortrieb betrifft eine Felsstrecke von 2600 m Länge in Sandstein, Silstein und Mergel der Zürcher Molasse. Die Sohle wurde unmittelbar hinter dem Bohrkopf der Maschine mit Betontübbings verkleidet. Unmittelbar hinter der Robbinsmaschine arbeitete ein speziell für dieses Bauvorhaben gebauter Spritzbeton-Automat. Er spritzte laufend und durchgehend eine äußere Verkleidung, deren Stärke sich nach den örtlichen Felsverhältnissen richtete.

Längenmäßig 76% der vorgetriebenen Strecke wurden mit Felsanker und Drahtnetzen gesichert; bei dieser Sicherungsart wurden im Mittel 8 m täglicher Arbeitsfortschritt erzielt (2-Schichtenbetrieb). 24% der Strecke machten das Stellen von Stahleinbaubogen notwendig; dabei betrug der tägliche Arbeitsfortschritt 3,6 m (2-Schichtenbetrieb).

Die hauptsächlichsten technischen Daten der Robbinsmaschine sind angegeben. Es folgen aus der Sicht des Praktikers eigene Beobachtungen und Hinweise auf offene Fragen zum heutigen Stand des Arbeitens mit Vortriebsmaschinen. Da das gute Gelingen eines solchen maschinellen Vortriebs weitgehend von der Tauglichkeit der Vortriebsmaschine abhängt, werden einige Kriterien genannt, die für die Beurteilung solcher Maschinen dienlich sind.

*Heitersberg Tunnel of the Swiss Federal Railways, Bored with 10.67 m Diameter. Description and Considerations.* The author reports on boring 2600 meters of tunnel in the molasse formation near Zürich through sandstone, siltstone and marl. Close to the back of the cutterhead the tunnel invert was lined with precast concrete segments. An automatic concrete spraying machine followed the Robbins machine at a very short distance. It was continually applying a first concrete lining to the rock surface. The thickness of the lining was chosen to fit the local rock conditions.

76% of the total length are roof-bolted and wire mesh was placed over the bolted area; working in 2 shifts the daily advance averaged 8 meters. 24% of the length had to be supported by steel ribs; with this type of support the average advance was 3.6 meters per day.

The main specifications of the Robbins machine are given. They are followed by some considerations made by the practical tunnel engineer on the present state of tunnel boring. In boring a tunnel the success of the undertaking depends in an extremely high degree on one single peace of equipment, the boring machine. The author gives some main criteria as a help for comparing such machines.

*Tunnel d'Heitersberg des chemins de fer fédéraux suisses. Avancement avec une machine de forage d'un diamètre de 10,67 mètres. Description et réflexions.* Les travaux décrits se rapportent à la construction d'un tronçon de tunnel, long de 2600 mètres et foré dans une roche constituée de grès, grès fin et marne de la molasse de Zurich.

Aussitôt après le passage de la tête de forage, le radier était recouvert d'éléments préfabriqués en béton. Immédiatement derrière la machine de forage suivait un automate servant à l'application de la première couche de béton projeté. Cet automate a été spécialement conçu pour ce projet; tout en avançant il projetait continuellement le revêtement extérieur dont l'épaisseur variait suivant la qualité des roches rencontrées. Ancrages et treillis ont servi de protection sur les 76% de la longueur du tronçon réalisé; avec ce mode d'exécution la progression journalière moyenne a été de 8 mètres (2 équipes). Le reste du tronçon, 24%, a nécessité la mise en place de cintres; la progression y a été de 3,6 mètres par jour (2 équipes).

Les principales caractéristiques techniques de la machine "Robbins" sont indiquées. En plus sont mentionnées quelques observations faites par le praticien et des indications relatives à l'état actuel des travaux avec les machines de forage. Comme la bonne réussite d'une telle excavation mécanisée dépend plus spécialement des qualités de la machine, l'auteur cite quelques critères utiles au jugement préalable des performances à attendre.

## A. Der Heitersbergtunnel

In der heutigen Zeit gehört es zu den Seltenheiten, wenn die Schweizerischen Bundesbahnen eine neue Bahnlinie bauen, die bisher nicht existiert hat.

Die sogenannte Heitersberglinie mit dem 4,9 km langen doppelspurigen Heitersbergtunnel — etwa 20 km nordwestlich von Zürich — ist eine neu gebaute Bahnstrecke von nur etwa 6 km Länge; sie ist mit dem Fahrplanwechsel vom 1. Juli 1975 in Betrieb genommen worden.

Durch diese neu gebaute Strecke wird die bisherige Bahnverbindung zwischen Zürich und Bern um 8 km kürzer. Die hauptsächlichen betrieblichen Vorteile liegen aber in der Entlastung des von der Topographie eingeengten Bahnhofes Baden und in der Bedienung des neuen Rangierbahnhofes nördlich von Zürich.

Bautechnisch sind beim Heitersbergtunnel 3 verschiedene Abschnitte zu unterscheiden:

Baulos Ost:

— 600 m offene Bauweise, überwiegend in Lockermaterial,
— 2600 m Bohrvortrieb im vollen Querschnitt mit einer Robbinsmaschine, Molassefels.

Baulos West:

— 1700 m Schildvortrieb in Lockermaterial.

Die hier folgende Beschreibung gilt dem 2600 m langen Bohrvortrieb; der Begriff „Bohrvortrieb" wird als Gegensatz zum Sprengvortrieb für den sprengungsfreien Vortrieb mit einer sog. Vollschnitt-Maschine verwendet.

Der Bohrvortrieb im Heitersbergtunnel verdient gewisse Beachtung wegen des großen Bohrdurchmessers. Der gebohrte Durchmesser beträgt 10,67 Meter, was 89,4 $m^2$ Querschnittsfläche entspricht.

Die Lieferfrist für eine Vortriebsmaschine dieser Größe wird auch heute zwischen 10 und 12 Monaten liegen. Das Baulos Ost bestellte die Maschine sofort bei Baubeginn und arbeitete während der Lieferfrist an der 600 m

Abb. 1. Montage der Robbinsmaschine. Am Kran hängt das schwerste Einzelstück mit 40 t Gewicht

Assembling the boring machine. The heaviest single piece weighing 40 tons is put in place

Montage de la machine "Robbins". Suspendue à la grue, la pièce la plus lourde (40 tonnes)

langen Tagbaustrecke, für welche etwa 360 000 $m^3$ Boden zu bewegen waren. An der Stirnseite dieses Aushubes war der Fels anstehend und dort begann der Bohrvortrieb (Abb. 1).

## B. Enges Erfahrungsfeld

In der Sprengtechnik haben die Tunnelbauer über die Jahrzehnte hinweg in den verschiedensten Gesteinsarten ausgedehnte Erfahrungen gesammelt. In den letzten 10—15 Jahren sind dazu durch die sprengtechnische Forschung (z. B. durch Johansson, Langefors und Kihlström, Persson) wertvolle neuere Erkenntnisse bereitgestellt worden, auch wenn diese von der Sprengstoffindustrie nicht allgemein in dem Maß wirksam in die Praxis hineingetragen werden, wie dies bei anderen Industrien üblich ist, sobald sie Fortschrittsmöglichkeiten kennen.

Im Bohrvortrieb ist der Umfang der vorliegenden Erfahrungen unvergleichlich kleiner. In der Schweiz begannen die ersten Bohrvortriebe vor 10 Jahren. Dazu liegen die Erfahrungen einseitig; die bisherigen Bohrvortriebe lagen überwiegend in Sedimentgesteinen, betrafen meistens kleine oder mittlere Querschnittsgrößen und die Überdeckungen waren im allgemeinen nicht störend groß.

Bohrvortriebe mit über 10 m Durchmesser sind — international gesehen — bis heute erst fünfmal unternommen worden:

1963 in Pakistan beim Mangladamm (etwa 2,5 km),
1965 in Frankreich für die U-Bahn Paris (etwa 2,8 km),
1968 in England beim Merseytunnel in Liverpool (etwa 4,4 km),
1971 in der Schweiz beim Heitersbergtunnel (etwa 2,6 km),
1970 in der Schweiz beim Sonnenbergtunnel in Luzern (etwa 2,8 km).

In den ersten 4 Fällen, also auch am Heitersberg, waren Robbinsmaschinen eingesetzt, die in einem einzigen Arbeitsgang den vollen Querschnitt

Abb. 2. Werkstattaufnahme der Robbinsmaschine
The boring machine in the factory
La machine "Robbins" en usine

bohrten. Der Sonnenbergtunnel wurde in 3 Durchmesser-Stufen ausgebohrt: zuerst ein Stollen von 3,50 m Durchmesser, dann zeitlich alternierend eine erste Ausweitung auf 7,70 m Durchmesser und eine zweite Ausweitung auf den vollen Durchmesser von 10,46 m.

Diese zweistufige Ausweitung besorgte eine von Wirth gebaute Erweiterungsmaschine. Augenfällig ist der Nachteil der — über das Ganze gesehen

— verständlicherweise langsameren Ausbruchsarbeit, die mit diesem Erweiterungsbohren verbunden ist. Dem steht ebenso offensichtlich ein Investitionsvorteil gegenüber: nämlich die Möglichkeit, bei Gelegenheit die kleinere der beiden Erweiterungsstufen auch für das Bohren von Tunneln mit passendem kleineren Durchmesser einsetzen zu können. Ein eigentlicher Vergleich müßte selbstverständlich noch eine Reihe anderer Aspekte berücksichtigen.

## C. Das Gestein am Heitersberg

Die ersten 43% der 2600 m langen Felsstrecke liegen in der unteren Süßwassermolasse mit einachsigen Druckfestigkeiten im Bereich zwischen 80 und 400 kg/cm². Der Quarzgehalt ist gering und der Quarz ist feinkörnig. Die restlichen 57% der Felsstrecke liegen in der oberen Meeresmolasse mit einachsigen Druckfestigkeiten im Bereich zwischen 100 und 650 kg/cm². Der Quarzgehalt liegt in der Größenordnung von 30 % und der Quarz ist grobkörniger als in der Süßwassermolasse.

Die größte Überdeckung beträgt 265 m und liegt zufällig beim Übergang von der einen Molasseart zur andern.

## D. Die Vortriebsmaschine

Die eingesetzte Vortriebsmaschine (Abb. 2) wurde von Robbins, USA, hergestellt. Einige Hauptdaten sind folgende:

| | | |
|---|---|---|
| Bohr-Durchmesser | | |
| bei neuen Rand-Meißeln | 10,67 | m |
| bei abgenützten Rand-Meißeln | 10,65 | m |
| Länge | 15,45 | m |
| Gewicht | ca. 300 | t |
| Vorschubkraft, maximal | 700 | t |
| Vorschubzylinder | | |
| Anzahl | 4 | Stück |
| lichter Durchmesser | 30,5 | cm |
| Hub | 1,63 | m |
| Gripperplatten für das Verspannen der Maschine | 1 Satz zu 2 Platten | |
| Gripperzylinder | | |
| Anzahl | 1 | Stück |
| lichter Durchmesser | 71,1 | cm |
| Verspannkraft, maximal | 980 | t |
| Drehzahl des Bohrkopfes | | |
| normale Motorendrehzahl | 2 | pro Min. |
| kleine Motorendrehzahl | 1 | pro Min. |

| | | |
|---|---|---|
| Antriebsleistung des Bohrkopfes | 1000 | PS |
| Anzahl Meißelrollen | 62 | Stück |
| Zentrums-Werkzeuge | 2 | Stück |

Ein Peripheriepunkt des Bohrkopfes hat eine Geschwindigkeit von etwa 4 Stundenkilometer. Die Arbeit der Meißelrollen geht somit gemächlich vor sich, aber mit großer Anpreßkraft und beträchtlicher Tangentialkraft. Die maximale Vorschubkraft von 700 t, die in Richtung gegen die Tunnelbrust auf den Bohrkopf ausgeübt wird, ergibt — gleichmäßig auf die 62 Meißelrollen verteilt gedacht — 11,3 t pro Meißelrolle. Damit bei den Belastungen

Abb. 3. Meißelrolle mit dem schwarzen Meißelring
Removable cutter ring (black) on the hub
Molette à disque avec, en noir, le disque taillant

in dieser Größenordnung die Kegelrollenlager der Meißelrollen und die Meißelringe möglichst lange Standzeit haben, ist die Maschine für die Verwendung von Robbins-Meißelrollen mit Meißelringen (ähnlich Abb. 3) von 12 Zoll Durchmesser eingerichtet.

Die Meißelringe hinterlassen auf der Tunnelbrust ihre Spuren (Abb. 4). Eine einzige Umdrehung des Bohrkopfes erzeugt 1,2 km solcher Spurlinien. Auf einen Tunnel-Laufmeter entfallen über 100 km dieser Meißelring-Wege. Das macht den Anlaß für den Verschleiß der Meißelringe recht anschaulich.

Die Geschwindigkeit der Meißelrollen-Bewegung beeinflußt sowohl den Verschleiß der Meißelringe wie auch die Standzeit der Meißelrollen. Daher haben größere Maschinen entsprechend dem Kehrwert des Durchmessers niedrigere Drehzahlen.

Bei der Heitersbergmaschine können die Meißelrollen ausgewechselt werden, ohne daß sich ein Mann vor den Bohrkopf zu begeben hat, wo er sich bei der großen Querschnittshöhe im Falle gebrächen Gesteins in gefährlicher Art exponieren müßte.

Die 10 Antriebsmotoren des Bohrkopfes (Abb. 5) sind Kurzschlußläufer; das Anlaufen geschieht gruppenweise im Leerlauf, das Einkuppeln dann für

Abb. 4. Die Spuren der Meißelrollen auf der Tunnelbrust
The traces left on the rock by the disc cutters
Traces des taillants sur le front du tunnel

Abb. 5. Antriebsmotoren des Bohrkopfes und Transportband
Belt conveyor and motors driving the cutterhead
Moteurs d'entrainement de la tête de forage et convoyeur à bande

alle 10 Motoren gleichzeitig. Der Antrieb geht direkt über Getriebe, also nicht über Hydraulikpumpen und hydraulische Motoren; eine solche Disposition würde wertvollen Raum beanspruchen und die Zugänglichkeit zur Maschine beeinträchtigen; auch würde sie von der altbewährten Devise wegführen, für Tunnelgeräte möglichst simple Konstruktionen zu wählen.

Das Drehmoment des Bohrkopfes beträgt bei Motoren-Nennlast 360 m t. Beim gegebenen Radius als Hebelarm entspricht dies einer am Bohrkopf peripher und tangential angreifenden Einzelkraft von 67 t. Für das Motoren-Kippmoment und bei der kleinen Motorendrehzahl liegen diese Werte beim 4fachen, also bei 1440 m t Drehmoment und 268 t Umfangkraft.

Derart enorme Kräfte verfügbar zu haben, kann für den Tunnelbauer in bestimmten Situationen entscheidend sein, beispielsweise wenn in schwierigen Gesteinsverhältnissen an der Tunnelbrust beim Anfahren des Bohrkopfes außerordentlich hohe Widerstände auftreten.

## E. Sicherungsmaßnahmen, Ringschluß

Die Molasse in der Umgebung von Zürich ist von mancherlei Tunnelbauten her bekannt, die im Sprengvortrieb erstellt worden sind. Sie hat in erster Linie die unangenehme Eigenschaft, unter Einfluß von zutretendem

Abb. 6. Versetzen der Sohltübbings. Die Tunnelbrust befindet sich 2,5 m jenseits der rechts sichtbaren Stahlblech-Wand

Placing of the precast invert segments. The tunnel face is located 2.5 m beyond the steelplate structure in the right of the picture

Mise en place d'un élément de radier préfabriqué. Le front du tunnel se trouve 2,5 mètres au-delà de la paroi d'acier

Wasser schwierig zu werden und sich in der Sohle recht bald in Morast zu verwandeln. Deshalb wurden im Heitersberg direkt hinter dem Bohrkopf, also unter der Robbinsmaschine, Sohltübbings in Mörtel versetzt (Abb. 6). Sie deckten einen Sektor von 107$^0$ alter Teilung, also rund 30% des Umfanges.

Die sofort versetzten Sohlelemente erfüllten noch einen weiteren Zweck. In diese Tübbings gehen bei der Heitersbergmaschine auch gewisse Anteile des Reaktionsmomentes, welches der drehende Bohrkopf auslöst; es sind jene Anteile, welche durch die Reibungskraft zwischen Maschinenfuß und

Abb. 7. Blick auf die Spritzbeton-Verkleidung
The tunnel lined with sprayed concrete
Vue du revêtement en béton projeté

Fels — sei es kurzfristig aus dynamischen Gründen oder unter zeitweiligem Kriechen — nicht kompensiert werden. Bei kleineren Maschinen gehen solche Kräfte in die Gripperplatten und verursachen eine ungünstigere Beanspruchung der Tunnelwand. Im großen Querschnitt des Heitersbergtunnels und beim dortigen Gestein war dies besonders unerwünscht. Wenn das Gestein unter den Gripperplatten ausbricht, kann das zu schlimmen Verlegenheiten führen: Ohne Halt an den Tunnelwänden zu finden, ist die Vortriebsmaschine eine immobile Stahlmasse. Bei der Heitersbergmaschine geschieht die Entlastung der Gripperplatten von Drehmomentkräften dadurch, daß sich die Maschine an ihrem hinteren Ende über Fahrwerke auf Schienen abstützt, die an den Rändern der Tübbingsohle befestigt sind. Außerdem kann der Bohrkopf in jeder der beiden Drehrichtungen arbeiten, so daß namentlich dem zeitweiligen Kriechen entgegengetreten werden kann.

Die Schweizerischen Bundesbahnen haben für den Heitersbergtunnel vorgeschrieben, daß möglichst rasch nach Aufschluß des Gebirges der betreffende Tunnelquerschnitt durch einen ringsum geschlossenen Verkleidungsring von — je nach Anordnung des Projektingenieurs — 5 bis 20 cm starkem

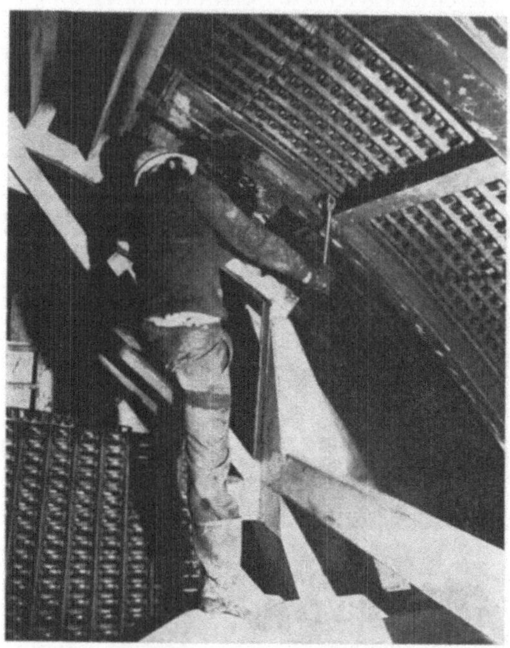

Abb. 8. Stahleinbaubogen mit Blechverzug
Steel ribs with steel sheeting
Cintres avec tôles de blindage

Abb. 9. Spritzbetonautomat mit Spritzarm
Automatic spraying machine placing the concrete lining
Automate pour béton projeté avec bras "porte-lance"

Spritzbeton geschlossen sein müsse. Die erwähnten Sohltübbings bilden Bestandteile dieses Ringes. Der tatsächlich aufgebrachte Spritzbeton hat im Mittel über die ganze Bohrvortriebs-Strecke eine Stärke von 11,2 cm.

Beim Bau der früheren Eisenbahntunnels in der Gegend von Zürich, zuletzt im 2 km langen Käferbergtunnel, der Mitte der sechziger Jahre gebaut wurde, zeigte sich immer wieder, daß sich die Zürchermolasse bei

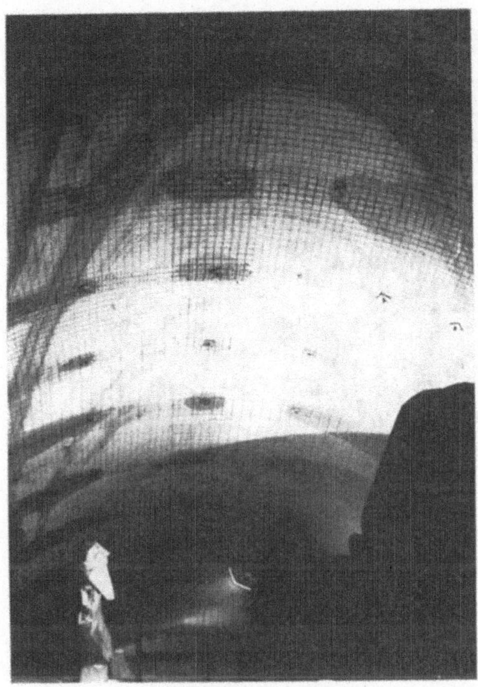

Abb. 10

Abb. 11

Abb. 10. Felsanker und Drahtnetze im Tunneldach. Die Maserierung zeigt eine tonreichere Felsschicht

Rock bolts and reinforcing steel mesh. The darker region marks a higher clay content in the rock

Ancrages et treillis au faîte du tunnel. La madrure montre une strate plus riche en argile

Abb. 11. Prinzipschema der Felsankerung; Tübbingsohle und äußere Spritzbeton-Verkleidung

Position of rock bolts; precast concrete invert and exterior sprayed concrete lining

Schéma du principe d'ancrage; radier préfabriqué et revêtement extérieur en béton projeté

Sprengvortrieben sozusagen durchweg gebräch verhält. Zu einem guten Teil ist diese Niederbrüchigkeit durch das Sprengen provoziert. Es ist unter anderem diese Erfahrung, welche im Fall des Heitersbergtunnels zugunsten des Bohrvortriebes, also für das Vermeiden des Sprengens, gesprochen hat.

Hier sei eingefügt, daß es eine Mehrzahl maßgeblicher Kriterien gibt, die in jedem Einzelfall eines Tunnelbauvorhabens zu entscheiden helfen, ob

Sprengvortrieb oder Bohrvortrieb angezeigter sei. Eine einfache generelle Regel läßt sich nicht formulieren.

Abgesehen vom Wegfallen des Sprengens mit seiner örtlichen Strapazierung des Gesteins bietet der Bohrvortrieb noch eine weitere Besonderheit: Der gebohrte Tunnel wird von einer recht genau maßhaltigen zylinderischen Felsfläche begrenzt. Dank dieser genauen Kreisform haben Spritzbeton (Abb. 7)

Abb. 12. Gripperplatte in einer Stahleinbau-Strecke

Gripperplate between steel ribs

Plaque d'appui dans une section avec cintres et tôles de blindage

oder Stahleinbaubogen (Abb. 8) eine bedeutend höhere Tragkraft, d. h. die Tragfähigkeit läßt sich besser ausnützen als bei der unregelmäßigen und zackigen Begrenzung eines gesprengten Querschnittes. Auch die beim Sprengvortrieb unvermeidbare Beanspruchung des frisch aufgebrachten Spritzbetons durch die Erschütterungen der nachfolgenden Sprengungen unterbleibt.

Zur Erzielung des raschen Ringschlusses auch bei raschem Fortschreiten des Bohrvortriebes wurde der Spritzbeton mit Hilfe eines Automaten aufgebracht (Abb. 9), der gemeinsam von den beiden Unternehmungen Stabilator AB und Prader AG entwickelt worden ist. Felsanker fanden ausgedehnte Anwendung, ebenso Drahtnetze (Abb. 10 und 11).

Für das Versetzen von Stahleinbaubogen ist die Robbinsmaschine mit einer mechanischen Versetzhilfe, etwa 3,5 m hinter der Tunnelbrust befindlich, versehen. Auf eine Gesamtlänge von 24% der ganzen Felsstrecke (630 m von 2600 m) war es notwendig, den Querschnitt mit Stahleinbaubogen zu sichern. Dies war hauptsächlich am Streckenanfang im oberflächennahen Bereich erforderlich. Zur Verwendung kamen Breitflansch-Träger mit nur

14 cm Profilhöhe. Sie wurden im Abstand von 1,2 m versetzt; um die Vortriebsmaschine für das Bohren zu fixieren, griffen die Gripperplatten zwischen den Einbaubogen an (Abb. 12).

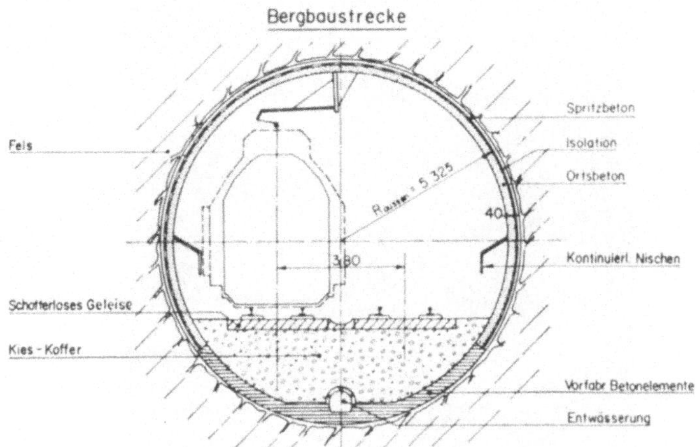


Abb. 13. Regelquerschnitt
Standard tunnel section
Profil-type du tunnel

Der Regelquerschnitt (Abb. 13) zeigt die beiden Sohltübbings, die zusammen mit dem Spritzbeton zum raschen Ringschluß führten. Die Dichtungshaut wurde entsprechend den örtlichen Verhältnissen nur über 10%

Abb. 14. Die letzte trennende Wand wird durchbohrt
The machine appears at the end of the bored tunnel section
Achèvement du forage

der Felsstrecken-Länge ausgeführt. Der innere Betonring besteht aus Ortbeton, in der Stärke so gewählt, daß die Gesamtverkleidung durchgehend

Abb. 15. Der Tunnel ist durchbohrt
The tunnel is holed through
Le tunnel est percé

Abb. 16. Die Robbinsmaschine am Ende des Bohrvortriebs
The machine has finished its work
La machine "Robbins" à la fin de l'avancement

40 cm stark ist. Die Betonierung des inneren Ringes begann am Portal, als der Vortrieb bei 1100 m stand, und erreichte die Durchschlagstelle 2 Monate nach dem Durchschlag (Abb. 14 bis 17).

Abb. 17. Der fertiggestellte Tunnel
The tunnel is nearly completed
Le tunnel achevé

## F. Bohrfortschritt, Verschleiß, Steuerbarkeit

Bohrfortschritt

a) wo keine Stahleinbaubogen versetzt worden sind (76% der Bohrvortriebs-Strecke);
Gesamtmittel: 8,0 m pro 2schichtigem Arbeitstag;
Mittel der besten 3 Monate (5-Tagewoche): 190,6 m/Monat.

b) wo Stahleinbaubogen versetzt worden sind (24% der Bohrvortriebs-Strecke);
Gesamtmittel: 3,6 m pro 2schichtigem Arbeitstag.

Vortrieb pro Umdrehung des Bohrkopfes

Ein typischer Meßwert ist folgender: bei 570 kg/cm² einachsiger Gesteinsdruckfestigkeit und bei einer Kraft der Vorschubzylinder von 9 t pro Meißelring ergab sich ein Bohrfortschritt von 1 cm pro Umdrehung.

Verschleiß an Meißelringen

0,7 Stück Meißelringe pro Tunnelmeter. Dieses Ergebnis ist ungünstiger als erwartet. Entsprechend lag auch der Tagesfortschritt unter der Erwartung. Je größer der Bohrdurchmesser, umso abhängiger vom Meißelverschleiß ist der Tagesfortschritt. Es steht bei größerem Durchmesser eine größere Anzahl von Meißelringen mit dem Fels in Kontakt; jeder Meißelwechsel bedeutet Maschinenstillstand. Die zeitliche Verzögerung, die wir gegenüber unserer Vorauserwartung in Kauf nehmen mußten, konnte durch verschiedene anderweitige Maßnahmen wettgemacht werden, so daß die Inbetriebnahme der Heitersberglinie keine Verspätung erfahren hat.

Die Steuerbarkeit der Robbinsmaschine

Da der Bahnbetrieb darauf angewiesen ist, an jeder Stelle des Tunnels mindestens den verlangten Lichtraum um die projektgemäße Tunnelachse herum zu haben, wählte die Unternehmung einen um 12,5 cm größeren Bohrradius. Dies war das Spiel, das für die Genauigkeit der Maschinensteuerung sowie für das Versetzen und die Nachgiebigkeit der Schalung verfügbar war; es hat sich als ausreichend erwiesen.

Anschaffungskosten der Robbinsmaschine

Die Maschine einschließlich der betrieblich zweckmäßigen und notwendigen Austausch-Aggregate würde bei heutigen Marktpreisen etwa 11000000,— Schweizer Franken kosten.

## G. Gedanken zum Bohrvortrieb

Der heutige Stand der Bohrvortriebs-Technik veranlaßt zu den nachstehenden Bemerkungen, wobei von den Erfahrungen und Beobachtungen bei Bohrvortrieben ausgegangen ist, welche die Unternehmung des Verfassers ausgeführt hat; es handelt sich dabei um rund 30 km Bohrvortrieb mit den Bohrdurchmessern 2,56 m, 3,00 m, 3,20 m, 4,80 m, 6,40 m und 10,67 m.

a) Forschung über die offenen Fragen wird da und dort betrieben. Soweit uns Resultate bekannt geworden sind, waren diese wohl interessant, aber sie haben keine der für die Praxis des Unternehmers wichtig scheinenden, aber noch unklaren Fragen erhellt.

b) Es lohnt sich daher für die Unternehmung, durch Meßbeobachtungen in den laufenden Bohrvortrieben auf statistischem Weg den wichtig scheinenden Zusammenhängen von Ursache und Wirkung auf die Spur zu kommen.

c) Auf die zu erwartende Vortriebsleistung pro Umdrehung des Bohrkopfes läßt sich — so sehen wir es gegenwärtig — aus keiner anderen Gesteinskennziffer so gut schließen wie aus dem Ergebnis der einachsigen Druckfestigkeitsprobe. Die Abhängigkeit von anderen Gesteinskennziffern, die gewiß auch besteht, liegt noch im Dunkeln. Aus dem Zahlenmaterial des Verfassers ist bisher keine dieser Abhängigkeiten schlüssig hervorgetreten, sei es nun, daß sie gering oder mehrere Abhängigkeiten in der Auswirkung so vermischt sind, daß das Erkennen schwer wird. Bei dieser Sachlage stützt sich die Praxis auf Korrektur-Koeffizienten, welche die Erfahrung für die unterschiedlichen Gesteinsarten liefert.

d) Für ein gegebenes Gestein aus bekannten Bohrfortschritten, die bei einem kleinen Bohrdurchmesser erzielt worden sind, auf den zu erwartenden Bohrfortschritt bei einem sehr großen Durchmesser zu schließen, ist nicht einfach und recht heikel.

e) Bei einer gegebenen Maschine und ausgehend von einem normalen Arbeitspunkt bringt die Vergrößerung der auf den Bohrkopf wirkenden Vorschubkraft pro Meißelring eindeutig einen Anstieg der Vortriebsleistung pro Umdrehung, und zwar ein gleichmäßiges Ansteigen im ganzen Bereich, in welchem beobachtet werden konnte. Diese Feststellung wurde an Robbinsmaschinen gemacht, und die größte Vorschubkraft, die kurzfristig für Testzwecke aufgebracht werden konnte, hat 16 t pro Meißelring betragen.

f) Die Verschleißintensität, also das Arbeitsvermögen eines Meißelringes, hängt bekanntlich — und in der Praxis offensichtlich — vom Quarzgehalt des Gesteines ab sowie auch von Größe und Form der Quarzkörner. Es besteht Anlaß zu glauben, daß bei einem gegebenen Gestein der Verschleiß pro $m^3$ Fels abnimmt, wenn die Vorschubkraft pro Meißelring erhöht wird.

g) Bei gegebener Vorschubkraft, die auf den Bohrkopf wirkt, ist leider in störendem Maß unklar, wieviel davon über alle Meißelringe zusammengenommen tatsächlich auf das Gestein wirkt. Die Maschine muß sich ja auch noch selber vorschieben, was die Überwindung verschiedener Widerstände bedeutet. Es ist heute zu vermuten, der tatsächliche Kraftverlust liege zwischen 30% und 70% des Maschinen-Eigengewichtes.

h) Noch nicht klar beantwortet ist die Frage, ob bei verhältnismäßig großen Überdeckungen die höhere Primärspannung im Gestein den Bohrvorgang beeinträchtigt und in welchem Maß sich dies auswirken könnte.

## H. Zur Beurteilung von Vortriebsmaschinen

Bezüglich der Beurteilung von Vortriebsmaschinen sind unter anderem folgende Punkte von Bedeutung:

a) *Leichte Zugänglichkeit* bis zur Rückseite des Bohrkopfes, namentlich für das Stellen von Stahleinbaubogen unmittelbar hinter dem Bohrkopf, für das Bohren von Ankerlöchern, aber auch für das Einsetzen von Austausch-Aggregaten, wie Getriebe, Motoren, hydraulische Zylinder etc.

Die Zugänglichkeit ist vor allem auch abhängig von

— der Gesamtlänge der Maschine,
— der Art des Antriebes und davon, wie weit er platzversperrend angeordnet ist,
— von der Anordnung des Gripperplattensatzes resp. der Gripperplattensätze, falls mehrere vorhanden sind.

b) *Größe der Vorschubkraft* und welche mittlere Dauerlast die Meißelrollen bei vernünftiger Lebensdauer aushalten. Das letztere ist unter anderem auch eine Frage der Rollendimensionierung.

c) *Hub der Vorschubzylinder.* Er bestimmt die Anzahl der Schritte, die pro km Tunnel nötig sind. Jeder Schritt ist mit bestimmten festen Stillstandzeiten verbunden.

d) *Größe des maximalen Drehmomentes* des Bohrkopfes beim Kippmoment der Motoren, oder — falls keine ausrückbaren Kupplungen vorhanden sind — beim Anlaufdrehmoment der Motoren.

d) *Risiko von Gesteinsausbrüchen unter den Gripperplatten.* Von Einfluß ist z. B. der Ort der Gripperplatten-Plazierung am Tunnelumfang. Sind Gripperplatten in 2 Sätzen hintereinander angeordnet, kann man genötigt sein, an einer Wandstelle, die beim Loslassen des ersten Satzes Brucherscheinungen zeigt, auch noch mit dem zweiten Satz Halt zu finden. Die Breite der Gripperplatten soll zu einem vernünftigen Regelabstand eventuell nötiger Stahleinbaubogen passen; das gleiche gilt bei 2 Sätzen von Gripperplatten und zusätzlich auch noch für den Abstand dieser 2 Sätze unter sich.

f) *Wirkung gemischter Gesteinsverhältnisse* an der Tunnelbrust. Besteht das Gestein an der Brust aus stark unterschiedlich härteren und weicheren Partien, entstehen zusätzliche Kräfte, die auf den Bohrkopf als Querkräfte wirken. Die Widerstandsfähigkeit der Gesamtmaschine hängt davon ab, auf welche Art die Maschine im Tunnel fixiert ist. Die Maschinenachse kann starr fixiert sein oder nach Art einer Pendelstütze nur an einem Punkt.

g) *Empfindlichkeit des Fördersystems* für das Gesteinsgut innerhalb der Maschine auf den Wassergehalt des Fördergutes.

h) *Erforderliches Brauchwasser.* Ist das Gestein auf Wasserzutritt empfindlich, ist jede nötige Wasserkühlung ein Nachteil, weil kleine aber konstante Leckverluste fast unvermeidlich sind.

Mit dem Bohrvortrieb ist im Vergleich zum traditionellen Sprengvortrieb das gleiche Sonderelement in die Ausführung von Stollen und Tunneln im Fels hineingekommen, wie es beispielsweise die Schildvortriebe in Lockermaterial charakterisiert: Das gute Gelingen, der Arbeitsfortschritt sind in hohem Maß von der Bewährung des einen zentralen Gerätes abhängig — sei es nun ein Schild oder eine Bohrvortriebsmaschine.

Erweist sich ein solches „Schlüsselgerät“ als nicht hinreichend tauglich, sind das Beibringen und das Einsetzen eines besseren Ersatzgerätes innert nützlicher Frist wohl in sozusagen allen Fällen gänzlich unmöglich. Deshalb verdienen Gesichtspunkte für die Beurteilung einer „Schlüsselmaschine“, wie vorstehend einige angeführt sind, zu Recht das fachmännische Interesse aller an einem Bohrvortriebs-Vorhaben Beteiligten.

Die Photographien stammen von Basler & Hofmann, Ingenieure, Zürich, sowie aus dem Archiv der Prader AG, Zürich.

Anschrift des Verfassers: Dipl.-Ing. Duri Prader, ETH, Prader AG, Waisenhausstraße 2, CH-8001 Zürich, Schweiz.

Rock Mechanics, Suppl. 5, 133—156 (1976)


# Die baugeologische Prognose für den Schnellstraßentunnel durch den Arlberg, Tirol—Vorarlberg

Von

**E. H. Weiss**

Mit 9 Abbildungen

## Zusammenfassung — Summary — Résumé

*Die baugeologische Prognose für den Schnellstraßentunnel durch den Arlberg, Tirol – Vorarlberg.* Für die Vorhersage der geologischen und felsmechanischen Verhältnisse des Arlberg-Straßentunnels wurden Geländeaufnahmen und Erkundungsbohrungen durchgeführt. Weitere Erkenntnisse resultieren aus den alten Bauunterlagen des in den Jahren 1880 bis 1883 errichteten Eisenbahntunnels zwischen St. Anton (E) und Langen (W).

In dem nur 50—250 m nördlich des Straßentunnels befindlichen Eisenbahntunnel konnten die hydrogeologischen Verhältnisse sowie Verformungen und Sanierungen der Tunnelauskleidung registriert werden. Diese Daten waren wichtige Unterlagen für die Vorhersage des Gebirgsverhaltens im projektierten Tunnel.

Die Verbindung durch den Arlberg setzt sich aus einem Vor- und einem Haupttunnel zusammen, weist eine Gesamtlänge von rd. 14,0 km auf und wird mit 2 Lüftungsschächten (222 und 736 m hoch) ausgestattet. Die Ausbrucharbeiten haben am 5. Juli 1974 begonnen; bis Ende November 1975 waren mehr als 48% der Gesamtstrecke aufgefahren. Vergleiche zwischen Prognose und tatsächlichen Verhältnissen sind somit möglich.

Die Prognose beinhaltet Hinweise über Gesteinsaufbau, Gefüge, tektonische Spannungszustände, Gebirgsfestigkeiten und Bergwasser. Diese verschiedenen Daten wurden in der Gebirgsgüteklassifikation zusammengefaßt. Die für den westlichen Abschnitt vorhergesagten schlechten Gebirgsgüteklassen trafen in einem noch höheren Ausmaß zu.

Für das Bauvorhaben wird laufend eine baugeologische Dokumentation durchgeführt. Sie dient als Grundlage für die ständige geologische und felsmechanische Beratung beim Vortrieb. Weiters ermöglicht sie, auch in Verbindung mit zusätzlich während des Vortriebes abgeteuften Erkundungsbohrungen, eine genaue Vorhersage des Gebirgsverhaltens für die kommenden Ausbruchsmeter. Schließlich wird die baugeologische Dokumentation noch als wichtige Planungsunterlage für den zu einem späteren Zeitpunkt vorgesehenen Ausbruch der 2. Röhre (N) verwendet werden können.

*Engineering-Geological Prediction for the Expressway Tunnel through the Arlberg, Tyrol—Vorarlberg.* A field survey and exploration drillings were carried out for the purpose of predicting the geological conditions along the alignment of the future Arlberg expressway tunnel. Further information was obtained from the engineering documents that had been used for the construction of the railway tunnel between St. Anton (E) and Langen (W), in the years 1880 to 1883.

The railway tunnel, situated not more than 50 to 250 m north of the road tunnel, allowed investigation of hydrogeological conditions and rock deformations and inspection of tunnel lining repairs. The data obtained provided a valuable basis for predicting rock behaviour around the future tunnel.

The road connection through the Arlberg consists of a first minor tunnel and a main tunnel, which have a combined length of about 14.0 km and will be equipped with two ventilation shafts (222 m and 736 m high, respectively). Excavation commenced on the 5th July 1974; by the end of November 1975 more than 48 percent of the total length had been accomplished so that comparison between prediction and reality is now possible.

The prediction referred to petrographical conditions, fabric, tectonic stresses, rock strength and ground water. The values obtained were combined in a classification of rock quality. Thus the prediction of poor rock in the western tunnel section has been confirmed, or even exceeded.

Constant engineering geologic records are being made as the project advances to serve as a basis for the constant geologic and rock mechanics consultations held during heading driving. In conjunction with additional exploratory drillings sunk along with the excavation work, such records permit accurate prediction of rock behaviour for the next tunnel metres. Finally, the engineering geologic documentation can be used as an important aid in the design of the second tunnel (N) to be driven at a later date.

*Prédiction de la géologie de l'ingénieur pour le tunnel routier à travers l'Arlberg, Tyrol – Vorarlberg.* Pour la prévision des conditions géologiques et des propriétés mécaniques du massif rocheux dans la zone du futur tunnel routier on a exécuté des levés du terrain et des forages de reconnaissance. D'autres informations ont pu être tirées d'anciens documents datant de la réalisation du tunnel de chemin de fer entre St. Anton (E) et Langen (W), de 1880 à 1883.

Le tunnel de chemin de fer, situé à une distance de seulement 50 à 250 m au nord du nouveau tunnel routier, permettait l'enregistrement des conditions hydrogéologiques, des déformations et des réparations du soutènement. Ces données représentaient une base importante pour la prévision du comportement du terrain dans le futur tunnel.

La liaison routière à travers l'Arlberg qui consiste en un premier tunnel de petite longueur et un tunnel principal a une longueur globale d'environ 14,0 km et sera équipée de deux puits de ventilation (222 m et 736 m de hauteur). Les travaux de creusement ont commencé le 5 juillet 1974; à la fin du novembre 1975 on avait achevé plus de 48% de la longueur totale. Il est donc possible de faire des comparaisons entre prévision et conditions réelles.

La prévision porte sur la petrographie, la texture, les états de contraintes tectoniques, la résistance de la roche et l'eau souterraine. Ces différentes données ont été réunies sous forme de classification des roches. La prévision d'une mauvaise qualité du terrain dans la partie occidentale du tunnel s'est trouvée verifiée, ou même dépassée par les conditions réelles.

Une documentation géologique est établie constamment au fur et à mesure que les travaux avancent. Elle sert de base pour une consultation permanente sur la géologie et la mécanique des roches pendant le creusement. Supplémentée par des forages de reconnaissance foncés pendant le creusement du tunnel, elle permet en outre la prévision exacte du comportement du terrain sur les prochains mètres de tunnel. Finalement, cette documentation géologique pourra être utilisée comme base importante pour l'étude du deuxième tunnel (N) à réaliser à une date ultérieure.

Das größte Hindernis im Ost-West-Verkehr Österreichs stellte in den letzten Jahren ohne Zweifel die Paßhöhe des Arlberges, 1793 m, mit Steigungen von 10% (W) und 12—14% (E) an den Auffahrtsrampen dar. Hinzu kommen noch die winterlichen Erschwernisse und die durchschnittliche Sperre der Paßstraße an 16,5 Tagen im Jahr. Die angeführten Faktoren und die steigende Verkehrsfrequenz führten zur Projektierung des Schnellstraßentunnels. Mit der Planung des Tunnels zwischen St. Anton (E) und Langen (W) wurde die Ingenieurgemeinschaft Lässer-Feizlmayr (ILF), Innsbruck, im Jahre 1971 beauftragt und im März 1973 konnte die generelle Studie dem Bundesministerium für Bauten und Technik vorgelegt werden. Aus Gründen des Umweltschutzes und der Lawinensicherheit wird St. Anton durch einen eigenen Tunnel umfahren, so daß sich die Tunneltrasse aus dem Vortunnel (3585 m), der Rosanna-Querung (68 m) und dem Haupttunnel (10325 m) zusammensetzt.

Die zwischen Vortunnel und Haupttunnel befindliche Rosannaschlucht wird obertägig gequert und die beiden Portale des Vor- und Haupttunnels mit einer Röhre verbunden. Im Endausbau weist der Tunnel eine Gesamtlänge von 13978 m auf. Die Steigung östlich des Scheiteltunnels beträgt 1,67%, die westliche 1,25% (Abb. 4). Die Belüftung erfolgt über die Portalstationen St. Jakob und Langen sowie über die zwei Kavernen mit den zugehörigen Schächten Maienwasen und Albona. Im Projekt sind zwei Tunnelröhren vorgesehen, wovon die Röhre Süd mit einem Ausbruchsquerschnitt von 90—100 m² (GGKL IV und V) und einem Innenraum von rund 70 m² zur Ausführung kommt. Nach technischer und geologischer Prüfung der alten Eisenbahntunnelvarianten, auch solcher, die vom Osten her durch die nördlichen Kalkalpen gegen Westen in das Silvretta-Kristallin schräg einschleiften, wurde die nunmehr in Bau befindliche Tunneltrasse als optimale Lösung festgelegt; am 5. Juli 1974 erfolgte der Tunnelanschlag. Durch die günstige Verteilung der im Bahntunnel registrierten Bergwässer war es möglich, einen *fallenden Vortrieb* von Osten nach Westen zu empfehlen. Über das Gebirge in der Tunnelachse wurde eine baugeologische Vorhersage für ILF erstellt (E. H. Weiss, 1972, 1973), deren wichtigste Ergebnisse nunmehr vorgelegt und mit den bereits aufgeschlossenen Verhältnissen verglichen werden können.

## 1. Geologischer Überblick

### 1.1. Vorarbeiten

Über das Arlberggebiet besteht eine umfangreiche geologische Fachliteratur (O. Ampferer, 1930, 1932a, 1932b; R. Fellerer, 1966; W. Heissel, 1972; E. P. Matthias, 1961; O. Reithofer, 1931, 1935, 1937, 1929—1937), die zum Teil für die Prognose herangezogen wurde. Weiters lagen über den Eisenbahntunnel wertvolle Bauaufzeichnungen[1] und petrographische Berichte vor (H. Foullon, 1885; M. v. Siegl, 1934; C. J. Wagner, 1884 und H. Wolf, 1872).

Für die Projektierung des Schnellstraßentunnels unternahm Herr Dr. W. Resch vom Geologischen Institut der Universität Innsbruck umfangreiche Profilbegehungen mit gefügekundlichen und petrographischen Detailuntersuchungen. Er entwarf auch die geologische Übersichtskarte des Arlberg-

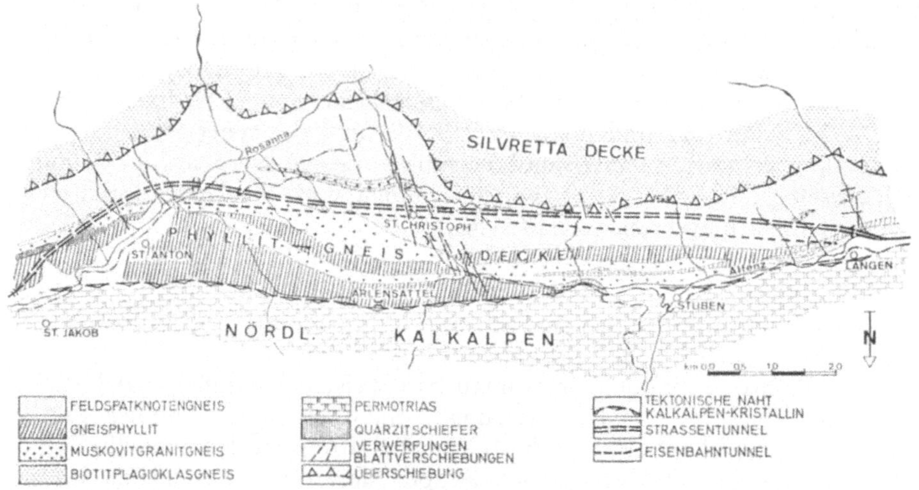


Abb. 1. Geologische Übersichtskarte des Arlberggebietes, Tirol – Vorarlberg (W. Resch, 1973)

General geological map of the Arlberg region, Tyrol – Vorarlberg

Carte géologique générale de la région d'Arlberg, Tyrol – Vorarlberg

gebietes (Abb. 1). Vom Verfasser wurden im Eisenbahntunnel die Bergwässer, der Gewölbezustand und die Gesteine in den offenen Nischen registriert (Abb. 3).

[1] Graficon des Arbeitsstandes der östlichen und der westlichen Arlbergtunnelhälfte. Aus der Denkschrift der K. K. General-Direktion der Österr. Staatsbahnen über den Fortschritt der Projektierungs- und Bauarbeiten der Arlbergbahn, Wien 1890.

Abb. 2. Geologische Querschnitte

*1* Talalluvionen; *2* Gehängeschutt, Moräne; *3* Permotrias d. nördl. Kalkalpen; *4* Feldspatknotengneis; *5* Biotitplagioklasgneis; *6* Quarzitschiefer; *7* Gneisphyllit (Schiefergneis bis Glimmerschiefer, Phyllite, Phyllonite); *8* Muskovitgranitgneis; *9* Tektonische Naht (Kalkalpen-Kristallin) und Überschiebungsbahn der Silvrettadecke; *10* Hauptstörungen (mit Mylonit oder Zerrüttungen); *ST* Straßentunnel; *S N* Röhre S — Röhre N; *ET* Eisenbahntunnel

Geological cross-sections

Coupes transversales géologiques

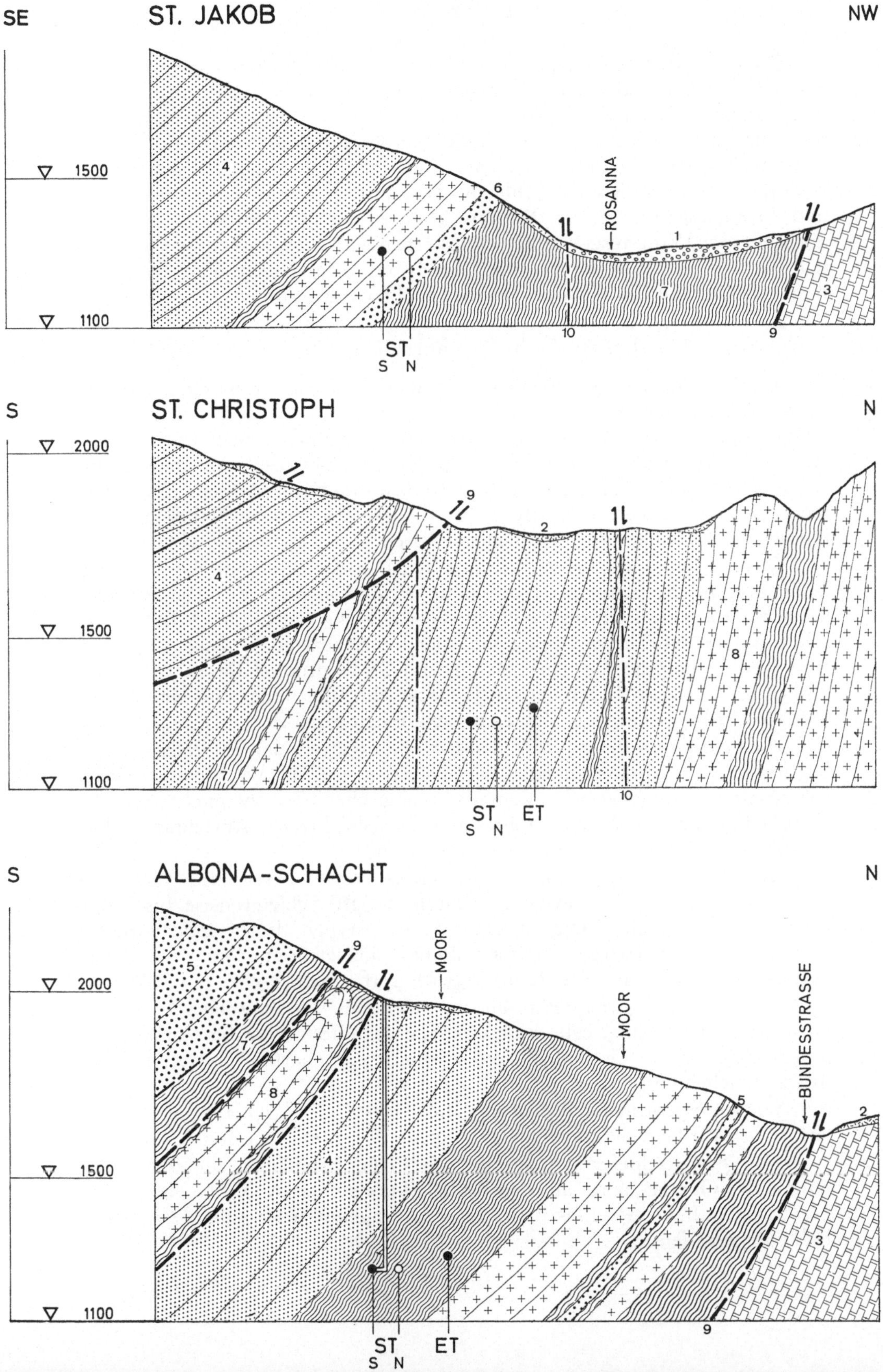

SE ST. JAKOB NW

1500
1100
4
6
ROSANNA
1
7
3
10
9
ST
S N

S ST. CHRISTOPH N

2000
1500
1100
9
2
4
8
7
10
ST ET
S N

S ALBONA-SCHACHT N

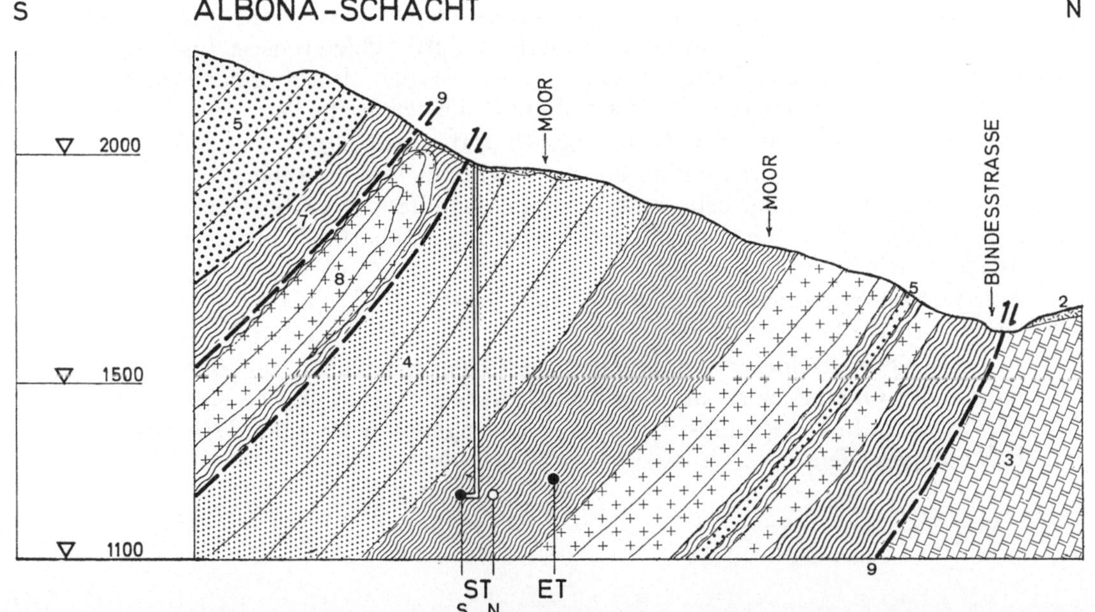

Während der generellen Planung sind in den Portalbereichen, in der Rosannaschlucht und an den Kopfstationen der Schächte Bohrungen abgeteuft worden, deren Ergebnisse wesentlich zur Festlegung der Vortunneltrasse und der Portale beitrugen. Damit wurde die Länge der Überlagerungsstrecke im Osten genau vorausgesagt und über die mindestens 30 m unter Gelände reichende Rosannaschlucht Auskunft gegeben. Eine Felsgleitung und Murenabgänge älteren Datums konnten im Bereich St. Jakob abgetastet werden. Von ausgewählten Bohrkernen sind Gesteinskennwerte ermittelt worden (Reibungswinkel und Kohäsion). Messungen über die Spannungsverhältnisse des Gebirges wurden nicht vorgenommen.

### 1.2. Tektonische Einheiten und Gesteine

Zwei geologische Großeinheiten stoßen an der Linie Rosanna – Arlensattel – Alfenz aneinander (Abb. 1) — die jungpaläozoischen und mesozoischen Sedimente der Nördlichen Kalkalpen (Lechtaler Alpen) und die Kristallingesteine der Silvrettaeinheit (Ferwallgruppe). Der E – W streichende Ausstrich dieser sehr breiten Störungszone steht im mittleren Arlberggebiet senkrecht bis steil. Gegen die Tiefe zu wird diese tektonische Nahtfläche vermutlich in ein flacheres S-Einfallen überleiten.

Das Kristallin der Silvrettaeinheit wird in zwei tektonische Untereinheiten gegliedert: *Silvretta Decke* und *Phyllit-Gneis Decke*. Die nördlich vorgelagerte, tektonisch tiefere Phyllit-Gneis Decke wurde durch den Nordschub an die Nördlichen Kalkalpen angepreßt, beziehungsweise überschob zum Teil kalkalpine Gesteine. Bahn- und Straßentunnel durchörtern ausschließlich Gesteine der Phyllit-Gneis Decke. Im folgenden wird eine Seriencharakteristik des Gesteinsinhaltes dieser Einheit gegeben:

Die *Feldspatknotengneise* stellen das Hauptgestein dar. In diesem Serienbegriff werden Glimmerschiefer bis Schiefergneise mit wechselndem Feldspatgehalt zusammengefaßt. Vom technologischen Gesichtspunkt sind der ebenflächig-plattige Gesteinshabitus und die Tendenz zur Ausbildung schieferungsparalleler Ruschelzonen hervorzuheben.

Der Begriff *Gneisphyllit* wurde bereits von W. Hammer (1914) als Sammelbezeichnung für tektonisch durchbewegte Schiefergneise bis Glimmerschiefer eingeführt. Die einzelnen Gesteinstypen dieser Serie variieren sehr stark. Es überwiegen Gneisphyllonite, die leicht quellen, sehr druckanfällig sind und sich bei Luftzutritt rasch entfestigen.

Die *Muskovitgranitgneise* bilden mächtige Einschaltungen. Sie sind mittel- bis grobkörnig, sehr kompakt und standfest. Nur bei Annäherung an die Gesteine der Gneisphyllitserie tritt eine engscharige Schieferung deutlich in Erscheinung.

Von untergeordneter Bedeutung sind *Biotitplagioklasgneise*. Sie variieren ebenso wie die Feldspatknotengneise, nur überwiegt hier der dunkle Glimmer.

Als Quarzitschiefer wurden jene Gesteine bezeichnet, die durch Zunahme des Quarzgehaltes aus den Feldspatknotengneisen und Gneisphylliten hervorgehen. In kleinen Linsen und Einschaltungen wurden außerdem Amphibolite angetroffen.

### 1.3. Lagerung und Gefüge

Die Gesteinsserien in der Phyllit-Gneis Decke streichen um E – W und fallen mittelsteil bis sehr steil nach Süden, in einzelnen Teilbereichen sogar nach Norden ein (Vgl. Abb. 4). Im Vortunnel liegt eine mittelsteile Lagerung mit überwiegend phyllitischen und feldspatführenden Glimmerschiefern vor. Im Haupttunnel ist eine sehr deutliche Versteilung des Schieferverbandes festzustellen. Gegen Westen wird die Lagerung flacher; hier wurde der Gesteinsverband (Phyllite – Feldspatknotengneise) durch tektonische Vorgänge stark entfestigt. Spitzwinkelig zu den Schieferungsflächen liegen zwei Scherflächensysteme (Störungssysteme 1 und 2 in Abb. 7). Die Streichrichtung eines weiteren Trennflächensystems pendelt um die NS-Richtung (Störungssystem 3).

## 2. Eisenbahntunnel (Abb. 3)

Die Erfahrungen aus dem alten Tunnelbau erwiesen sich für die Vorhersage als sehr wichtig, da der neue Tunnelvortrieb in demselben Gebirge erfolgte. Der Abstand zwischen beiden Tunneltrassen beträgt nur 50—250 m. Die gebirgstechnologischen Daten des Eisenbahntunnels, eingetragen im Längenschnitt, konnten für die baugeologische Beurteilung der Straßentunneltrasse übernommen werden.

### 2.1. Geologische Gesteinsserien

Die genaue Gesteinsbeschreibung beim Tunnelbau ermöglichte die Übertragung der alten technischen Bezeichnungen in die neue petrographische Seriengliederung. Diese Parallelisierung wurde sehr wesentlich durch die umfangreichen Geländeaufnahmen im Trassenbereich und die Detailuntersuchungen der Nischen unterstützt. Die im einzelnen petrographisch stark differenzierten Gesteinstypen, wie Granatglimmerschiefer, Biotitplagioklasgneise, Diaphthorite usw., wurden in Gesteinsserien zusammengefaßt, die ein weitgehend einheitliches technologisches Verhalten erwarten ließen. Die Bezeichnung für diese Serien erfolgte nach dem jeweils vorherrschenden Gesteinstyp.

### 2.2. Grad der Zerlegung

Im Westabschnitt wurden verstärkt lettige Einlagerungen, die wir als wasserdurchsetztes und gebräches Gestein deuten können, registriert (Spalte 4). Man wies ferner auf Spalten, starke Zerklüftungen und auf „Verquerungen" hin, die man schlechthin den Störungssystemen spitzwinkelig zum s-Gefüge und damit schräg über den Tunnelhohlraum verlaufend zuordnen kann. Im Westabschnitt mußten einige Stellen während des Vortriebes wegen gänzlicher Verdrückung mehrmals erneuert werden. In der Spalte 5 erfolgte in schematischer Form eine Charakteristik des Zerlegungsgrades. Die in den alten Unterlagen vermerkten Störungen und offenen Klüfte wurden zusätzlich eingetragen. Im Ostabschnitt konnten in den Nischen Gefügedaten eingemessen werden (Spalte 6).

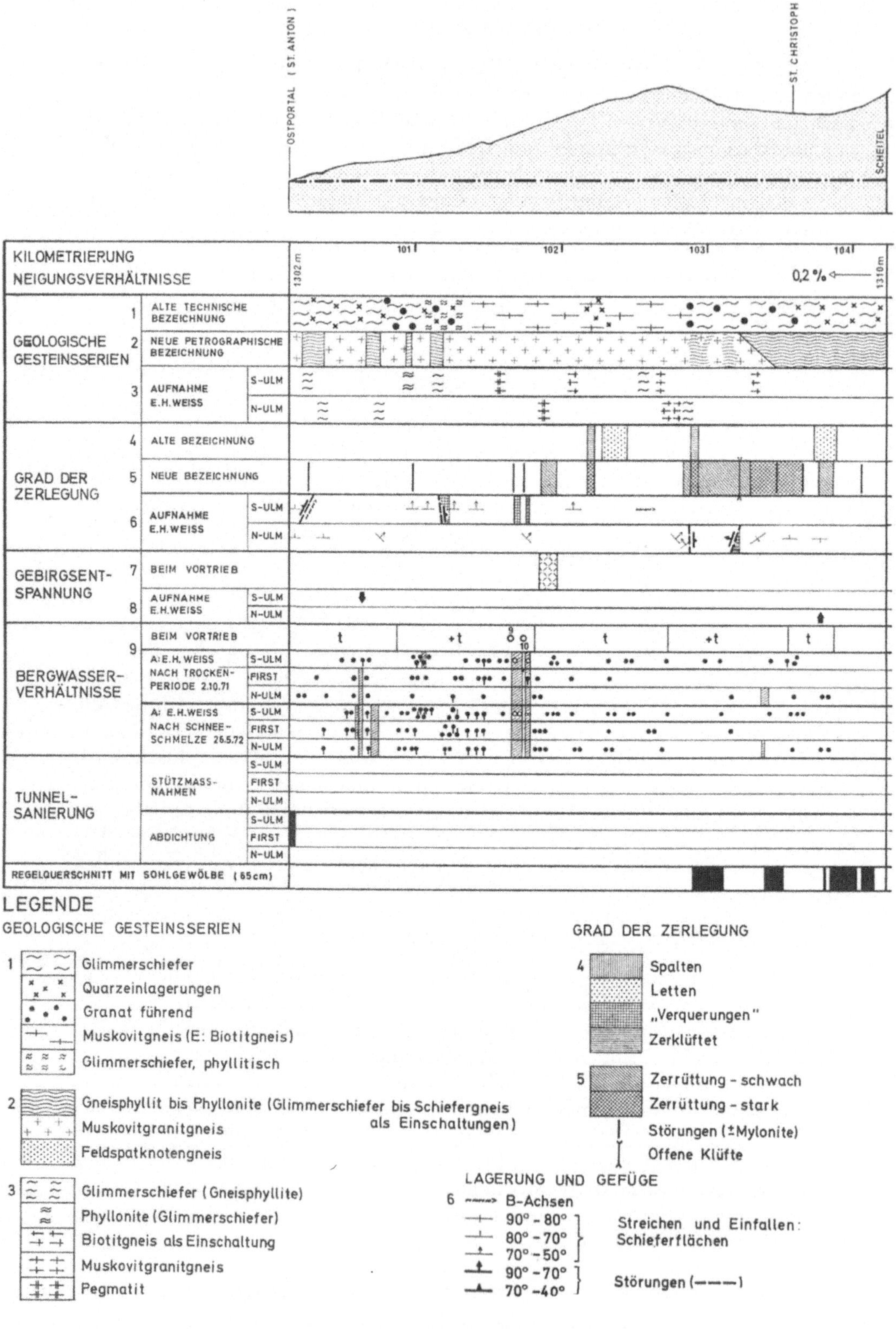

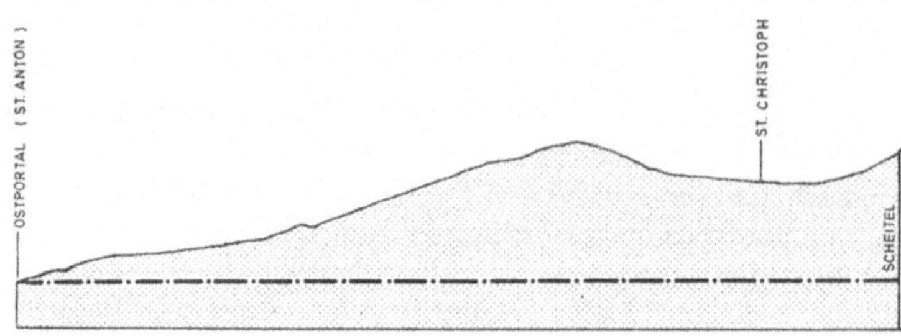


KILOMETRIERUNG
NEIGUNGSVERHÄLTNISSE
1302 m
101
102
103
104
0,2 %
1310 m

GEOLOGISCHE GESTEINSSERIEN
1 ALTE TECHNISCHE BEZEICHNUNG
2 NEUE PETROGRAPHISCHE BEZEICHNUNG
3 AUFNAHME E.H.WEISS S-ULM N-ULM

GRAD DER ZERLEGUNG
4 ALTE BEZEICHNUNG
5 NEUE BEZEICHNUNG
6 AUFNAHME E.H.WEISS S-ULM N-ULM

GEBIRGSENT-SPANNUNG
7 BEIM VORTRIEB
8 AUFNAHME E.H.WEISS S-ULM N-ULM

BERGWASSER-VERHÄLTNISSE
9 BEIM VORTRIEB
t +t 9 10 t +t t
A: E.H. WEISS NACH TROCKEN-PERIODE 2.10.71 S-ULM FIRST N-ULM
A: E.H.WEISS NACH SCHNEE-SCHMELZE 26.5.72 S-ULM FIRST N-ULM

TUNNEL-SANIERUNG
STÜTZMASS-NAHMEN S-ULM FIRST N-ULM
ABDICHTUNG S-ULM FIRST N-ULM

REGELQUERSCHNITT MIT SOHLGEWÖLBE (65cm)

LEGENDE

GEOLOGISCHE GESTEINSSERIEN

1
- Glimmerschiefer
- Quarzeinlagerungen
- Granat führend
- Muskovitgneis (E: Biotitgneis)
- Glimmerschiefer, phyllitisch

2
- Gneisphyllit bis Phyllonite (Glimmerschiefer bis Schiefergneis als Einschaltungen)
- Muskovitgranitgneis
- Feldspatknotengneis

3
- Glimmerschiefer (Gneisphyllite)
- Phyllonite (Glimmerschiefer)
- Biotitgneis als Einschaltung
- Muskovitgranitgneis
- Pegmatit

GRAD DER ZERLEGUNG

4
- Spalten
- Letten
- „Verquerungen"
- Zerklüftet

5
- Zerrüttung - schwach
- Zerrüttung - stark
- Störungen (±Mylonite)
- Offene Klüfte

LAGERUNG UND GEFÜGE

6
- B-Achsen
- 90° - 80°
- 80° - 70°
- 70° - 50°

Streichen und Einfallen: Schieferflächen

- 90° - 70°
- 70° - 40°

Störungen (———)

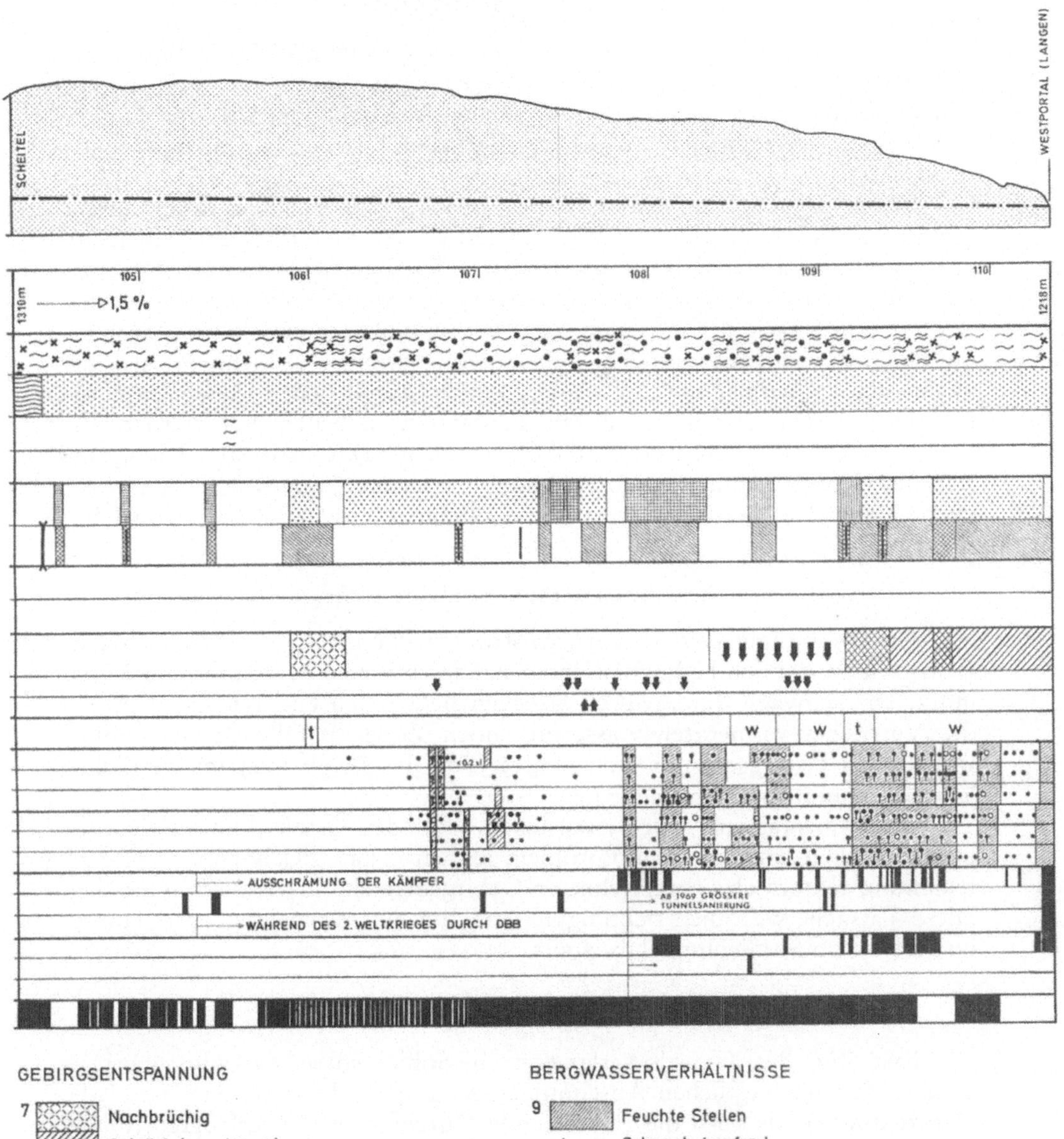


Abb. 3. Baugeologischer Längenschnitt durch den Eisenbahntunnel des Arlberges (ausgeführt 1880—1884)

Engineering geological longitudinal section through the railway tunnel of the Arlberg (foundation 1880—1884)

Coupe longitudinale de la géologie de l'ingénieur à travers le tunnel de chemin de fer d'Arlberg (fondation 1880—1884)

### 2.3. Gebirgsentspannung

Hinweise auf langzeitige Entspannungserscheinungen des Gebirges enthalten die Rubriken 7 und 8. Die Gebirgsentspannungen, die während des Vortriebes registriert wurden, werden jenen Verdrückungen in der Tunnelauskleidung gegenübergestellt, die der Verfasser fast ein Jahrhundert später beobachtete.

In der Denkschrift 1890 wurde vermerkt, daß sich das durchfahrene Gebirge ungleich geringer standfest erwies, als es auf Grund der seinerzeitigen Erhebung angenommen worden war. H. Foullon hat die Druckerscheinungen auf der südlichen Tunnelseite besonders hervorgehoben und noch 9 Jahre nach der Ausmauerung waren umfangreiche Ausbesserungen als Folge der langandauernden Gebirgsdeformation vorzunehmen. Bei der zweimaligen Überprüfung der Tunnellaibung durch den Verfasser konnten mehrfach Ausbauchungen in jenem Tunnelbereich beobachtet werden, der knapp östlich der alten druckhaften Strecke liegt. Daraus ist abzuleiten, daß sich die Gebirgsentspannungen im Laufe der letzten Jahrzehnte gegen Osten ausbreiteten. Die Deformationen gingen immer mit dem Auftreten von Bergwasser einher.

### 2.4. Bergwasserverhältnisse

Die Schüttungsmengen der registrierten Tunnelwässer zeigten keine großen, jahreszeitlich bedingten Unterschiede zwischen Minimum und Maximum. Die schwach durchnäßten Strecken ließen sich gut mit den während des Vortriebes vermerkten wasserführenden Zonen parallelisieren. Ähnlich wie bei der Gebirgsentspannung breitete sich das Bergwasser im westlichen Tunnelabschnitt in Richtung gegen Osten aus.

Zusammenfassend war festzustellen, daß der Ostabschnitt verhältnismäßig trocken war, das Hauptproblem jedoch in der gleichmäßigen Durchfeuchtung tektonisch vorgezeichneter Gebirgsbereiche im Westabschnitt lag. Diese Tatsache war auch richtungweisend für die Beurteilung des Gebirges im westlichen Straßentunnelabschnitt.

### 2.5. Tunnelsanierung und Sohlgewölbe

Fast 50% des Tunnels verlangten ein Sohlgewölbe, das zum überwiegenden Teil im westlichen Abschnitt eingebaut werden mußte. Sowohl die Deformationen als auch die zunehmende Durchfeuchtung verlangten für die Betriebssicherheit geeignete Stütz- und Dichtungsmaßnahmen. Die Gesamtschüttung im Westen betrug 1971 und 1972 etwa 5—7 sl. Die Länge der gleichmäßig durchfeuchteten Strecke mit schlechtem Gebirgszustand beträgt mehr als 2000 m.

## 3. Tektonik — Spannungsverhältnisse

Nach Auswertung aller Unterlagen konnte man für den Bereich des Schnellstraßentunnels aus geologischen Überlegungen folgende vier Spannungszustände annehmen:

### 3.1. Tektonische Primärspannungen

Diese hängen direkt mit dem Vorgang des Anpressens der Silvrettamasse an die Nördlichen Kalkalpen und mit der Überschiebung der Silvretta Decke über die Phyllit-Gneis Decke zusammen. Im mittleren Haupttunnelbereich kann der Anpreßduck in Form von Restspannungen noch wirksam sein, da eine Entspannung in horizontaler Richtung *nicht* stattfinden konnte.

### 3.2. Sekundärspannungen

Sie kamen durch die Entspannung des Gebirges gegen Norden und Nordwesten in Richtung zur Rosanna-Talung (E) und Alfenzfurche (W) zustande. Die Gegenkraft zur nach Norden drückenden Silvrettamasse fiel allmählich durch das exogene Kräftespiel weg und das Gebirge entspannte sich in Richtung zu den immer tiefer werdenden Talungen. Damit sind auch nachgewiesene Felsgleitungen, Murenabgänge und starke Gebirgsauflockerungen sowie sehr langsam wirkende Deformationen des Gebirges im Bereich des Vortunnels und im Westabschnitt des Haupttunnels zu erklären.

### 3.3. Tertiärer Spannungszustand

Als Folge der fortschreitenden Zerlegung der Gebirgsflanke östlich des Bahntunnelportals Langen kam es unterhalb der Albonaverebnung nacheiszeitlich zu einer tiefgreifenden Absackung, welche tieferliegende Gesteinsbereiche zusätzlich entfestigte und einen verstärkten Wasserandrang bewirkte. Damit sind auch die starken Verdrückungen und die hohe Durchnässung im Westen des Eisenbahntunnels zu erklären.

### 3.4. Entspannungserscheinungen im Hohlraumbereich

Dieser quartäre Spannungszustand kann durch das Öffnen großer Hohlräume in einem tektonisch vorgezeichneten Gebirge entstehen: Das Gebirge entspannt sich gegen den Tunnel. Die Spannungszunahme kann im Extremfall Bergdrücke auslösen, die in Zonen mit Myloniten und kräftigen Zerrüttungsstreifen sich extrem steigern und in Verbindung mit druckhaftem Wasser (auch Porenwasserüberdrücke) Deformationen an der Außenlaibung von über 50 cm verursachen. Erscheinungen, die im Straßentunnel-West eingetreten sind.

## 4. Die baugeologischen Verhältnisse im Schnellstraßentunnel — Röhre Süd (Abb. 4)

Geologische Aufnahmen und die vom Eisenbahnbau überlieferten Unterlagen wurden für die Analyse der Gebirgsverhältnisse im projektierten Straßentunnel herangezogen. Aus der Summe aller Daten, einschließlich der Vorstellungen über tektonische Spannungsverteilungen resultierte dann der Vorschlag, die Tunneltrasse im Westabschnitt weiter gegen Süden zu verlegen, um auf diese Weise den schlechtesten Gebirgsverhältnissen auszuweichen. Es war uns bewußt, daß trotz dieser Verlegung noch erhebliche Schwierigkeiten beim Tunnelvortrieb im Westabschnitt zu erwarten sind.

### 4.1. Geologische Gesteinsserien

Vom Hangenden zum Liegenden haben wir eine Folge von Gneisphylliten, Feldspatknotengneisen und wieder Gneisphylliten. In der liegenden Gneisphyllitserie sind Muskovitgranitgneise und im Vortunnel auch Quarzitschiefer eingeschaltet. Die angeführten Gesteine werden nach ihren petrographischen Merkmalen typisiert. Für das technologische Verhalten sind der Glimmergehalt und die Verschieferung ausschlaggebend. Beide Kriterien fanden bei der petrographischen Seriengliederung und der Gebirgsklassifikation (5.) Berücksichtigung. Weiters wurden im Längenschnitt Gesteinstypen, die sich auf das technologische Verhalten zusätzlich auswirken, in der Rubrik „Petrographische Sonderheiten" vermerkt.

### 4.2. Gefügeeigenschaften

Die um E – W-streichenden Gesteinsserien werden im Vortunnel stumpfwinkelig, gegen W und im Haupttunnel sehr schleifend, beziehungsweise fast im Streichen durchörtert. Dadurch liegt der geologische Längenschnitt weitgehend im Streichen der Gesteinsserien. Generell fallen die Schieferungsflächen steil bis mittelsteil, vom Nord-Ulm zum Süd-Ulm, den Hohlraum schräg durchsetzend, nach S ein.

Die generelle Raumlage der Schieferungsflächen wurde durch die Obertagskartierung sowie die Gefügeuntersuchung im Eisenbahntunnel Ost ermittelt und in die projektierte Tunnelachse abschnittsweise übertragen. Die Darstellung der s-Flächen im Längenschnitt erfolgte in Form von Großkreisen.

Kluftmaxima und tektonische Flächen (Mylonite, Harnische, Störungssysteme) wurden als Durchstoßpunkte in die Diagramme eingetragen. Die Raumlage der Trennflächen in ihrer Beziehung zur Tunnelachse kann den Gefügediagrammen entnommen werden.

Die Häufigkeit der Trennflächen gliedert sich, stark schematisiert, in drei Gruppen, geltend jeweils für Klüfte (Kreise) und Störungssysteme (Quadrate). Unter schwacher Häufigkeit wird eine weitständige Zerlegung (Meter- bis Zehnmeterbereich) verstanden. Als stark gilt eine Zerlegung im Zentimeterbereich.

Aus dem Längenschnitt kann eine deutliche Zunahme der Häufigkeit von Klüften und Störungen gegen Westen abgelesen werden.

### 4.3. Gesteinszerlegung

Unabhängig von der Raumlage der Trennflächen erfolgte abschnittsweise eine Anschätzung der Gesteinszerlegung. Der Zerlegungsgrad wurde auf Grund einer durchschnittlichen Kluftkörpergröße ($m^3$ bis $cm^3$, Mylonite) differenziert. Deutlich kommt die starke Gebirgszerlegung im westlichen Haupttunnel zum Ausdruck.

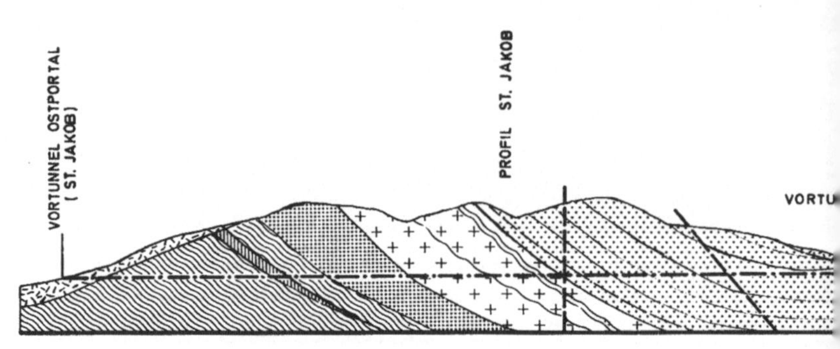


| | | | | | | |
|---|---|---|---|---|---|---|
| TUNNELKILOMETER | 0,0 | 1,0 | 2,0 | 3,0 | | |
| NEIGUNGSVERHÄLTNISSE | 1265 E ← 1,67% | | | | | |
| GEOLOGISCHE GESTEINSSERIEN | | | | | | |
| PETROGRAPHISCHE SONDERHEITEN | G, F, PHY | Q | G, PHY | QL, G | | |
| SCHIEFERUNGSFLÄCHEN: STREICHEN/FALLEN Ø | 65-90/45-65 S | 90-100/54-62 S | 66-105/35-68 S | 74-97/30-67 S | 70-76/60 | |
| GEFÜGEDIAGRAMME S, KLÜFTE + TEKTONISCHE FLÄCHEN | N | N | N | N | N | |
| HÄUFIGKEIT DER TRENNFLÄCHEN | 1○ 2● 3◐ 4◐ | 1● 2◐ 3○ 4○ | 1● 2○ 3● 4○ | 1● 2◐ 3○ | 1 | |
| GRAD DER GESTEINSZERLEGUNG | | | | | | |
| BERGWASSERVERHÄLTNISSE | | | | | | |
| GEBIRGSFESTIGKEIT | | | | | | |
| GEBIRGSENTSPANNUNG | | | | | | |
| GEBIRGSKLASSIFIKATION (I–V) | 14 | 32 | 30 | 21 | | |

## LEGENDE

GEOLOGISCHE GESTEINSSERIEN

 Hangschutt, Tunneldeponie

 Gneisphyllit

 Amphibolit

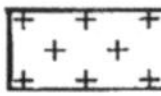 Feldspatknotengneis

 Muskovitgranitgneis

 Biotitplagioklasgneis

Quarzitschiefer

 Störungen

PETROGRAPHISCHE SONDERHEITEN

G Granatglimmerschiefer

F Feldspatknotengneis

PH Phyllite

PHY Phyllonite

Q Hoher Quarzgehalt

QL Quarzeinlagerungen

GEFÜGE

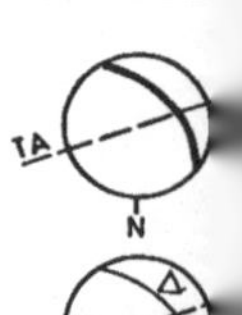

Springer-Verlag / Wien · New York

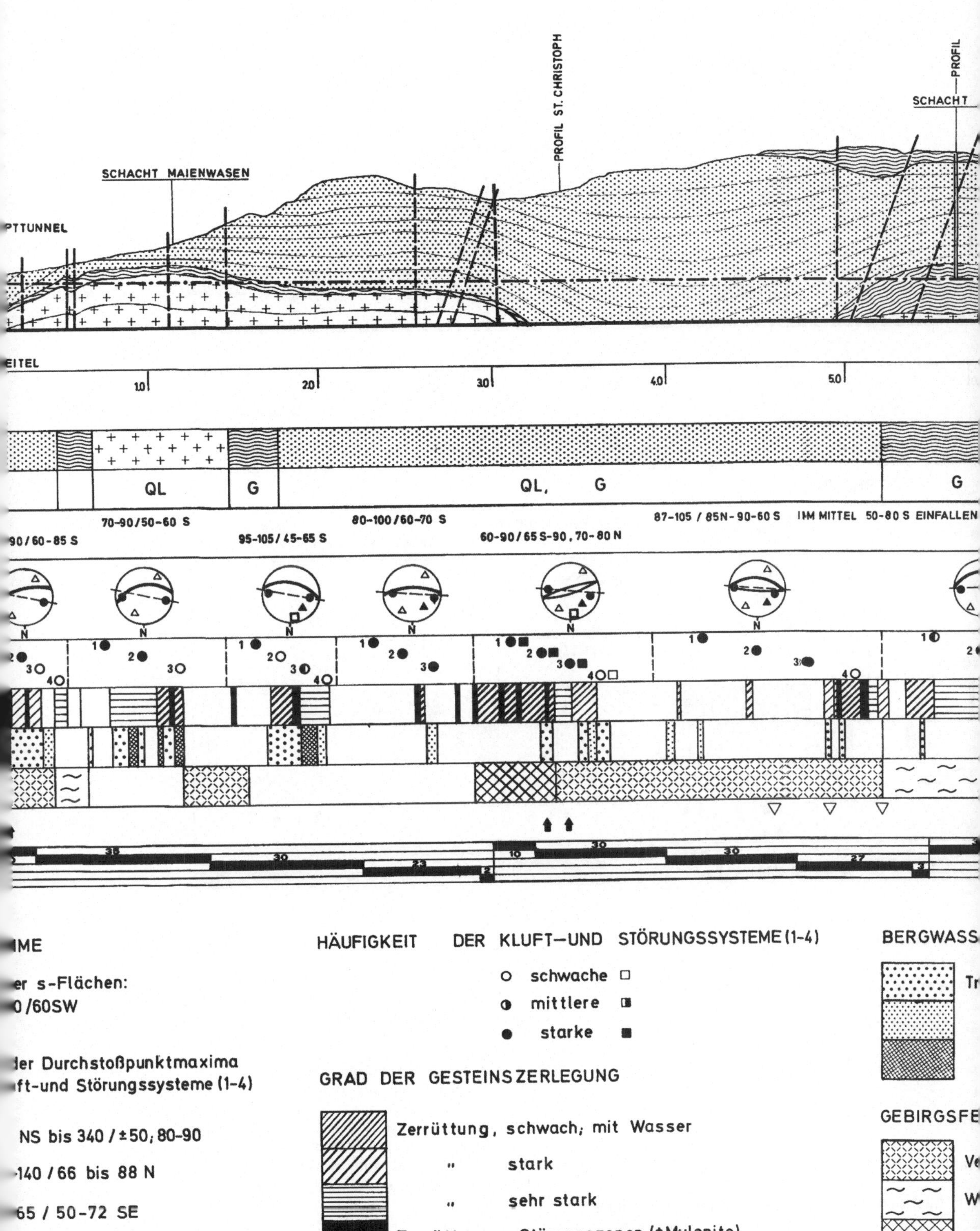


4. Baugeologischer Längenschnitt durch den Arlberg — Prognose für den Schnellstraßentunnel, Röhre Süd
ring geological longitudinal section through the Arlberg — prediction for the expressway tunnel, pipe south
ongitudinale de la géologie de l'ingénieur à travers l'Arlberg — prédiction pour le tunnel routier, tube sud

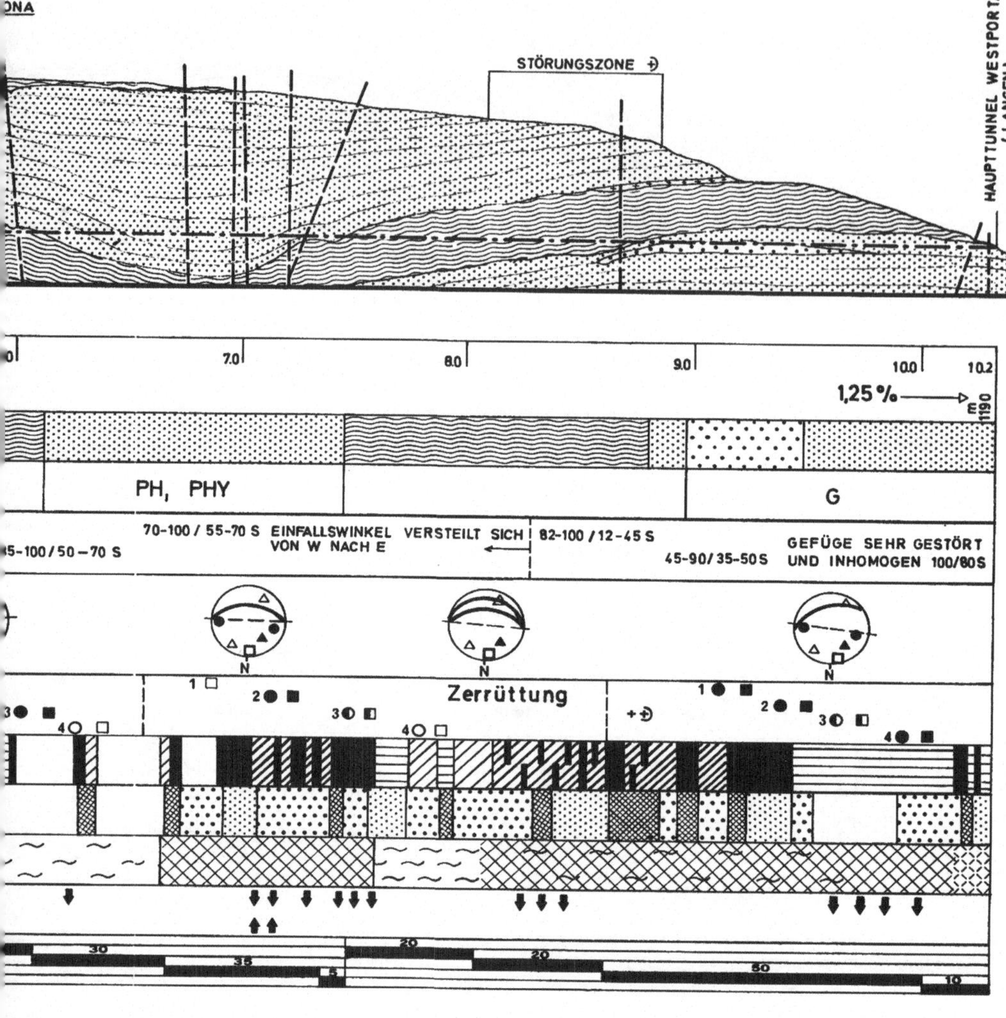


ERHÄLTNISSE

vasser, schwach, hohe Bergfeuchte

" stark

" seh: stark; Quellen bis 1 sl

;KEIT

:terung, Entfestigung

e Einschaltungen, ruschelige Zone, plastische Bereiche

ebräche Zone, Störungsbereiche

GEBIRGSENTSPANNUNG

▼ Druck

▽ Bergschlag, leicht

GEBIRGSKLASSIFIKATION

I-V, 25 % Anteile

Ð EINSCHLEIFEN EINER 400m BREITEN STÖRUNGSZONE IN DIE TUNNELACHSE.

+Ð TEKTONISCH GESTÖRTE ZONE MIT ZERRÜTTUNGS- RUSCHEL–UND GEBRÄCHEN STREIFEN PARALLEL BIS SPITZWINKELIG ZUR TUNNELACHSE (AUCH S-PARALLELE STÖRUNGSFLÄCHEN)

### 4.4. Bergwasser

Für die Voraussage der Bergwasserführung waren die Ergebnisse aus dem Eisenbahntunnel ausschlaggebend. So konnte für tektonisch beanspruchte Zonen eine kontinuierliche Wasserführung vorhergesagt werden, die nicht lokal, sondern mehr auf den Gesamtbereich verteilt, hauptsächlich als Tropfwasser auftreten wird.

### 4.5. Gebirgsfestigkeit — Gebirgsentspannung

Eine deutliche Herabsetzung der Gebirgsfestigkeit läßt sich für Abschnitte mit geringer Überlagerung und erhöhter Verwitterungseinflüsse sowie für tektonisch beanspruchte Bereiche angeben. Besonders geringe Festigkeiten sind in den weichen, ruscheligen Schiefereinschaltungen mit Tendenz zu plastischer Verformung zu erwarten.

In abgeschwächter Form wird sich der primäre Spannungszustand im Mittelabschnitt des Haupttunnels bemerkbar machen. Vortunnel und Ostabschnitt des Haupttunnels können durch geringe sekundäre Entspannungen charakterisiert werden. Für den Westabschnitt wurden extrem hohe Spannungsumlagerungen, ähnlich denen, wie sie im Eisenbahntunnel auftraten, vorhergesagt. Als wichtigstes Anzeichen gilt der starke Zerlegungsgrad des Gebirges vom Fußbereich der Alfenz bis zur Albonaverebnung und die intensive Durchfeuchtung des betroffenen, etwa 500 m mächtigen Bergkörpers.

### 4.6. Gebirgsklassifikation

Für Vor- und Haupttunnel wurde bereichsweise ein Klassifikationsschema aufgestellt. Im westlichen Abschnitt dominieren die Klassen IV und V. Hier war die Einschätzung der Gebirgsgüteklassen durch die Nähe des Bahntunnels leichter als im Ostabschnitt. Auf die Problematik einer Gebirgsklassifikation ohne genaue Vorerkundung durch Untersuchungs- oder Richtstollen wurde bereits verwiesen (E. H. Weiss, 1976); im besonderen Maß gilt dies für tektonisch gestörte und druckhafte Gebirgsarten. Überlagerungsdruck, tektonische Kräfte, Spannungserscheinungen und Bergwasser, Faktoren wie sie G. Seeber (1974) anführt, sind ohne vorherige Aufschließung nicht abzuschätzen. Daher kann eine prozentuelle Angabe der GGKL IV und V nur als Näherungswert gelten und scheidet für eine echte Kalkulation aus.

## 5. Baugeologische Beschreibung der Gebirgsgüteklassen

Das Gebirgsverhalten in den GGKL I—VI konnte in charakteristische Einflußfaktoren differenziert werden. Es erfolgte dabei eine Zweiteilung in eine allgemein für das Kristallin gültige Gebirgsbeschaffenheit und in eine, die speziell für den Arlberg-Tunnelbereich anzuwenden ist. Im folgenden werden die einzelnen Einflußfaktoren kurz beschrieben.

| GGKL | BEZEICHNUNG DES GEBIRGSVERHALTENS | GEBIRGSBESCHAFFENHEIT – KRISTALLIN | | | |
|---|---|---|---|---|---|
| | | GEFÜGEMERKMALE | CHEM. MERKMALE | BERGWASSER | |
| | | | | ZUSTAND | BEEINFLUSSUNG |
| | 1 | 2 | 3 | 4 | 5 |
| I | standfest | massig, weitständige Klüftung | — | trocken bis bergfeucht | keine |
| II | nachbrüchig | grob- bis mittelbankig weit- bis mittelständige Klüftung | strichweise verwittert | bergfeucht bis schwaches Tropfwasser | keine bis schwacher Kluftwasserdruck |
| III | gebräch | dünnbankig, mittelständige Klüftung | sehr verwittert | lokal starkes Tropfwasser, sehr bergfeucht | geringe |
| | bis | bis | bis | bis | mäßige |
| | leicht druckhaft | dünnschieferig, engständige Klüftung, Mylonitisierung, Zerrüttung | chemisch zersetzt oder ausgelaugt, sekundäre Tonmineralbildungen | flächenhaft auftretendes Tropfwasser; schwache Quellen | hohe Kluftwasserdrücke |
| IV | druckhaft | plastische Schiefer, bindige Lockerüberlagerungen, dünnschieferige Zonen mit engständiger Klüftung, Verwerfer, Mylonitisierung Zerrüttungen | Sekundärbildungen von blähenden Tonmineralen, völlig verwitterte und entfestigte Partien | flächenhaft auftretendes Tropfwasser, intensive Durchfeuchtung und Quellen | hohe Beeinflussung der Gebirgsfestigkeit (Schwelldruck) |
| V | sehr druckhaft | plastische und blähende Schiefer, kohäsionslose Lockerüberlagerungen, Verwerfer, Mylonitisierung, Kluftscharen, Zerrüttungen | blähende Tonminerale, metallische Aggregate völlig zersetzt, Auslaugungen. | feucht, flächenhaft sehr hohe Bergfeuchte, Quellen, sehr naß | starke Beeinflussung der Gebirgsfestigkeit, plastische Verformung, hoher Schwelldruck, Porenwasserüberdruck |
| VI | fließend | weich-plastisch, blähend, wassergesättigt, lehmige Schluffe, Tonmineralaggregate, kohäsionslose Schwimmsande bis Schluffe | gesunde bis angewitterte Minerale, thixotrope Eigenschaften | bergfeucht bis sehr naß | geringe bis maximale Beeinflussung (Materialausfluß) |

Abb. 5. Baugeologische Beschreibung der Gebirgsgüteklassen
Engineering geological description of the rock classes
Description de la géologie de l'ingénieur de la classification de la roche

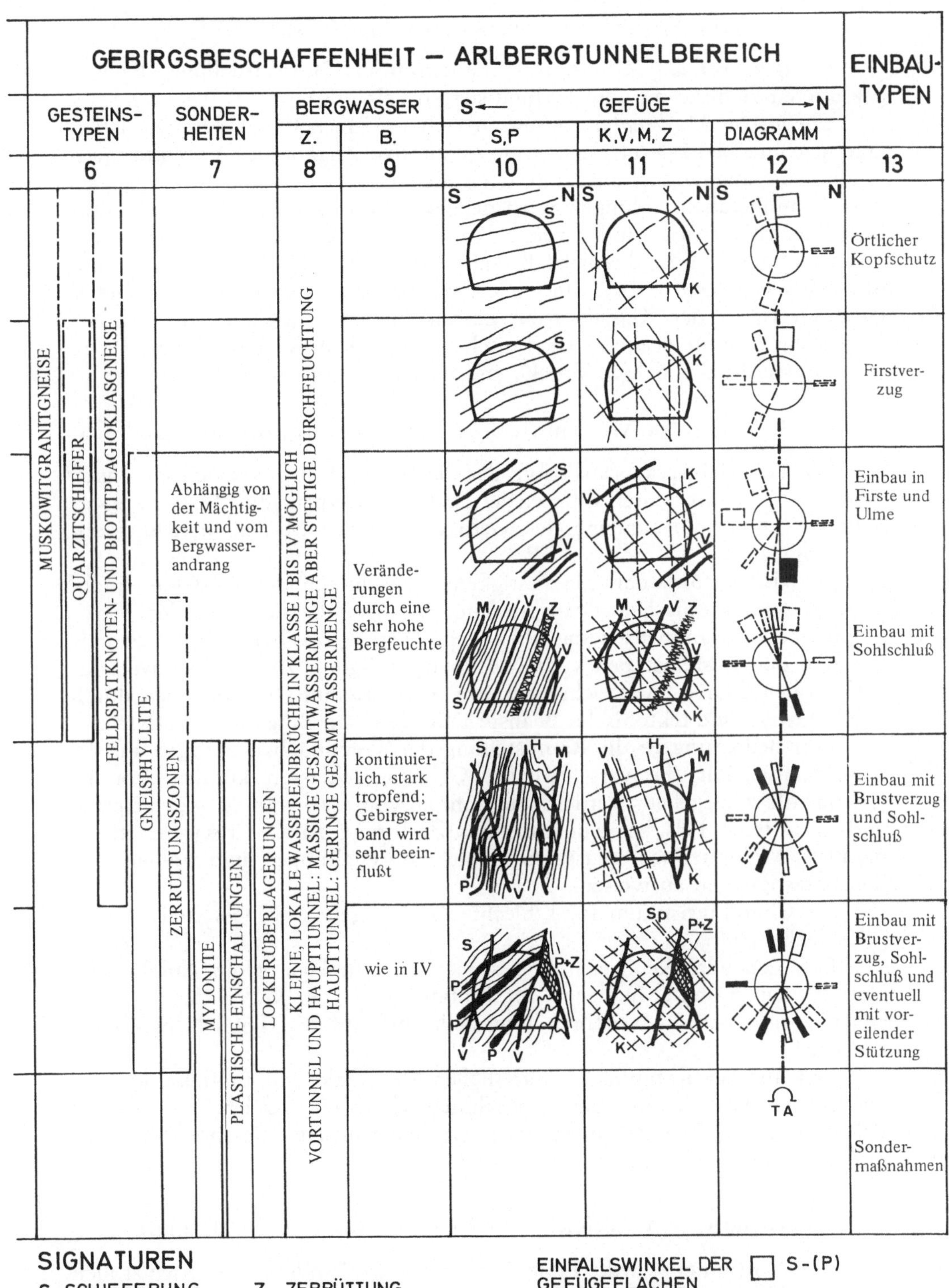
GEBIRGSBESCHAFFENHEIT – ARLBERGTUNNELBEREICH
EINBAU-TYPEN
GESTEINS-TYPEN
SONDER-HEITEN
BERGWASSER
Z.
B.
S←
GEFÜGE
→N
S,P
K,V,M,Z
DIAGRAMM
6
7
8
9
10
11
12
13
MUSKOWITGRANITGNEISE
QUARZITSCHIEFER
FELDSPATKNOTEN- UND BIOTITPLAGIOKLASGNEISE
GNEISPHYLLITE
Abhängig von der Mächtigkeit und vom Bergwasserandrang
ZERRÜTTUNGSZONEN
MYLONITE
PLASTISCHE EINSCHALTUNGEN
LOCKERÜBERLAGERUNGEN
KLEINE, LOKALE WASSEREINBRÜCHE IN KLASSE I BIS IV MÖGLICH
VORTUNNEL UND HAUPTTUNNEL: MÄSSIGE GESAMTWASSERMENGE ABER STETIGE DURCHFEUCHTUNG
HAUPTTUNNEL: GERINGE GESAMTWASSERMENGE
Veränderungen durch eine sehr hohe Bergfeuchte
kontinuierlich, stark tropfend; Gebirgsverband wird sehr beeinflußt
wie in IV
Örtlicher Kopfschutz
Firstverzug
Einbau in Firste und Ulme
Einbau mit Sohlschluß
Einbau mit Brustverzug und Sohlschluß
Einbau mit Brustverzug, Sohlschluß und eventuell mit voreilender Stützung
Sondermaßnahmen
TA
SIGNATUREN
S SCHIEFERUNG
K KLÜFTE
V VERWERFER
M MYLONITZONE
Z ZERRÜTTUNG
Sp SPALTEN
P PLASTISCHE SCHIEFER
H HARNISCHFLÄCHEN
EINFALLSWINKEL DER GEFÜGEFLÄCHEN (EINHEITSQUADRATE)
0-15 15-40 40-65 65-80 80-90°
S-(P)
K
M,V,Sp,Z,H
TA TUNNELACHSE

### 5.1. Allgemeine Merkmale des Kristallins

*Gefügemerkmale:* Kriterium ist die tektonische Beanspruchung, die vom geklüfteten Gebirge bis zum mylonitisierten Fels führt.

*Chemische Merkmale:* Sie zeigen sich in Strecken mit geringer Überlagerung und in Mylonitzonen. Eine qualitative Angabe des Verwitterungsgrades von angewittert bis zum tiefgreifenden Zersatz mit Auslaugungen und Tonmineralneubildungen wird gegeben. Besonders wird auf das Vorherrschen thixotroper und reversibel quellender Tonminerale hingewiesen.

*Bergwasser:* Eine deutliche Beeinflußung durch das Bergwasser ist nur in stark schiefrigen und tektonisch geprägten Gebirgsteilen gegeben. Dieser Umstand ist in der Klassifikation besonders zu berücksichtigen. Erhöhte Bedeutung kommt weiters der Einschätzung des druckhaften Wassers zu (Kluftwasserdrücke, Schwelldrücke und Porenwasserüberdrücke).

### 5.2. Spezielle Merkmale des Arlbergtunnelbereiches

Bei der Gebirgsklassifikation des Tunnelbereiches wurden die nach ihrem Festigkeitsverhalten differenzierten Gesteinstypen, die Bergwasserverhältnisse und die Raumlage des Gefüges in einer Modellvorstellung zusammengefaßt.

Es wird betont, daß die Festigkeitseigenschaften der Gesteine, unabhängig von tektonischen Beanspruchungen, ausschließlich von der petrographischen Zusammensetzung abhängen. Dementsprechend zeigt sich eine Reihung der Gesteinstypen vom Muskovitgranitgneis zum Gneisphyllit innerhalb der GGKL. Abweichungen von dieser Reihung ergeben sich durch Sonderheiten, wie tektonische Beanspruchungen und Bergwassereinflüsse.

Von Bedeutung ist die Raumstellung der Trennflächen bezogen auf die Tunnelachse. Für die verschiedenen Gebirgsgüteklassen können typische Querprofile angegeben werden. Sie führen vom weitständig geschieferten und geklüfteten Fels bei Zunahme der Zerlegung zu Gebirgsarten, die s-parallele Mylonitzonen, plastische Schiefereinschaltungen und völlige Gefügeentfestigungen aufweisen.

Als Charakteristikum für schlechte GGKL gelten weiters steilstehende Scherflächenpaare.

Eine genauere Kennzeichnung der Gefügeraumlage erfolgt durch schematische Diagramme, in denen der Einfallswinkel der Gefügeflächen (Einheitsquadrate von L. Müller) dargestellt und auf die Tunnelachse bezogen wird.

Erst aus der Kombination sämtlicher Merkmale und Einflüsse können die Sicherungs- und Stützungsmaßnahmen abgeleitet werden. Eine nähere Erläuterung von Regelprofilen samt gebirgsmechanischer Beschreibung wird in der Arbeit von M. John (1976) gegeben.

## 6. Prognose — tatsächliche Gebirgsverhältnisse — Erfahrungen

Der Vortunnel wurde Ende November 1975 mit einem Richtstollen durchgeschlagen, im Haupttunnel Ost steht man bei der Station 1860; vom

Westen her wurden 1387 m vorgetrieben. Damit können über 48% der aufgefahrenen Gesamtstrecke mit der Prognose verglichen werden.

### 6.1. Vortunnel

Die Prognose für den murigen Hangschutt im Eingangsbereich traf sehr genau zu[2]. Die bis 124 m lange Strecke reagierte beim Strossenabbau mit Gesamtsetzungen bis zu 40 cm. Nur durch den raschen Ringschluß beruhigte sich das Gebirge (M. John, 1976). Hauptgesteine der Gneisphyllitserie im

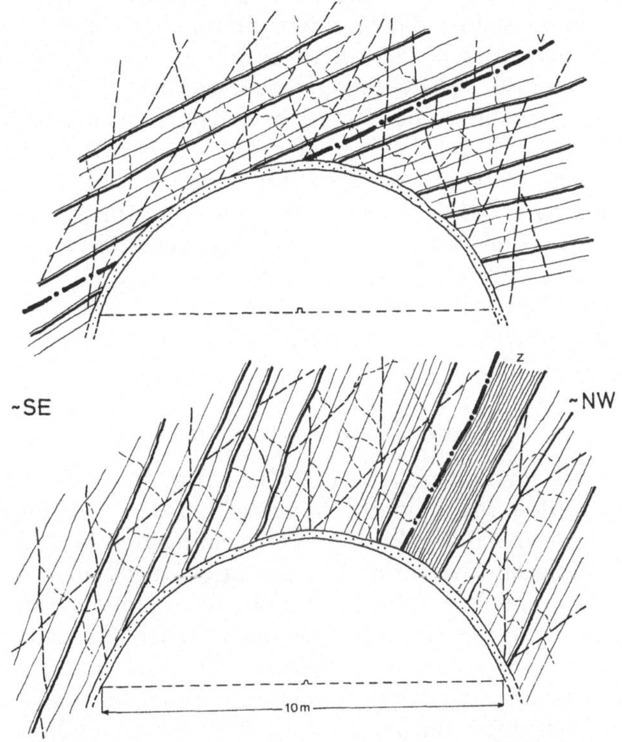


Abb. 6. Das Gefüge in den Querschnitten des Vortunnels
The fabric in cross-sections of the pre-tunnel
La stratification dans les coupes transversales de l'avant-tunnel

östlichen Abschnitt sind dunkelgraue Phyllite und Glimmerschiefer. Der hangende Quarzitschiefer ist sehr glimmerreich und entwickelt sich allmählich aus dem Glimmerschiefer durch Zunahme des Quarzgehaltes. Die tatsäch-

[2] Im Murenmaterial standen bis zu 389 Jahre alte Lärchen. Die Katastrophe ereignete sich vor rund 9000 Jahren (C 14-Bestimmungen der fossilen Hölzer ergaben die Werte 9331 ± 60 und 9458 ± 63 Jahre. Herr Kollege K. Mignon stellte die absoluten Altersdaten zur Verfügung).

liche Mächtigkeit ist daher geringer als im Längenschnitt angegeben. Auch der Muskovitgranitgneis ist bereichsweise stark geschiefert und wird von Glimmerschieferpaketen durchsetzt. Der mächtige Komplex von Feldspatknotengneisen im westlichen Abschnitt zeichnet sich durch hohen Glimmergehalt aus. Schieferungsflächen und Klüfte entsprachen in ihrer Raumlage den Diagrammen der Abb. 4. Dementsprechend wirkte sich auch das schleifend zur Tunnelachse streichende s-Gefüge der Schiefergesteine ungünstig aus (Abb. 6). Bei flacher Lagerung bewirkten die s-parallelen Glimmeranreicherungen und tektonische Flächen (Harnische) ein Ablösen von Schieferplatten. Besonders stark reagierte der südseitige Kämpfer. Beim Einschwenken der Tunnelachse in die Streichrichtung verstärkte sich die Gefahr des Ausscherens von Gesteinspaketen unter Bildung größerer Firstnachbrüche.

Auch die Bergwasserverhältnisse stimmten mit der Vorhersage gut überein. Nur mußte die Feststellung gemacht werden, daß längere Abschnitte (850—1200 m), die während des Vortriebes noch trocken waren, erst Monate nach dem Kalottenausbruch flächenhafte Wasseraustritte zeigten. Diese Vernässungen führten teilweise zu einer Entfestigung des Gebirges. Erst allmählich machten sich daher in diesen Bereichen Verformungen des Gebirges bemerkbar, die im Außenring Risse, Torkretabplatzungen und im extremen Fall Verwindungen von Stahlbögen bewirkten.

Die Gebirgsklassifizierung ist bei dem Ausbruchsquerschnitt von etwa 40—50 $m^2$ ungünstiger als vorhergesagt. Es überwiegen in der Felsstrecke die GGKL IIIb und IV.

### 6.2. Haupttunnel Ost

Die Feldspatknotengneise und die Gneisphyllite sowie die Grenze zwischen diesen und den Muskovitgranitgneisen wurden prinzipiell gut vorhergesagt. Als Folge einer unmerklichen Verflachung der Muskovitgranitgneise verschob sich die vielfach tektonisch geprägte Grenzfläche geringfügig. Im östlichen Abschnitt blieb, wie vorhergesagt, die Bergwasserbeeinflussung in Grenzen, ebenso war die Auflockerung nicht erheblich. Jedoch lösten sich Platten aus dem Hangenden des südlichen Ulmes ab und im Grenzbereich zwischen den liegenden Muskovitgranitgneisen und den Phylliten kam es zu stärkeren Deformationen und zu Schäden im Torkretgewölbe. Erst mit dem Eintritt in die sehr trockenen Phyllite, etwa bei Station 1850, trat eine Beruhigung in der Gebirgsdeformation ein. Im Gesamten betrachtet werden jedoch für den Haupttunnel Ost die GGKL III und IV überwiegen.

### 6.3. Haupttunnel Mittelabschnitt

Naturgemäß ist die Vorhersage für diesen Abschnitt mit der maximalen Überlagerung von über 700 m mit großen Unsicherheiten behaftet. Dennoch kann mit Sicherheit eine deutliche Dominanz der Feldspatknotengneise prognostiziert werden. Erst in den westlichen Bereichen wird die Gneisphyllitserie auftreten. Es ist anzunehmen, daß auch die Kaverne des Albona-Schachtes in Gneisphylliten zu liegen kommt. Bei einer geringen Versteilung des s-Gefüges, das nur um wenige Grade von den obertags gemessenen Werten abzuweichen braucht, wird vom Albona-Schacht die Gneisphyllitserie nicht mehr erreicht (Abb. 2.)

Im Osten ist ein mittelsteiles S-Einfallen, gegen Westen herrscht sehr steiles bis saigeres Einfallen vor. In diesem Abschnitt werden Zerrüttungszonen nur im Bereich der Störungen auftreten, das Gebirge wird weit gegen Westen trocken sein. Leichte Druckerscheinungen und schwache Bergschlagäußerungen als Folge der Primärspannung sind zu erwarten.

## 6.4. Haupttunnel West

Bis auf wenige Laufmeter ging der Tunnelvortrieb nur in druckhaftem bis sehr druckhaftem Gebirge um. Der Vortrieb im Westabschnitt brachte eine Reihe böser Erfahrungen: Das Gebirge wird durch zahlreiche Mylonit-

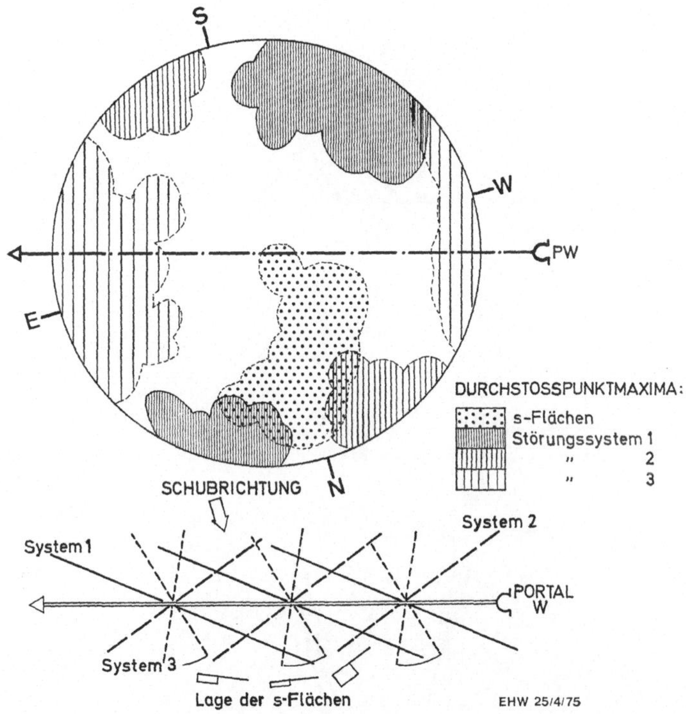


Abb. 7. Schieferung und Störungssysteme im Haupttunnel West
Schistosity and fault systems in the main tunnel west
Clivage et systèmes de dérangement dans le tunnel principal de l'ouest

zonen mit Stärken bis zu 50 cm und Zerrüttungszonen mit völliger Entfestigung des Gebirges in Meterbereichen geprägt. In der Feldspatknotengneisserie überwiegen die Granatglimmerschiefer mit sehr ruscheligen Zwischenlagen und Anhäufungen von schieferungsparallelen, glimmerreichen Partien.

Bisher wurden generell die vorhergesagten Lagerungsverhältnisse in der aufgefahrenen Strecke bestätigt. Ebenso gilt dies für die sehr ungünstigen tektonischen Flächen, die einem zweischarigen Schersystem angehören und fast symmetrisch, hauptsächlich vom Süd-Ulm kommend, in die Tunnelachse einschleifen (Abb. 7). Die steil S fallenden s-Flächen und die drei Störungssysteme stimmen völlig mit den Diagrammen der GGKL III bis V in Abb. 5 überein. Zahlreiche Störungen werden durch N–S bis NNW–SSE Querverwerfer versetzt. Bewegungsflächen können auch schleifend in das Schieferungsgefüge übergehen und Störungsflächen prägen.

Die für den Westabschnitt zwischen Kilometer 7,0 und 10,3 angegebene hohe Bergfeuchte und Gesteinsentfestigung wurden bisher bestätigt. Wie rasch

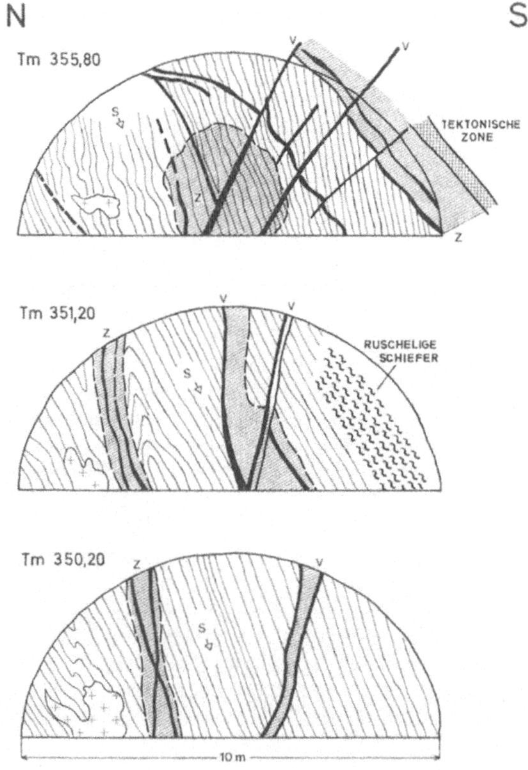


Abb. 8. Tektonische Strukturen in den Querschnitten des Haupttunnels West

Tectonical structures in the cross-sections of the main tunnel west

Structures tectoniques dans les coupes transversales du tunnel principal de l'ouest

sich die Festigkeitsverhältnisse durch das Einschleifen einer Störungszone des Systems 2 verändern können, zeigt die Abb. 8. Auf diese Weise kann sich die Gebirgsgüte innerhalb weniger Meter von sehr gebräch bis auf sehr druckhaft verändern.

In einigen Streckenabschnitten traten sehr hohe Bergdrücke auf, die zu Scherbrüchen der Außenringe führten (L. v. Rabcewicz und F. Pacher, 1975). Solche Erscheinungen kommen dann zustande, wenn der Hohlraum zwischen mächtigen Zerrüttungs- bzw. Mylonitstreifen liegt, die dazwischen

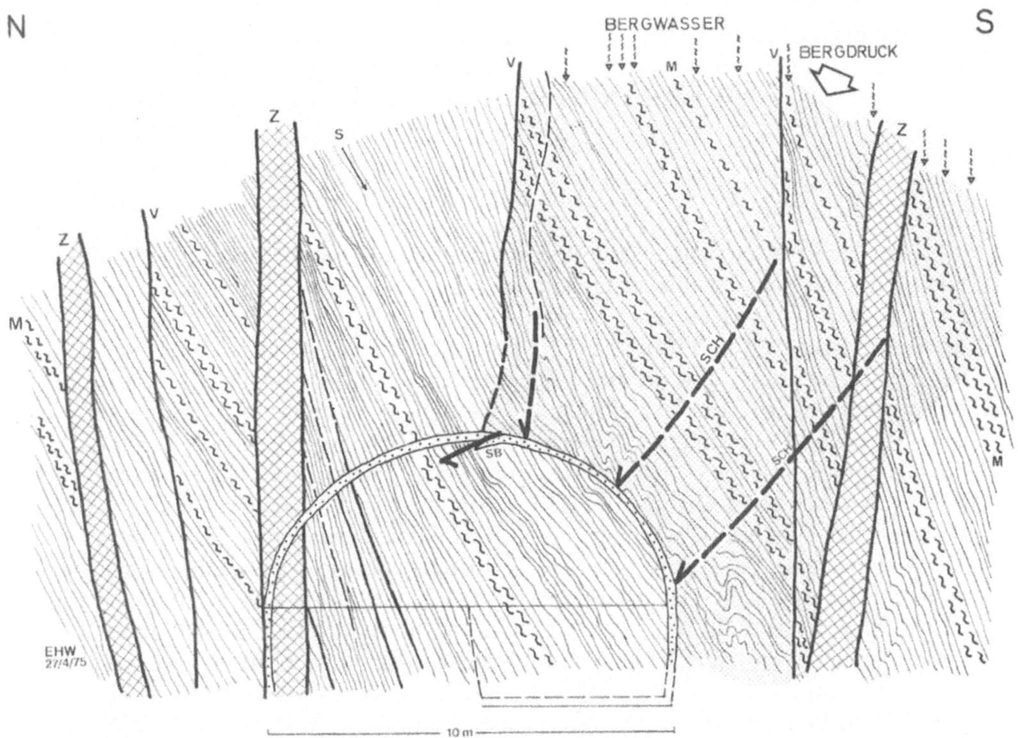


Abb. 9. Das druckhafte Gebirge und die geologischen Einflüsse im Bereich 460, Haupttunnel West

*Z* Zerrüttungsstreifen; *V* Störungsflächen; *M* Ruschelzonen und Mylonite parallel *S* (Schieferung); *SCH* Schubflächen; *SB* Scherbruch

The swelling ground highly sensitive to pressure and the geological influences in the area 460, main tunnel west

La roche, étant sensible aux poussées, et les influences géologiques dans la région 460, tunnel principal de l'ouest

befindlichen Glimmerschiefer s-parallel aufgemürbt und gleichmäßig durchfeuchtet sind (Abb. 9). In dem skizzierten Querschnitt kam schon während der Absicherung der Kalotte reichlich Wasser aus den Ankerlöchern; mit dem nahenden Aushub der Strosse 1 trat Druckwasser stoßweise aus der südlichen Ulme. Im Gebirgsring um den Hohlraum nahm die Auflockerung immer mehr zu, gleichzeitig wurde der Gebirgsverband vom Bergwasser durchtränkt und erreichte zunehmend plastische Konsistenz. Der zusätzlich hier auftretende Porenwasserüberdruck führte in Verbindung mit dem Bergdruck zur Ausbildung von steil gegen den Hohlraum gerichteten Schubflächen und schließlich zum Scherbruch des Außengewölbes.

Der Ausbruch der Kalotte, ihre Sicherung und Stützung, oft auch die Absicherung der Brust, erfordern einen hohen Einsatz der Mineure und Techniker.

Trotz rascher Ankerung des Gebirges (nach S gerichtete Anker mit Längen bis zu 12 m) waren Auflockerungsprozeß und Gebirgsdeformation schon so weit fortgeschritten, daß Ankerplatten reihenweise rissen. Dies erforderte oft aufwendige Nachsicherungen und einen sehr vorsichtigen Aushub der Strosse 1.

## 7. Schlußbemerkungen

Eine sehr wesentliche Vereinfachung für die baugeologische Prognose und tunneltechnische Projektierung ergab der direkte Vergleich mit dem alten Bahntunnelbau, wie es in ähnlicher Form auch bei der Projektierung des Gotthard-Straßen-Tunnels der Fall war (E. Dal Vesco und T. R. Schneider, 1970). Bei der Verwendung der bautechnischen Erfahrungswerte aus dem Bahntunnelbau für die Projektierung des neuen Tunnels müssen jedoch die unterschiedlichen Tunnelbauweisen berücksichtigt werden: In der *alten österreichischen Tunnelbauweise* wurde durch den First- und Sohlstollenvortrieb mit nachziehendem Ausbau der sehr komplexe geologische Gleichgewichtszustand des Gebirges weniger gestört als bei der *neuen österreichischen Tunnelbauweise* mit dem großen Kalotten-Anfangsquerschnitt von etwa 45 $m^2$. Der elastische Ausbauwiderstand bei der modernen Bauweise kann das Gebirge zeitweilig nur unter erheblichen Schwierigkeiten im Baustadium beherrschen. Eine Drainagewirkung durch den im Norden befindlichen Eisenbahntunnel ließ sich nicht feststellen. Offenbar sind infolge der charakteristischen Gefügeverhältnisse (steilstehende, um E—W streichende Störungsbahnen) die Bergwässer so verteilt, daß nur eine geringe laterale Kommunikation besteht. Daraus kann auch gefolgert werden, daß die Südröhre nur beschränkt das Gebirge im Bereich der zukünftigen Nordröhre entwässern wird.

Mit Hilfe geotechnischer Messungen und einer baugeologischen Dokumentation während des Vortriebes[3] kann eine kontinuierliche geologische, sowie felsmechanische Beratung durchgeführt werden. Besonders im Westen ist eine Detailvorhersage über die kommenden 10 bis 50 m wichtig, um damit im voraus Hinweise über den Gebirgszustand und erforderliche Sicherungsmaßnahmen geben zu können. Bereits zweimal konnten aus Vorbohrungen (Länge 100 m), — senkrecht auf die Schieferungsflächen und tektonischen Hauptstrukturen (Störungssystem 2) ausgerichtet — kritische Zonen rechtzeitig erkannt werden.

Die baugeologische und tunneltechnische Dokumentation wird später wichtige Hinweise für den Ausbruch und die Sicherung der Nordröhre liefern.

---

[3] Die laufenden geologischen Aufnahmen führen die Herren Dr. J. Kaiser und Dr. F. Kunz, Geologen der ASTAG, durch.

Die vorhergesagten Schwierigkeiten haben sich bisher weitgehend bestätigt; es stimmt die Bilanz der Prognose, nur war die Reaktion des Gebirges zum Teil heftiger als erwartet.

## Literatur

Ampferer, O.: Über den Südrand der Lechtaler Alpen zwischen Arlberg und Ötztal, Jb. der Geologischen Bundesanstalt, Band 80, Heft 3 und 4, Jg. 1930, 407—451.

Ampferer, O.: Geologische Karte der Lechtaler Alpen, Arlberg-Gebiet, 1 : 25 000, Geologische Bundesanstalt, Wien 1932a.

Ampferer, O.: Erläuterungen zu den geologischen Karten der Lechtaler Alpen, 1932b.

Arlberg Straßentunnel AG: Ausschreibungsunterlagen — Vortunnel und Haupttunnel; Planung ILF. Juni 1973. Arlberg-Straßentunnel-Bauzustandsüberblick, 31/10/75.

Dal Vesco, E., und T. R. Schneider: Geologia, „Der Gotthardstraßentunnel". Verlag Crassi und Co., Bellinzona-Lugano, 1970.

Fellerer, R.: Zur Geologie des Südrandes der Nördlichen Kalkalpen zwischen Schnann und Arlberg (Lechtaler Alpen). Zeitschrift der Deutschen Geologischen Gesellschaft, Jg. 1964, Bd. 116, 832—858, Hannover 1966.

Foullon, H.: Über die Gesteine und Minerale des Arlbergtunnels. Jb. d. k. k. geol. Reichsanstalt, Bd. 35, Jg. 1885, 47—104.

Hammer, W.: Geologische Karten Nauders, Landeck und Ötztal. Mit Erläuterungen sowie Aufnahmsberichten im Geologischen Jb. 1914, 1918.

Heissel, W.: Bemerkungen zum Bau des Arlberggebietes, 1972, 7 Seiten (Vorprojekt Arlberg-Schnellstraße).

John, M.: Die geotechnischen Messungen im Arlbergtunnel und deren Auswirkungen auf das Baugeschehen. Rock Mechanics, Suppl. 5, 1976, S. 157—177.

Matthias, E. P.: Die metallogenetische Stellung der Erzlagerstätten im Bereich Engadin und Arlberg. Berg- und Hüttenmänn. Monatshefte, H. 1, 1—13; H. 3, 45—55, Wien 1961.

Pacher, F., L. v. Rabcewicz und J. Golser: Zum derzeitigen Stand der Gebirgsklassifizierung im Stollen- und Tunnelbau. Bundesministerium f. Bauten u. Technik, Straßenforschung H. 18, 1974, 51—58.

Rabcewicz, L. v., und F. Pacher: Die Elemente der Neuen Österreichischen Tunnelbauweise und ihre geschichtliche Entwicklung. Österreichische Ingenieur-Zeitschrift, Jg. 18, H. 9, 1975, 315—323.

Rabcewicz, L. v.: Theorie und Praxis bei den Untertagearbeiten eines großen Dammbauvorhabens. Rock Mechanics, Suppl. 2, 1973, 193—224.

Reithofer, O.: Geologische Spezialkarte des Bundesstaates Österreich, Bl. „Stuben" 1 : 75 000, Geologische Bundesanstalt, Wien 1937.

Reithofer, O.: Beiträge zur Geologie der Ferwallgruppe, I. Jb. Geologische Bundesanstalt, Bd. 81, H. 1 und 2, 1931, 305—330.

Reithofer, O.: Beiträge zur Geologie der Ferwallgruppe, II. Jb. Geologische Bundesanstalt, Bd. 85, H. 3-4, 1935, 225—258.

Reithofer, O.: Aufnahmsberichte über den kristallinen Anteil des Blattes Stuben (5144). Verhandlung Geologische Bundesanstalt, Jg. 1929—1937.

Resch, W.: Arlbergschnellstraße S 16. Petrographische Untersuchungen, Archiv ILF und Geol. Institut der Universität Innsbruck, 1973, 1—33.

Seeber, G.: Problematik der Gebirgsklassifikation in druckhaftem Gebirge, Bundesministerium f. Bauten u. Technik, Straßenforschung, H. 18, 1974, 29—36.

Siegl, M. v.: Die Arlbergbahn; Vorgeschichte, Bau und erste Zeit ihres Betriebes. Sonderabdruck aus der Wochenbeilage „Feierabend" d. Vlbg. Tagblattes, Bregenz 1934, 16 Seiten.

Wagner, C. J.: Über die Wärmeverhältnisse in der Osthälfte des Arlbergtunnels. Verhandlungen der k. k. geol. Reichsanstalt, Bd. 34, H. 4, Jg. 1884, 743—750.

Weiss, E. H.: Arlbergschnellstraße S 16 — Baugeologisches Gutachten für das generelle Tunnelprojekt (mit Beilagen) 1—42, 22. 9. 1972 und Juni 1973.

Weiss, E. H.: Die geologischen Verhältnisse und die baugeologischen Erfahrungen im Katschbergtunnel. „Tauernautobahn — Scheitelstrecke", Bd. II, Dokumentationen bis zum 21. 6. 1975, herausgegeben von der Tauernautobahn-AG. Erscheint im Juni 1976.

Wolf, H.: Technischer Bericht über das Projekt der Arlberg-Bahn, Geologischer Abschnitt, Wien 1872, 11—19.

Anschrift des Verfassers: Prof. Dr. E. H. Weiss, Institut für Baugeologie, Universität für Bodenkultur, Gregor-Mendel-Straße 33, A-1180 Wien, Österreich.

Rock Mechanics, Suppl. 5, 157—177 (1976)


# Die geotechnischen Messungen im Arlbergtunnel und deren Auswirkungen auf das Baugeschehen

Von

**M. John**

Mit 16 Abbildungen

## Zusammenfassung — Summary — Résumé

*Die geotechnischen Messungen im Arlbergtunnel und deren Auswirkungen auf das Baugeschehen.* Beim Bau des Arlbergtunnels werden umfangreiche geotechnische Messungen durchgeführt, die den Zweck haben, das Gebirgsverhalten ständig zu überwachen und durch spezifisch zweckbezogene Messungen die Wirkungsweise der Stützmittel zu erfassen, um sie dementsprechend anpassen zu können.

Ersteres erfolgt durch Konvergenzmessungen in regelmäßigen Abständen, letzteres durch die Einrichtung von Hauptmeßquerschnitten, welche unter Zuhilfenahme der jeweiligen geologischen Prognose angeordnet werden. Ein Hauptmeßquerschnitt umfaßt:

— Extensometermessungen zur Bestimmung der Auflockerungszone und des anisotropen Verhaltens des Gebirges,
— Ankermessungen zur Erfassung der Wirksamkeit der Ankerung und
— Spannmessungen im Außengewölbe zur Bestimmung der Beanspruchung des Spritzbetongewölbes.

Die bisherigen Ergebnisse der Messungen zeigen, daß schon wenige Tage nach dem Kalottenausbruch ein erstes Abschätzen des Sicherheitsgrades der gewählten Stützmittel möglich ist. Durch die ständige Auswertung der Meßergebnisse können in Zusammenhang mit einer laufend durchzuführenden geologischen Aufnahme die Stützmittel den jeweiligen Verhältnissen angepaßt werden. Je besser alle Beteiligten auf diesem Gebiet zusammenarbeiten, desto besser gelingt diese Anpassung.

*Geotechnic Measurements at the Arlberg Tunnel and Their Consequences on Tunnel Construction.* During construction of the Arlberg Tunnel extensive geotechnic measurements are being carried out with the purpose of continually checking rock mass behaviour. Specific measurements determine the effectiveness of the chosen support and allow for their adaptation to the varying conditions.

The former is achieved by measurements of the deformations of the sidewalls at periodic intervals, the latter by the installation of various measuring instruments within a cross-section which is chosen in accordance with the particular geological aspects. The installed equipment provides for the measurement of:

— the extension of the loosening zone and the anisotropic behaviour of the rock mass,
— the anchors in order to determine their effectiveness and

— the stress distribution in tangential and radial direction within the shotcrete arch.

Measurements taken up to now have shown the possibility of preliminary evaluations as to the degree of safety of the chosen support system a few days after excavation of the face. By steady evaluation of the results of these measurements in accordance with continual documentation of geological features it is possible to adapt support measures to actual conditions. Good results are dependent on the teamwork and cooperation of all involved.

*Les mesures géotechniques du Tunnel d'Arlberg et leurs effets au projet.* En construisant le Tunnel d'Arlberg on prend les mesures géotechniques extensives ayant comme but le contrôle constant du comportement des strates et la détermination du fonctionnement du moyen de support par des mesures spécifiques pour qu'on les adapte selon le cas.

Le premier est achevé en mesurant la convergence aux intervalles réguliers, le dernier par des instruments variés de mesures à l'aide d'une prognose géologique. Une section transversale de mesures comprend:

— la mesure de l'extension de la zone de foisonnement et du comportement anisotrope des strates,
— la mesure de l'ancre pour déterminer l'éfficacité de cela et
— la mesure de la contrainte tangentielle et radiale sur la vôute en béton projeté.

Les mesures prises jusqu'à maintenant nous indiquent la possibilité d'évaluer le degré de sécurité du moyen de support peu de jours après l'excavation du front. À l'aide des évaluations courantes des mesures et la documentation continuelle géologique il est possible d'adapter le moyen de support aux conditions actuelles. Le succès du projet dépend de la coopération de tous participants.

*Legende zu den Abbildungen*

| | | | |
|---|---|---|---|
| *A* | Ausbruch Kalotte | *d* | Verformungen in cm |
| *1* | Ausbruch Strosse 1 | *t* | Zeit in Wochen |
| *2* | Ausbruch Strosse 2 | $\sigma$ | Spannungen in kp/cm$^2$ |
| *3* | Ausbruch Sohle | *H* | Horizontale Konvergenz |
| *4* | Ringschluß | *F* | Firstsetzung |
| *Tm* | Tunnelstationierung | | |

*Index of Illustrations*

| | | | |
|---|---|---|---|
| *A* | Excavation of the calotte | *d* | Deformation in cm |
| *1* | Excavation of bench 1 | *t* | Time in weeks |
| *2* | Excavation of bench 2 | $\sigma$ | Stress in kp/cm$^2$ |
| *3* | Excavation of the invert | *H* | Horizontal convergence |
| *4* | Completion of the invert arch | *F* | Roof settlement |
| *Tm* | Tunnel stationing | | |

*Légende d'illustrations*

| | | | |
|---|---|---|---|
| *A* | Excacation de la calotte | *d* | Déformation du tunnel |
| *1* | Excavation du piedroit 1 | *t* | Temps en semaines |
| *2* | Excavation du piedroit 2 | $\sigma$ | Contrainte en kp/cm$^2$ |
| *3* | Excavation du radier | *H* | Convergence horizontale |
| *4* | Radier fini | *F* | Tassement du toit |
| *Tm* | Stationnement du tunnel | | |

## Bauabwicklung

Der insgesamt 14 km lange Tunnel wird von der *Arlberg Straßentunnel AG* als Bauherr verwirklicht. Die Gesamtplanung und Bauleitung obliegt der *Ingenieurgemeinschaft Lässer-Feizlmayr,* als dessen Sachbearbeiter der Verfasser tätig ist. Die geotechnischen Messungen werden von der *Interfels Ges. m. b. H.* als Subunternehmer der beiden Argen: *Oberranzmeyer, Soravia, I-L-Bau, Innerebner* & *Mayer* und *Jäger, Mayreder, Porr, Hinteregger, Rella, Union, Universale* ausgeführt. Die Ergebnisse werden im Planungsbüro zusammengestellt und kommentiert. Als Gutachter sind die Herren Prof. E. H. Weiss, Prof. G. Seeber und Dr.-Ing. F. Pacher eingeschaltet. Die Prüfung der mechanischen Gesteinskennwerte erfolgt durch Dr. Huber (TKW).

## 1. Geotechnische Voruntersuchungen

Die geotechnischen Voruntersuchungen haben sich darauf konzentriert, aus den Bohrungen in den Portal- und Schachtkopfbereichen typische Gesteinsproben auszuwählen und diese untersuchen zu lassen. Es wurden einaxiale und dreiaxiale Druckversuche sowie Scherversuche und indirekte Zugversuche (sog. Brasilientests) durchgeführt. Außerdem wurden die Gesteinstypen von Dr. Resch petrographisch beschrieben. Die Untersuchungsergebnisse wurden der Ausschreibung beigelegt.

Daraus konnten Mohrsche Hüllkurven für das Gestein wie auch für das Gebirge abgeleitet werden, weil die glimmerreichen Schieferflächen die Gebirgsbeschaffenheit überwiegend bestimmen.

Für den Glimmerschiefer, den wichtigsten Gesteinstyp beim Arlbergtunnel, wurde ein innerer Reibungswinkel von $21^0$ bis $27^0$ und eine Kohäsion von 5 bis 20 kp/cm$^2$ entlang der Schieferungsflächen ermittelt. Anhand von wassergesättigten Proben wurde ermittelt, daß der Reibungswinkel auf $18^0$ absinken kann.

Die Gesteinskennwerte werden beim Tunnelvortrieb laufend neuerlich bestimmt. Dabei wurde festgestellt, daß bei durchgehend glatten Glimmerflächen der Reibungswinkel nur $18^0$ und bei hohem Wassergehalt sogar nur $13^0$ beträgt. Die dazugehörende mittlere Scherfestigkeit liegt bei 5 kp/cm$^2$.

Der Verformungsmodul wurde ebenfalls an Gesteinsproben bestimmt. Er schwankte zwischen 50000 und 400000 kp/cm$^2$ für den Glimmerschiefer. Aus Rückrechnungen von Meßergebnissen beim Tunnelvortrieb geht hervor, daß der Verformungsmodul des Gebirges in schlechten Strecken nur 3000 bis 20000 kp/cm$^2$ betragen dürfte.

## 2. Ausschreibung der Tunnelbauarbeiten

Für die Ausschreibung lagen die Erfahrungen aus dem Bau des Eisenbahntunnels vor, welcher nach der Alten Österreichischen Bauweise mit vorauseilendem Sohlstollen, Aufbrüchen für Firststollenausbrüche und ringweiser Ausmauerung aufgefahren worden war. Es wurde trotz zum Teil massiver Einbauten (Abb. 1) von Verdrückungen berichtet, welche auf eine schädliche Auflockerung des Gebirges durch übermäßige Verformungen aufgrund der nicht hohlraumfrei anliegenden Auskleidung hinweisen. Wegen

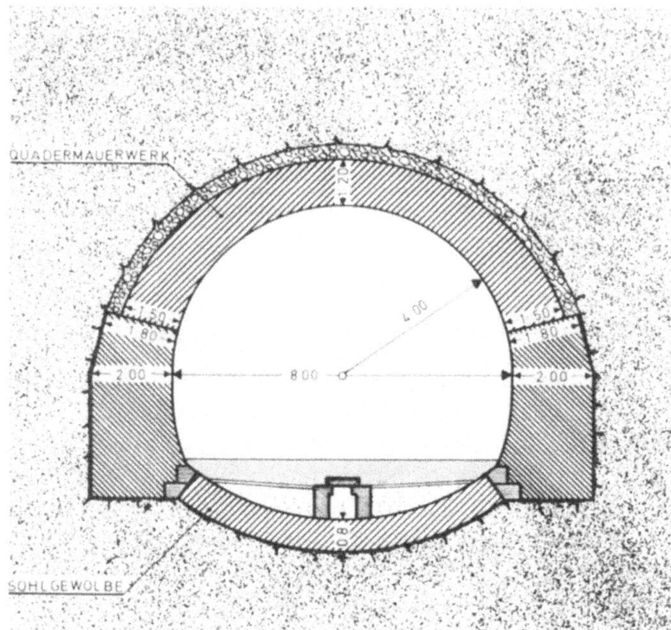


Abb. 1. Regelquerschnitt des Arlbergeisenbahntunnels in geologisch schlechten Strecken
Cross-section of the Arlberg Railway Tunnel in geologically unfavourable sections
Section transversale du Tunnel d'Arlberg pour chemin de fer aux segments géologiques mauvais

Abb. 2. Luftaufnahme des Arlberggebietes — Aerial view of the

der Unterschiedlichkeit der Bauweise — der Straßentunnel wurde nach der Neuen Österreichischen Tunnelbauweise ausgeschrieben — konnten die Er-

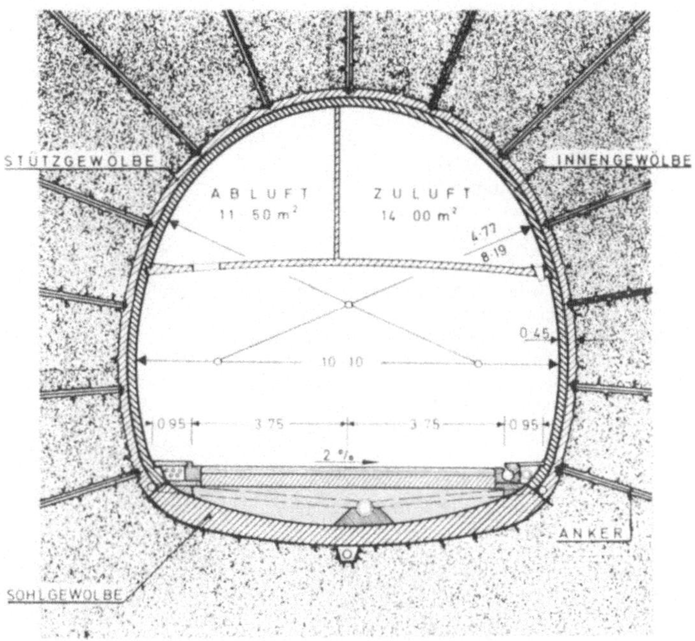


Abb. 3. Regelquerschnitt des Arlbergstraßentunnels für druckhaftes Gebirge
Cross-section of the Arlberg Expressway Tunnel for rock mass under rock pressure
Section transversale de l'Autoroute d'Arlberg pour terrain poussant

Arlberg area — Vue aérienne de la région d'Arlberg

| GGKL | Bezeichnung des Gebirgs-verhaltens | Gebirgsverhalten | Ausbruch | |
|---|---|---|---|---|
| | | Gebirgsmechanische Beschreibung | Querschnitt | Abschlags-länge |
| | 15 | 16 | 17 | 18 |
| I a — I b | stand-fest | Das Gebirge ist im allgemeinen ohne Einbau standfest, eine beschränkte Anzahl von Ablautungen ist jedoch erforderlich; die um den Hohlraum auftretenden Spannungen sind geringer als die Gebirgsfestigkeit. Örtlich durch Klüftung bedingte Ablösungen sind möglich. Bei hoher Überlagerung besteht Bergschlaggefahr. | Vollquerschnitt möglich | entsprechend örtlichen Verhältnissen |
| II | nach-brüchig | Bei niedrigem Seitendruckverhältnis ($\lambda_0$) überschreiten die Zugspannungen in der Firste die Gebirgszugfestigkeit ($\sigma_{t,z} > \sigma_{g,z}$) oder Schieferung und Klüftung verursachen ein Nachbrechen der Firste. Eine systematische Stützung der Firste ist erforderlich. Die Druckspannungen in den Ulmen sind niedriger als die Gebirgsdruckfestigkeit ($\sigma_{t,d} < \sigma_{g,d}$). | Vollquerschnitt möglich | max. 3 m |
| III a — III b | gebräch bis leicht druckhaft | Bei niedrigem Seitendruckverhältnis ($\lambda_0$) überschreiten die Zugspannungen in der Firste die Gebirgszugfestigkeit ($\sigma_{t,z} > \sigma_{g,z}$). Wenn keine Zugspannungen auftreten (bei hohem $\lambda_0$), überschreiten die Scherspannungen den Scherwiderstand an Schieferungs- oder Kluftflächen. Es kommt zu Nachbrüchen in der Firste und in den Ulmen, die folglich systematisch gestützt werden müssen. Die Druckspannungen in den Ulmen sind gleich oder kleiner als die Gebirgsdruckfestigkeit ($\sigma_{t,d} \leqq \sigma_{g,d}$). Überschreiten die Druckspannungen die Gebirgsdruckfestigkeit ($\sigma_{t,d} > \sigma_{g,d}$), kann es zu Druckerscheinungen in der Sohle kommen, die das Schließen des Gebirgstragringes erfordern können. (Sohlankerung oder Sohlgewölbe). | Vollquerschnitt bei kurzen Abschlagslängen möglich; vorzugsweise Teilquerschnitt (Kalotte + 1 Strosse) | bei Vollquerschnitt max. 1,5 m bei Teilquerschnitt max. 3,0 m |
| IV | druckhaft | Die Zugspannungen sind von untergeordneter Bedeutung; die Druckspannungen überschreiten früher oder später die Gebirgsdruckfestigkeit an der gesamten Tunnellaibung und der Tunnelbrust. Ein geschlossener Gebirgstragring und eine Stützung der Brust sind erforderlich. | Teilquerschnitt (Kalotte und mehrere Strossen erforderlich) | In der Kalotte 1,0 bis max. 1,5 m |
| V | sehr druckhaft | Unmittelbar auftretende starke Druckerscheinungen an allen freigelegten Flächen, allseitiger Druck! Jede Hohlraumbildung erhöht die Druckerscheinungen. | Aufteilung in mehrere Teilquerschnitte in Abhängigkeit des Brustverzuges erforderlich. | In der Kalotte 0,5 bis max. 1,0 m |
| VI | fließend | Diese Sonderklasse umfaßt Gebirgs- bzw. Bodenarten, die wegen der starken Bewegungsäußerungen mit konventionellen Methoden nicht beherrscht werden können. | Der Ausbruch richtet sich | |

Abb. 4. Gebirgsmechanische Beschreibung der Güteklassen — Rock mechanic description of the

| A u s b r u c h | | S i c h e r u n g u n d S t ü t z u n g | |
|---|---|---|---|
| Methode | Standzeit | Prinzip | Durchführung |
| 19 | 20 | 21 | 22 |
| schonendes Sprengen | Wochen in der Firste unbegrenzt in den Ulmen | Nagelung mit Baustahlgitter in der Firste<br>—<br>Spritzbeton in der Firste | Bei Bergschlaggefahr Sicherung unmittelbar nach Abschlag, sonst keine zeitliche Beschränkung. |
| schonendes Sprengen | Tage in der Firste Wochen in den Ulmen | Systemankerung in der Firste + Baustahlgitter und Spritzbeton, Versiegelung der Kerbstellen mit Spritzbeton in den Ulmen. | Die Stützmaßnahmen sollen etwa 40 m hinter der Brust abgeschlossen sein. |
| schonendes Sprengen, örtlich Schrämarbeit | Stunden in der Firste<br><br>Tage in den Ulmen | Systemankerung + Spritzbeton und Baustahlgitter in der Firste und in den Ulmen.<br>—<br>Verstärkte Stützung der Firste und Ulmen + Sohlankerung oder Sohlgewölbe. | Der Einbau erfolgt in Stufen; die Stützmaßnahmen müssen sofort nach dem Ausbruch beginnen und sollen etwa 20 m hinter der Brust abgeschlossen sein. |
| vornehmlich Schrämen bzw. vorsichtiger Baggereinsatz | sehr kurze freie Standzeit in der Firste einige Stunden in den Ulmen | Systemankerung + Spritzbeton und Baustahlgitter + Tunnelbögen in der Firste und den Ulmen; Schließen des Gebirgstragringes mittels Sohlgewölbe. | Der Einbau erfolgt in Stufen; die Stützmaßnahmen müssen sofort nach dem Teilausbruch beginnen. Der Einbau des Sohlgewölbes ist zeitlich auf die Meßergebnisse abzustimmen. |
| Schrämen bzw. Baggern o. ä. | keine freie Standzeit in der Firste, keine bis wenige Stunden an der Brust und in den Ulmen | Systemankerung + Spritzbeton und Baustahlgitter + Tunnelbogen und Stollendielen in der Firste und den Ulmen; Stützung der Brust mit Spritzbeton oder mit Dielen; eventuell voreilende Stützung durch Getriebezimmerung o. ä. und Sohlschluß. | Der Hohlraum muß in kleine Teilräume aufgeteilt werden; alle geöffneten Flächen müssen sofort gestützt werden; die Stadien des Einbaues einschließlich des Sohlschlusses mittels Sohlgewölbe sind zeitlich auf die Meßergebnisse abzustimmen. |
| nach den Stützmaßnahmen | | Sondermaßnahmen, wie chemische Verfestigung, Gefrierverfahren, etc. | |

classification of rock mass — Description de la qualité de roches en termes mécanique de roches

fahrungen aus dem Bau des Eisenbahntunnels nur qualitativ aber nicht quantitativ herangezogen werden.

Für die gebirgsmechanische Beschreibung der zu erwartenden Verhältnisse war die Luftbildauswertung (Abb. 2) eine wertvolle Ergänzung. Daraus

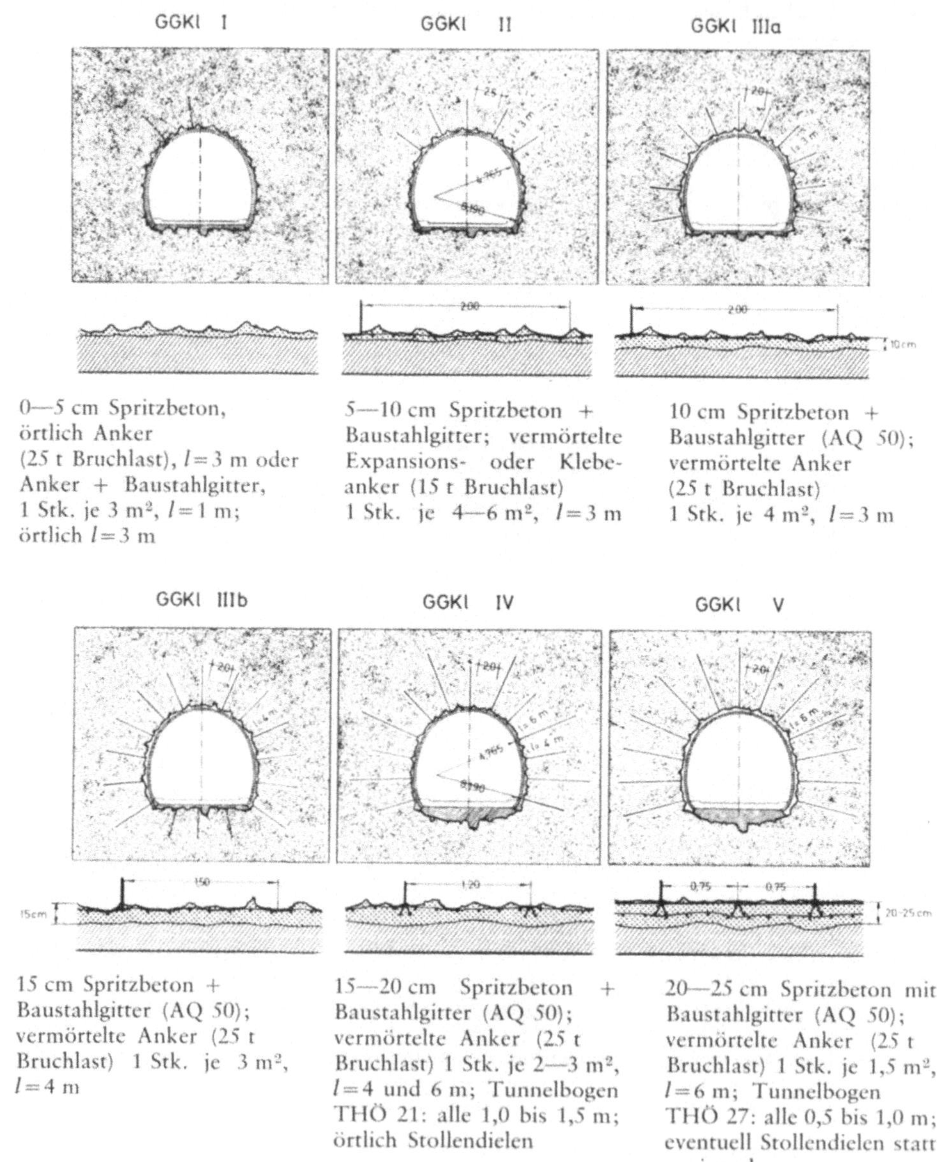


Abb. 5. Stützmaßnahmen für die einzelnen Güteklassen

Tunnel support for the specific rock mass classes

Moyen de support pour les classes individuelles de roches

ging hervor, daß im Vortunnel niedrige primäre Seitendrücke, im Haupttunnel im Bereich des Arlbergpaßes sehr hohe und im Bereich des Portales Langen sehr niedrige primäre Seitendrücke anzunehmen sind. Tatsächlich ist das Gebirge in den ersten 1000 m des Westabschnittes des Haupttunnels sehr stark aufgelockert.

Im Vergleich zum zweigleisigen Eisenbahntunnel, welcher einen freien Innenraum von 41 m² aufweist, ist jener des Straßentunnels (Abb. 3) mit 75 m² um rund 80% größer.

Weil die Reaktion des Gebirges von vornherein schwer abgeschätzt werden kann und um den unterschiedlichen Gebirgsverhältnissen Rechnung tragen zu können, wurden 6 Gebirgsgüteklassen ausgeschrieben. Von E. H. Weiss[1] wurden die zu erwartenden geologischen Bedingungen für jede Güteklasse beschrieben.

Von der Gebirgsmechanik her wurde ein entsprechendes Gebirgsverhalten jeder Güteklasse zugeordnet und dafür Bedingungen für den Ausbruch und die Stützung des Gebirges aufgestellt (Abb. 4). Die Stützmaßnahmen der einzelnen Güteklassen (Abb. 5) wurden aufgrund einer Berechnung des Ausbauwiderstandes nach Rabcewicz-Golser[2] abgestuft. Die Wirkung der Ankerung wurde durch die Annahme berücksichtigt, daß bei Bruchvorgängen die Anker die Abnahme der Scherfestigkeit und des inneren Reibungswinkels des Gebirges vermindern.

## 3. Meßprogramm

In Abständen von 20 bis 50 m, bei schwierigen Gebirgsverhältnissen sogar in Abständen von 10 m, werden Konvergenzmessungen durchgeführt. Diese Messungen erfolgen mit Invardrähten mit einer Genauigkeit von etwa 0,1 mm, welche weitaus genügt. In der Regel wird die Nullmessung der Meßstrecke H1 (Abb. 6) nicht später als 1 Tag nach dem Ausbruch der Kalotte abgelesen. Je nach der Vortriebsmethode wird nach dem Ausbruch der Strosse 1 oder 2 die Meßstrecke H2 angeordnet. Als Ergänzung werden Konvergenzen diagonal gemessen und die Firstsetzung auf geodätischer Basis bestimmt.

In geologisch ungünstigen Strecken wird ein Meßquerschnitt (Abb. 6) angeordnet. In diesen sind die Konvergenzmessungen integriert, um die Ergebnisse extrapolieren zu können. Folgende Geräte werden beim Arlbergtunnel verwendet:

a) Mehrfach-Stangenextensometer (E):

Diese werden in 12 m oder 15 m Tiefe verankert; im allgemeinen wird die Verformung der Hohlraumoberfläche und die Verformung des Gebirges in 3 m und 6 m Tiefe gegenüber dem Verankerungspunkt gemessen; mittels der Ergebnisse der Extensometermessungen kann die Anisotropie des Gebirgsverhaltens erfaßt und abgeschätzt werden, wie weit die Verformungen gegen den Hohlraum in das Gebirge reichen.

b) Mechanische Meßanker (MA):

Diese entsprechen den bei der Systemankerung verwendeten SN-Ankern, mit dem Unterschied, daß sie bei gleicher Querschnittsfläche innen hohl sind; im Innern dieser Stangen sind in 1,5, 3,0, 4,5 und 6 m Tiefe Meßgestänge mit der Ankerstange fest verbunden; es werden die Verformungen zwischen den Festpunkten im Anker und dem Ankerkopf gemessen. Die Differenz der Verformungen zwischen den einzelnen Festpunkten ist ein Maß für die Beanspruchung des Ankers in den einzelnen Bereichen; diese kann

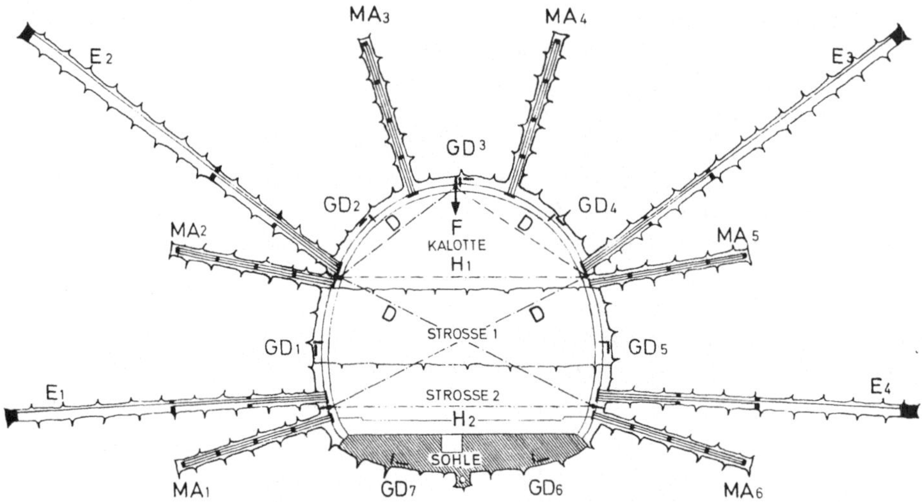


Abb. 6. Typischer Meßquerschnitt mit Verformungsmessungen (*F*, *H*, *D*), 3fach Extensometern (*E*), Meßankern (*MA*) und Druckmeßdosen (*GD*)

Typical measuring cross-section with deformation measurements (*F*, *H*, *D*), triple extensometers (*E*), measurement anchors (*MA*) and pressure cells (*GD*)

Section transversale typique de mesures avec des mesures des déformations (*F*, *H*, *D*) triple extensomètres (*E*), des ancres de mesures (*MA*) et des cellules de pression (*GD*)

mittels des E-Moduls in Spannungen ausgedrückt werden, dabei ist zu berücksichtigen, daß durch Biegungen etc. die Ergebnisse verfälscht sein können. Die zweite Ableitung der über die Verformungen aufgetragenen Kurve gibt die Schubübertragung zwischen Anker und Gebirge wieder, woraus die Wirkung der Anker abgeschätzt werden kann.

c) Spannungsmessungen mit Ventilgebern:

Die hydraulischen Meßdosen werden entweder radial zwischen Gebirge und Spritzbetonauskleidung oder tangential im Spritzbetongewölbe eingebaut; der abgelesene Radialdruck entspricht dem Ausbauwiderstand, der Tangentialdruck im Spritzbetongewölbe gibt die Beanspruchung desselben an; die quantitative Anzeige der Drücke ist oftmals von örtlichen Einflüssen abhängig, die Druckverteilung in Abhängigkeit des Bauablaufes gibt Aufschluß über die Wirkung des Stützgewölbes.

## 4. Geotechnische Messungen in der Überlagerungsstrecke des Vortunnels

### 4.1. Geotechnische Verhältnisse

Beim Vortunnel-Ost wurde anfänglich eine im Mittel 105 m lange Hangschuttstrecke durchörtert. Das anstehende Material besteht aus einer dichtgelagerten Mure. Bis zur Station 26 reicht der Bereich des Voreinschnittes, von dort steigt die Überlagerung bis zur Station 105 von 14 m auf 45 m an. Der Hang wird schräg angeschnitten, der Tunnel weist in der Überlagerungsstrecke eine Hanglage auf.

### 4.2. Bauweise

Die Überlagerungsstrecke wurde nach Güteklasse V in folgenden Etappen aufgefahren:

Zuerst wurde eine 3,5 m hohe Kalotte ausgebrochen, dann folgte nach rund 30 m der Ausbruch der gesamten 3,5 m hohen Strosse 1. Weitere 30 m dahinter wurde die 3 m hohe Strosse 2 ausgebrochen; wenige Meter dahinter folgte der Sohlenaushub und die Betonierung der Sohle. Wegen des hohen Wasserandranges wurde im Eingangsbereich ein Filter unter der Sohle eingebaut.

Die Stützmaßnahmen erfolgten im wesentlichen laut Regelplan mit dem Unterschied, daß anfänglich 4 und 6 m Anker, später nur 4 m lange Anker verwendet wurden. Auf den Einbau von Stahlstollendielen konnte verzichtet werden, statt dessen wurde das Spritzbetongewölbe mit einer zweiten Lage Baustahlgitter um 10 cm verstärkt.

### 4.3. Meßergebnisse

Die Firste setzt sich anfänglich mit einer Geschwindigkeit von 5 cm/Tag, der Einbau der Stützmittel führt im Kalottenbereich nicht zu einer entscheidenden Verlangsamung der Setzungen (Abb. 7). Beim Strossenabbau wird das Widerlager des Kalottengewölbes untergraben, es kommt zu einem weiteren Anstieg der Firstsetzungen. Diese klingen nach dem rasch aufeinanderfolgenden Ausbruch der Strosse 2 und der Sohle sowie dem Einbau des Sohlgewölbes ab.

Mit zunehmender Überlagerungshöhe nehmen die Firstsetzungen ab: während im Eingangsbereich Gesamtsetzungen von 30 bis 40 cm gemessen wurden, betragen diese am Ende der Hangschuttstrecke nur mehr 15 cm. Aufgrund der starken Firstsetzungen und der verhältnismäßig großen Steifigkeit des Ausbaues im Vergleich zum Lockermaterial werden die Kämpfer des Tunnels nach dem Kalottenausbruch gegen das Gebirge gedrückt. Die Konvergenzmessungen zeigen eine Verlängerung der Meßstrecke (Abb. 8).

Aus Extensometermessungen geht hervor, daß diese Bewegung anfangs auf beide Ulmen gleichmäßig aufzuteilen ist. Beim Ausbruch der Strosse 1 tritt eine Umkehr der Bewegungen auf. Die Extensometermessungen zeigen, daß dies nur durch die bergseitige Ulme bedingt ist, welche gegen den Hohlraum wandert, während die talseitige Ulme weiterhin gegen das Gebirge gedrückt wird; der Hohlraum wird aufgrund seiner Hanglage als Ganzes gegen die Talseite geschoben.

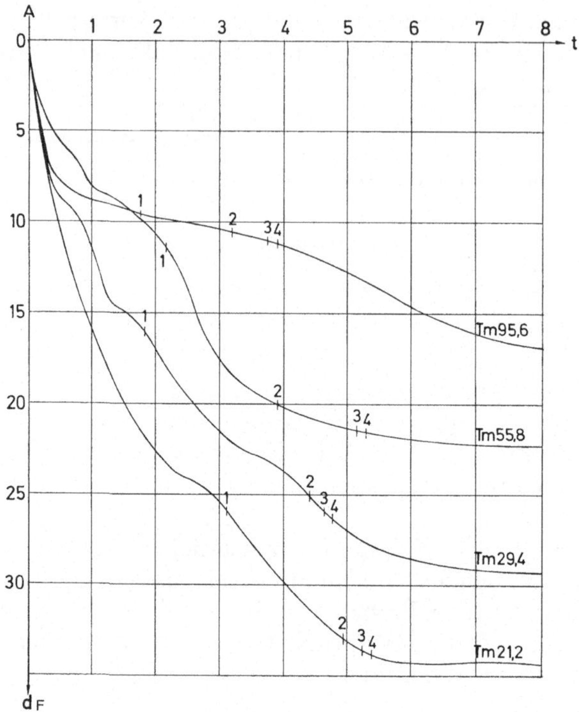


Abb. 7. Firstsetzungen in der Hangschuttstrecke des Vortunnels
Roof settlement in the loose material of the "Vortunnel"
Tassement du toit aus débris du "Vortunnel"

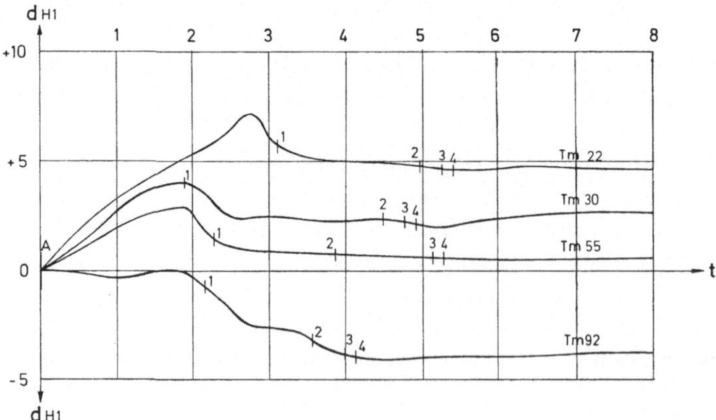


Abb. 8. Konvergenzverformungen in der Hangschuttstrecke des Vortunnels
Deformation of the sidewalls in the loose material of the "Vortunnel"
Déformations de convergence aux débris du "Vortunnel"

Mit zunehmender Überlagerung nehmen die Bewegungen gegen das Gebirge ab, der Ausbau stützt sich im Kämpferbereich zunehmend besser ab, durch die Gewölbewirkung nehmen dadurch auch die Firstsetzungen ab. Aus den Ergebnissen der Ankermessungen geht hervor, daß die Anker im Bereich der Ulmen anfänglich auf Druck beansprucht werden, und zwar insbesondere jene auf der Talseite.

Dies resultiert aus den Bewegungen des Hohlraumes gegen das Gebirge. Analog dazu geht die Beanspruchung der Anker beim Strossenbau meistens von Druck auf Zug über.

Die Ergebnisse der Ankermessungen bei Station 22 sind in Abb. 9 dargestellt. Die ersten Meßanker wurden hier unmittelbar vor dem Strossenausbruch eingebaut. Die Druckbelastung des Ankers M3 kann nur dadurch

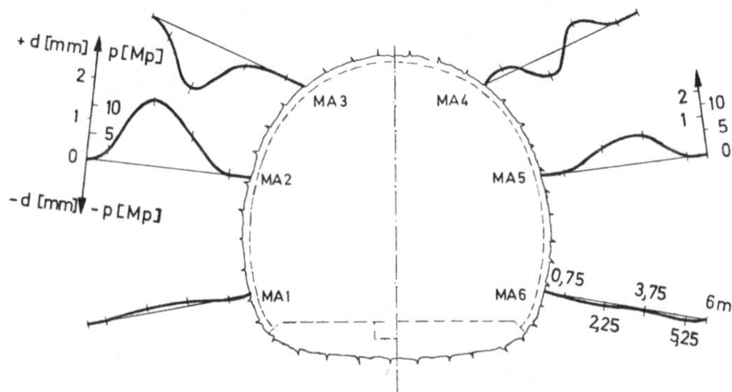


Abb. 9. Beanspruchung der Anker in der Hangschuttstrecke des Vortunnels bei Station 22, drei Wochen nach Ringschluß

Stress on the anchorage in the loose material of the "Vortunnel" at Station 22, three weeks after completion of the invert arch

Contrainte sur les ancres aux débris du "Vortunnel" à Station 22, trois semaines après avoir fini le radier

erklärt werden, daß die Ulme gegen den Hohlraum wandert, während sich die Firste weiter senkt; auf Grund der Steifigkeit der Tunnelbogen wird der Bereich zwischen Ulme und Firste gegen das Gebirge gedrückt.

Aus diesen und anderen Ergebnissen wurde folgendes festgestellt:

1. die Anker im Firstbereich tragen wenig zur Kraftübertragung bei;
2. die Anker im Ulmenbereich sind am stärksten zwischen 3,0 m und 4,5 m Tiefe beansprucht und nicht voll ausgelastet;
3. die Anker oberhalb der Sohle werden kaum belastet;
4. die Anker werden beim Ringschluß geringfügig entlastet.

Die Spannungsmessungen vervollständigen das Bild über die Umlagerungsvorgänge während des Vortriebes:

Der radiale Druck ist auf der Bergseite höher als auf der Talseite; beim Ausbruch der Strosse 1 nimmt die Spannung im Kämpferbereich plötzlich ab, sie steigt im Zuge des weiteren Ausbruchvorganges wieder an und bleibt vom Zeitpunkt des Ringschlusses an konstant. Bei Station 72,5 (Abb. 10) wurden auf der Bergseite sehr hohe Spannungen gemessen, welche über den

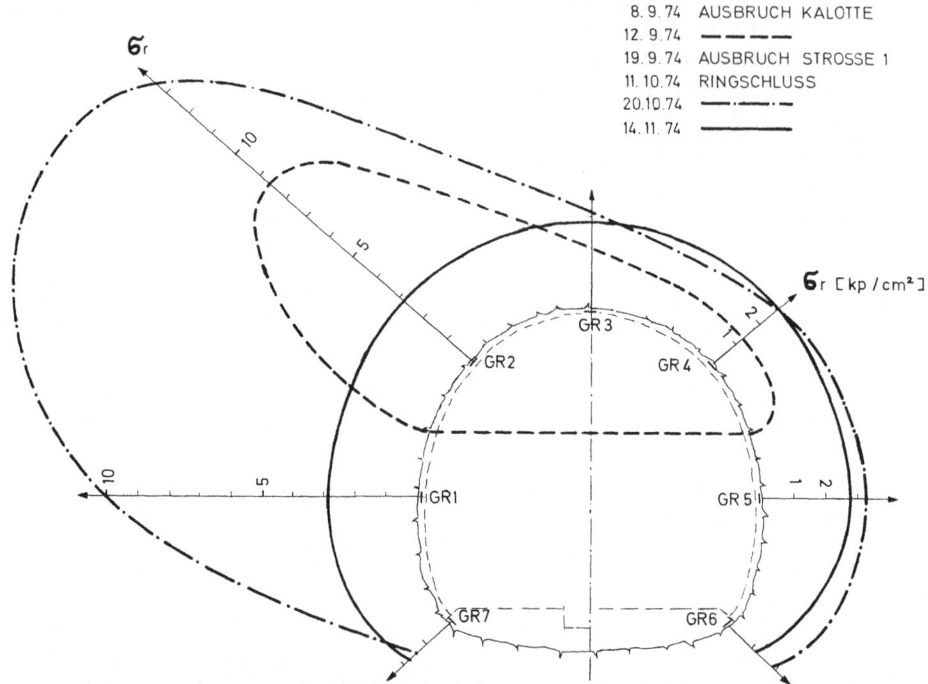


Abb. 10. Radiale Druckverteilung in der Hangschuttstrecke des Vortunnels bei Station 72,5

Radial stress distribution in the loose material of the "Vortunnel" at Station 72.5

Contrainte radiale aux débris du "Vortunnel" à Station 72,5

errechneten Werten nach der Scherbruchtheorie liegen. Etwa 3 Wochen nach dem Ringschluß sanken diese plötzlich ab; daraus kann geschlossen werden, daß es sich um örtliche Spannungsspitzen handelte.

## 4.4. Auswirkungen auf das Baugeschehen

Nachdem die Messungen gezeigt haben, daß die Firstsetzungen sehr rasch auftreten und erst durch den Ringschluß beherrscht werden, wurde der gesamte Arbeitsvorgang auf ein Minimum reduziert. Der Abstand Kalottenausbruch — Ausbruch Strosse 1 — wurde von anfangs 3 Wochen auf $1^1/_2$ bis 2 Wochen reduziert. Das Sohlgewölbe wurde nach 4 bis 5 Wochen eingebaut. Nachdem die Anker im Firstbereich keine wesentlichen Kräfte übernehmen, wurde die Ankerlänge generell auf 4 m beschränkt. Statt dessen wurde der Spritzbeton verstärkt, um die Stützwirkung des Gewölbes zu erhöhen.

## 5. Geotechnische Messungen in der Eingangsstrecke des Haupttunnels—West

### 5.1. Geotechnische Verhältnisse

Im Haupttunnel-West wurde ein dünnschiefriger Glimmerschiefer angefahren. Das Gebirge ist stark zerrüttet und tektonisch durchbewegt sowie streckenweise stark bergfeucht. Obwohl sich der Gesteinstyp unwesentlich ändert, wurde augrund von unterschiedlichen Gefügetypen und von Schwankungen im Zerlegungsgrad sehr unterschiedliches Gebirgsverhalten festgestellt.

Die Überlagerung beträgt:

| | |
|---|---|
| beim Portal: | 15 m |
| bei Station 100: | 70 m |
| bei Station 200: | 110 m |
| bei Station 300: | 130 m |
| bei Station 400: | 150 m |

In der Eingangsstrecke liegt der Tunnel etwas höher als die Talfurche der Alfenz; der Abstand der kürzesten Bergfeste ist geringer als die Überlagerung. Die natürliche Hangneigung beträgt 35 bis $40^0$. Aus einer Berechnung geht hevor, daß die Größe der Hauptnormalspannung nach dem Rankineschen Spannungszustand mit jener aus der Überlagerung übereinstimmt.

### 5.2. Bauweise

Der Vortrieb erfolgte nach der Gebirgsklasse IV in folgenden Abschnitten:

Zuerst wurde eine 4 bis 4,5 m hohe Kalotte ausgebrochen, nach 60 bis 100 m folgte der Ausbruch der 3 m hohen Strosse 1 jeweils halbseitig. In einem Abstand von 40 m bis 60 m wurde die 3 m hohe Strosse 2 ebenfalls schrittweise halbseitig ausgebrochen. Der Ringschluß erfolgte 120 bis 150 m hinter der Ortsbrust.

Die Stützmaßnahmen wurden entsprechend den Regelplänen ausgeführt, teilweise mußten sie durch zusätzliche Ankerungen verstärkt werden; aufgrund der Meßergebnisse wurde in den weiteren Strecken die Ankerung von vornherein verstärkt.

### 5.3. Meßergebnisse bei Station 200

Bei Station 200 (Abb. 11) tritt nach dem Ausbruch der Kalotte eine deutliche Verlangsamung der Konvergenzgeschwindigkeit auf; dies deutet darauf hin, daß dieses Zwischenbaustadium nicht kritisch ist. Nach dem Ausbruch der Strosse 1 tritt eine wesentlich geringere Beruhigung der Konvergenzgeschwindigkeit auf, beim Ausbruch der Strosse 2 kommt es daher zu hohen Verformungen der unteren Ulmen. Der Ringschluß erfolgte bei noch hoher Konvergenzgeschwindigkeit, die Verformungen nehmen ab, kommen jedoch nicht ganz zur Ruhe. Aus den in diesem Bereich durchgeführten Extensometermessungen geht hervor, daß die talseitige Ulme viel stärker gegen den Hohlraum drängt. Die geologischen Aufnahmen haben ergeben, daß in diesem Bereich eine Störungszone außerhalb des talseitigen Ulm entlangstreicht und die starken Bewegungen verursacht. Diese Störungszone hatte auf den Kalottenausbruch keine starke Wirkung, sie kam erst beim

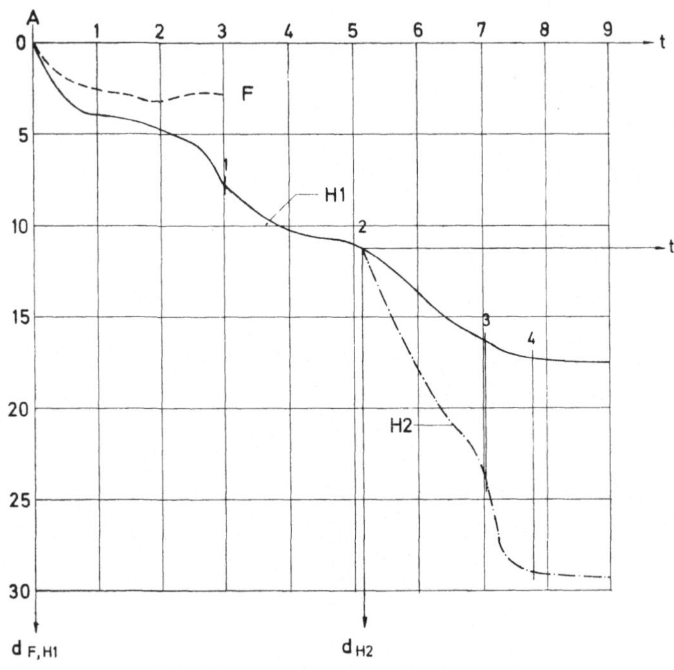


Abb. 11. Hohlraumverformung im Haupttunnel-West bei Station 200
Deformation of the tunnel's inner surface in the "Haupttunnel" west at Station 200
Déformations de pore au "Haupttunnel" ouest à Station 200

Strossenabbau zur Geltung und führte dazu, daß nach dem Ringschluß im Kämpferbereich ein Scherbruch auftrat, bei dem neben Scherrissen im Spritzbeton auch ausgeknickte Tunnelbogen festgestellt wurden (Abb. 12).

Nach vorsichtigem Ausschrämen und Wiederherstellen des Stützgewölbes in diesem Bereich nahmen die Verformungen weiter ab. Es wurde eine fast gleichbleibende Restkonvergenzgeschwindigkeit von im Mittel 5 mm/Monat gemessen. Da in diesem Bereich die Überlagerung lediglich 110 m beträgt und aufgelockertes Gebirge vorherrscht, wurden diese Bewegungen auf Auflockerungserscheinungen zurückgeführt und der Einbau des Innengewölbes angeordnet. Die danach gemessenen Verformungen und Spannungen sind sehr gering.

### 5.4. Auswirkungen der Meßergebnisse bei Station 200 auf das Baugeschehen

Aufgrund der Extensometermessungen wurde als Ursache der starken Bewegungen beim Strossenabbau die talseitige Störungszone erkannt. Aus diesem Grund wurden alle Tunnelbogen bis zur Sohle fortgesetzt und nicht

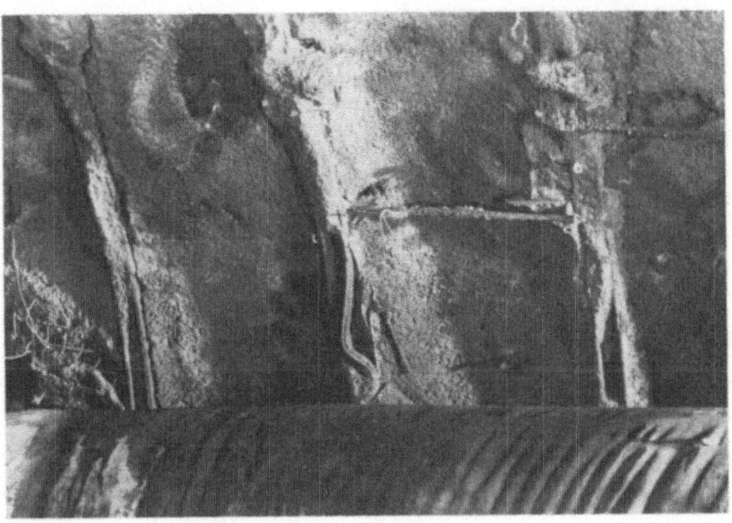

Abb. 12. Scherbruch im Kämpferbereich im Haupttunnel-West bei Station 200 (Werkfoto Arge ATW)

Shear failure at the abutment area in the "Haupttunnel" west at Station 200 (Photo Arge ATW)

Faille de cisaillement à la poutre du "Haupttunnel" ouest à Station 200 (Photo Arge ATW)

wie vorgesehen nur jeder zweite. Nachdem sich zeigte, daß durch eine Nachankerung die Verformungen nicht vermindert werden konnten, wurde alles darangesetzt, den Ringschluß möglichst rasch herzustellen. Da die Verformungen nach dem Ringschluß stark abgenommen haben, konnte davon ausgegangen werden, daß die Spannungsumlagerungen im wesentlichen abgeschlossen waren. Die Schäden aufgrund der örtlichen Überbeanspruchung des Stützgewölbes konnten daraufhin ohne zusätzliche Sicherungsarbeiten behoben werden.

### 5.5. Meßergebnisse zwischen Station 300 und 400

Aufgrund der Meßergebnisse in der Strecke bis Station 300 wurde der Ankerausbau gegenüber dem Regelplan durch 9 m lange Anker am Fuß der Kalotte verstärkt.

Aus den Messungen bei Station 362 (Abb. 13) geht hervor, daß die Verformungen nach dem Kalottenausbruch wie auch nach dem Strossenabbau jeweils stark abnehmen. Der Ausbruch der Sohle und der Ringschluß haben keinen wesentlichen Einfluß auf die Verformungen. Der Ringschluß ist daher ähnlich wie das Innengewölbe als zusätzliche Sicherheit bezüglich Langzeiterscheinungen zu betrachten.

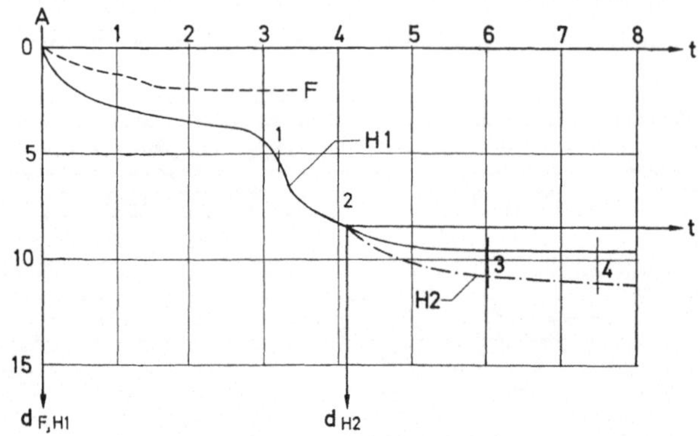


Abb. 13. Hohlraumverformungen im Haupttunnel-West bei Station 362
Deformations in the "Haupttunnel" west at Station 362
Déformations de pore au "Haupttunnel" ouest à Station 362

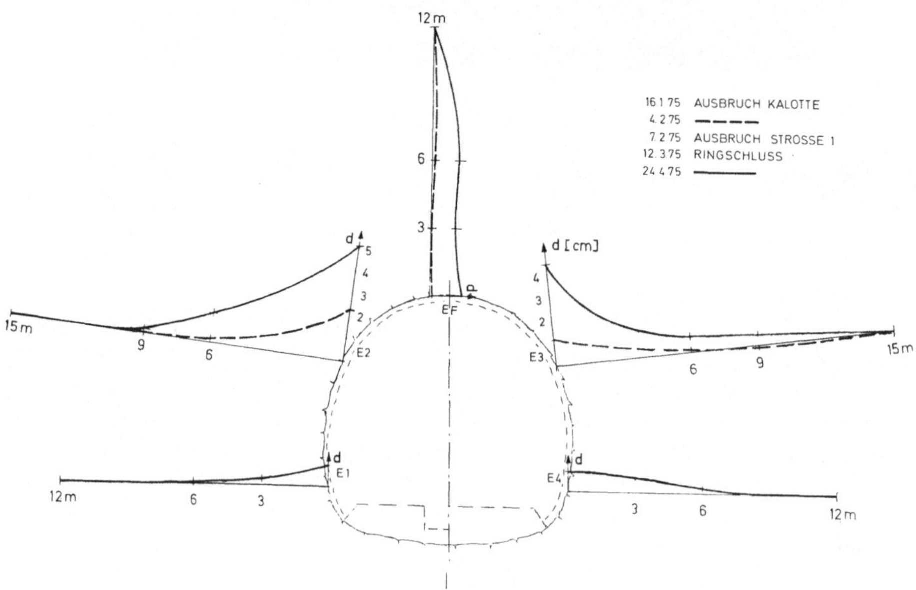


Abb. 14. Gebirgsverformungen im Haupttunnel-West bei Station 322
Rock mass deformations in the "Haupttunnel" west at Station 322
Déformations de roche au "Haupttunnel" ouest à Station 322

Bei Station 322 (Abb. 14) wurden zur Feststellung der Gebirgsverformungen Extensometermessungen angeordnet. Der Firstextensometer, der 12 m tief verankert ist, zeigt nach dem Kalottenausbruch praktisch keine

Verformungen an. Die Firstsetzungen treten wegen des steilen Einfallens der Schichten und dem losen Gebirgsverband so rasch auf, daß sie durch die Messungen nicht erfaßt werden. Aus diesem Grund übernehmen auch die Firstanker meistens nur geringe Kräfte. Aus den Meßergebnissen kann abgeleitet werden, daß die Bruchzonen in den Ulmen etwa 10 m tief ins Gebirge reichen.

### 5.6. Auswirkungen der Meßergebnisse zwischen Station 300 und 400 auf das Baugeschehen

Die Ankerung in der Firste hat wenig Wirkung, daher ist für die Stützung des Gebirges nach dem Kalottenausbruch der sofortige Einbau der Tunnelbogen notwendig. Die Kräfte, die aus dem aufgelockerten Bereich über der Firste herrühren, werden über die Tunnelbogen auf die Kämpfer übertragen und müssen von den Ankern aufgenommen werden. Da die Anker durch die Tunnelbogen versetzt wurden, wurden diese teilweise zusätzlich seitlich belastet. Dies war eine der Ursachen für das Abreißen der Ankerköpfe. Im weiteren wurden daher die Anker mit Platten versehen seitlich neben den Tunnelbogen versetzt. Aus den Messungen ging weiters hervor, daß die Anker voll ausgelastet sind. Daher wurde die Ankerdichte in den Ulmen erhöht. Außerdem wurde die Länge der Anker von 6 m auf 9 m vergrößert, weil die Anker beträchtlich innerhalb der Bruchzone lagen. Es wurde jedoch nicht für erforderlich erachtet, die Anker außerhalb der Bruchzone zu verankern.

## 6. Wirkungsweise der Anker

Aufgrund der umfangreichen Messungen, insbesondere dem Vergleich aller Ergebnisse eines Meßquerschnittes kann die Wirkungsweise der Anker abgeleitet werden. Dazu ist es notwendig, kurz auf die Bruchvorgänge im Gebirge einzugehen. Anhand der Versuche zur Bestimmung der sogenannten kompletten Spannungs-Dehnungs-Kurve konnten die Bruchvorgänge in Gesteinen erfaßt werden; diese Erkenntnisse können im Prinzip auch auf das Gebirge übertragen werden.

In Abb. 15 sind die wichtigsten Stadien der Bruchvorgänge schematisch dargestellt. Bei der Belastung eines Körpers werden zuerst etwa vorhandene Risse geschlossen, bevor sich eine elastische Verformung einstellt. Ab einem Spannungsniveau, welches aus den Spannungs-Querverformungskurven leichter abgelesen werden kann, entstehen aufgrund der Überschreitung der Zugfestigkeit an bestehenden Hohlräumen Risse im Körper, die sich in Richtung der Hauptnormalspannung fortpflanzen. Die Rißbildung (siehe Abb. 15) führt nicht unmittelbar zum Versagen des Materials.

Bei Erreichen der maximalen Festigkeit beginnen sich die Risse miteinander zu verbinden, es bilden sich mehrere potentielle Bruchflächen. Dieses Stadium hängt von der Steifigkeit des den Körper umgebundenen Materials ab[3]. Schließlich kommt es zur Ausbildung einer durchgehenden Bruchfläche und zum Abscheren entlang dieser. Es verbleibt die Restfestigkeit des Materials, welche auch in Scherversuchen festgestellt wird.

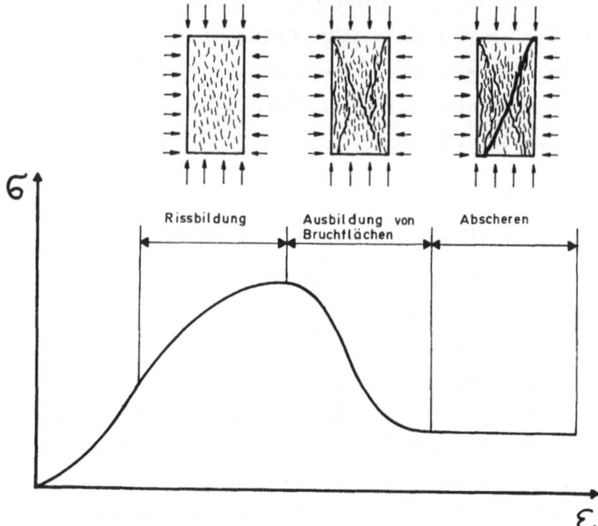


Abb. 15. Schematische Darstellung der Bruchvorgänge
Schematic diagram of the rupture
Illustration schématique de la faille

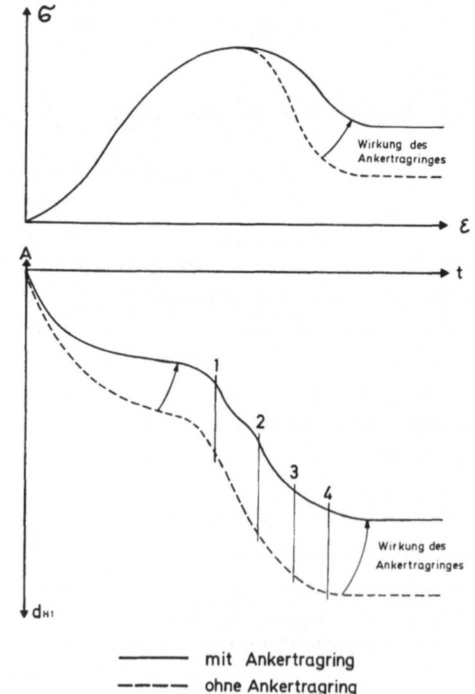


Abb. 16. Wirkungsweise des Ankerausbaues
Effect of the anchorage as support
Efficacité de l'ancre comme support

Die Anker können bei der Rißbildung nicht wirksam werden, denn diese ist von örtlichen Spannungskonzentrationen abhängig, die von den Ankern nicht beeinflußt werden können, außer die Anker werden vorgespannt; auch in diesem Fall ist die Wirkung sicherlich untergeordnet. Bei der Bildung der Bruchflächen werden die Anker wirksam, da sie Bewegungen vermindern und die Scherspannung entlang dieser Flächen erhöhen.

Abschließend wird die Wirkung der Anker auf den Verformungsablauf (Abb. 16) hypothetisch angegeben. Die Anfangsbewegungen können nur geringfügig beeinflußt werden, sobald sich jedoch Bruchvorgänge einstellen, wird der Bewegungsablauf durch die Anker verlangsamt. Durch die Ankerung wird erreicht, daß in den Zwischenbaustadien weniger hohe Verformungsgeschwindigkeiten auftreten und diese daher leichter beherrscht werden.

## Literatur

[1] Weiss, E. H.: Die baugeologische Prognose für den Arlberg-Straßentunnel. Rock Mechanics, Suppl. 4.

[2] Rabcewicz, L. v., und J. Golser: Principles of dimensioning the supporting system for the “New Austrian tunneling method”. Water Power, March (1973).

[3] Egger, P.: Einfluß des Post-Failure-Verhaltens von Fels auf den Tunnelausbau. Veröffentlichungen des Inst. für Bodenmechanik und Felsmechanik der Universität Karlsruhe, Heft 57 (1973).

Anschrift des Verfassers: Dipl.-Ing. Dr. techn. Max John, Ingenieurgemeinschaft Lässer-Feizlmayr, Siebererstraße 3, A-6020 Innsbruck, Österreich.

Rock Mechanics, Suppl. 5, 179—190 (1976)


# Model Tests for Slope Tunnels in Jointed Rocks

By

**Brijendra Sharma**

With 10 Figures

## Summary — Zusammenfassung — Résumé

*Model Tests for Slope Tunnels in Jointed Rocks.* The deformation behaviour of jointed rock mass in the vicinity of slope tunnels was investigated using two-dimensional model tests with equivalent model material.

About 3×3 m models were constructed using hydraulically-pressed small rectangular blocks with a regular joint pattern having two orthogonal joint sets. The deformations for the different stages of excavation of the slope and the tunnel were determined from photographic plates of the model using a specially developed photogrammetric method.

The main variables in the study were the joint orientation, the location of the tunnel opening and the height of the slope. The model tests are classified into three different groups depending upon the inclination of the main joint set and the angle of friction along the joints.

The characteristic deformation behaviour of the rock mass for each group, following the excavation of the tunnel, is discussed. The development of "loosening zones" over the tunnel opening in some cases and their extent is shown. A relationship between the height of "loosening zones" and the joint orientation is proposed to assess the likely loading on a tunnel support for a preliminary design. Further, the main direction of loading on the tunnel support for different joint orientations is indicated.

The influence of excavation of the tunnel opening on the stability of the structure, i. e. rock slope and tunnel, is discussed. Criteria for controlling the safety of the structure through simple measurements of rock mass movement on or near the surface are suggested.

Further, the necessity of a proper location and arrangement of in-situ deformation measurements in a proposed tunnel in relation to the joint orientation is indicated.

*Modelluntersuchungen an Lehnentunneln in geklüftetem Fels.* Das Verformungsverhalten von geklüftetem Fels in der Umgebung von Lehnentunneln wurde an zweidimensionalen Modellversuchen mit äquivalentem Modellmaterial untersucht.

Der Modellkörper wurde in einem 3×3 m großen Rahmen aus 12×4×4 cm großen Elementen mit einem regelmäßig schematisierten Kluftgefüge aufgebaut. Mit einem speziellen photogrammetrischen Meß- und Auswertungsprogramm wurden alle Verformungsstadien vom Ausgangszustand an verfolgt.

In der Versuchsserie wurden Kluftstellung, Lage des Tunnels und Böschungshöhe variiert. Entsprechend der Kluftstellung wurden die Versuche in verschiedene Gruppen eingeteilt.

Das Verformungsverhalten der Felsmasse und die Entwicklung von Auflockerungszonen in Versuchen der einzelnen Gruppen werden diskutiert. Aufgrund der Versuchsergebnisse kann ein Verhältnis zwischen der Höhe der Auflockerungszone und der Stellung der Klüfte vorgeschlagen werden. Hieraus läßt sich die Belastung der Tunnelauskleidung für die Vordimensionierung abschätzen. Ferner können die Richtungen der Hauptbelastung angegeben werden.

Die Versuchsergebnisse erlauben es, Empfehlungen für die Disposition von In-situ-Meßvorhaben auszusprechen. Ferner lassen sich Kriterien zur Überwachung der Stabilität des Bauwerkes durch Verschiebungsmessungen an der Böschungsoberfläche angeben.

*Essais réduits sur un tunnel penché dans une roche fissurée.* Les déformations d'une roche fissurée aux environs d'un tunnel penché ont été étudiées dans des essais à échelle réduite à deux dimensions dans lesquels on a utilisé un matériau modèle équivalent.

Le échantillon a été construit dans un cadre de $3 \times 3$ m avec des éléments mesurant $12 \times 4 \times 4$ cm; il présente une structure fissurée régulière. Les déformations pour différentes étapes de l'excavation du tunnel ont été observées avec des méthodes photogrammétriques spéciales.

Dans la série d'essais, l'orientation des fissures, la position du tunnel et la hauteur du talus ont été variées. Les essais ont été classifiés dans différents groupes selon l'inclinaison des directions principales des fissures.

Le comportement aux déformations de l'ensemble rocheux et la formation de zones de dilatation sont discutés pour chaque groupe d'éssais.

A partir des résultats de ces études, une relation entre la hauteur de la "zone de dégagement" et la position des fissures est proposée. Ceci permet d'estimer la charge s'exerçant sur la voûte du tunnel dans le cadre d'une estimation de charge d'un avant-projet. D'autre part on peut indiquer les directions principales de charge.

Les résultats permettent de faire des recommandations au sujet de l'emplacement des appareils de mesure. Par ailleurs, on peut indiquer des critères de contrôle de la stabilité de la structure à l'aide de mesures de déformations à la surface du talus.

## Introduction

Shallow tunnels that run near a natural slope are fairly common both in highway as well as in hydropower projects. Whenever such tunnels are to be designed and constructed, the engineer is faced with the problem of estimating the expected loads on the tunnel support, both in magnitude and direction, and the corresponding deformations and the extent of loosening of the rock mass around the tunnel. This information forms the basis of the design and dimensioning of the tunnel.

Estimation of these loads and deformations is not easy even for the normal shallow tunnels. In case of slope tunnels the influence of the already existing slope face makes the problem even more complex.

Some attempts have been made in the past to study this problem. Stini (1950) investigated slope tunnels from an engineering geological point of view and has given empirical recommendations regarding the minimum rock cover required for different types of rocks. Methods for determining loads on tunnel supports and for analysing the stability of the surrounding rock mass have also been proposed (see Imhof, 1944, Jaeger, 1961, and Kastner, 1971). These methods are, however, applicable only in some very special cases (like a tunnel in loose cohesionless rock), as they are based on earth pressure theories used in soil mechanics. For tunnels in rocks such methods have, therefore, very limited applicability.

Rock masses in general are not only inhomogeneous and anisotropic but are also jointed. These joints often have a major influence on the rock mass behaviour, and this characteristic has to be considered if an analysis and design for constructions in rock is to be relevant and useful for engineering purposes.

This paper describes a model investigation carried out for studying the problem of slope tunnels in jointed rocks.

## Scope and Aim of the Investigation

Beside the strength and deformation characteristics of the individual rock elements, the characteristics of the joints in rock (e. g. orientation, spacing, roughness, degree of joint continuity etc.) and the geometry of the mass with tunnel (e. g. inclination and height of the slope, location of the tunnel with respect to the slope face) could be considered as the possible parameters having influence on the problem. In the investigation described the number of parameters was limited to three important ones:

— the orientation of the joints,
— the location of the tunnel,
— the height of the slope.

Further, the problem was treated as two-dimensional, assuming the geological and geomechanical characteristics parallel to the slope to be constant.

The aim of the investigation was to understand the mechanical behaviour of the rock mass around the tunnel opening as influenced by the above parameters. This understanding should help in predicting more accurately the deformation patterns and the development of "zones of loosening" and thereby in estimating the likely loading on the tunnel support.

## Model Tests

The model tests were conducted using an equivalent model material consisting of a mixture of barite, zinc oxide and paraffin oil (Sharma, 1973). Rectangular blocks of this material were used to construct a schematically jointed test model (Fig. 1). The joint pattern used (similar to the one often found in sedimentary rocks) consisted of a main set of continuous joints and another set normal to it having a degree of joint continuity equal to 0.5.

A slope surface was created in the model by excavating in layers, thereby causing definite deformations in the model. This excavation leads to a sort of "unloading" and "loosening", particularly near the surface, which represents more realistically the conditions existing in rock mass near slopes in nature. A circular tunnel opening was then created by excavating in stages.

The deformations of the rock mass for the various stages of excavation were determined photogrammetrically using a stereo-comparator and a com-

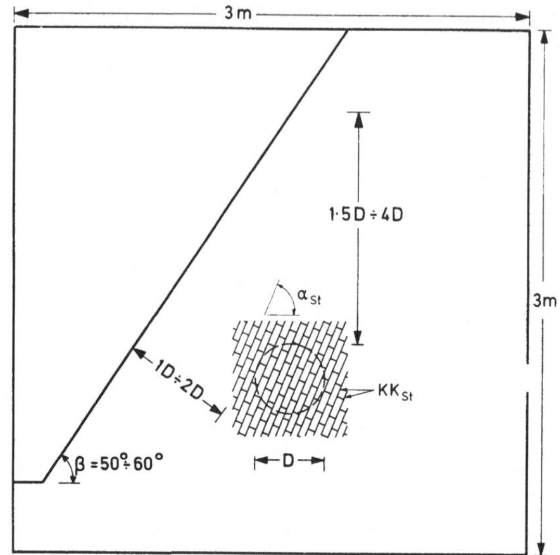


Fig. 1. Test model — Versuchsmodell — Essai à échelle réduite

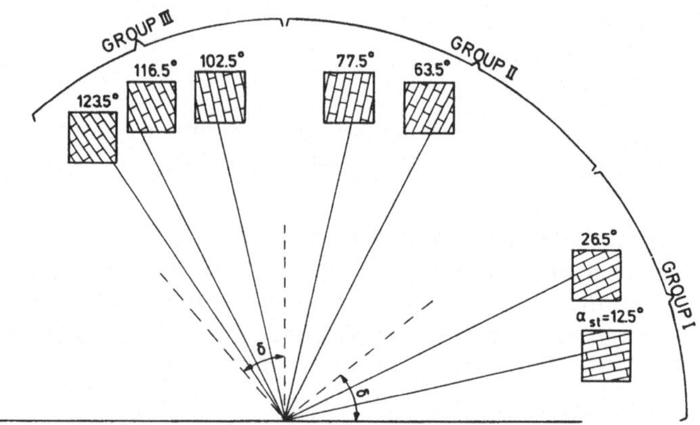


Fig. 2. Variation of joint orientation in the test series
$\delta$ angle of friction along joints; $\alpha_{st}$ inclination of main joint set
Variation der Gefügestellung in der Versuchsserie
$\delta$ Kluftreibungswinkel; $\alpha_{st}$ Neigungswinkel der Bankungsklüfte
Déformation d'une roche fissurée dans une série d'essais
$\delta$ angle de frottement de long des fissures. $\alpha_{st}$ angle d'inclinaison des directions principales des fissures

puter program specially developed for this purpose. While the joint pattern and material properties were kept constant during the test series, the joint orientation was changed from test to test (Fig. 2).

## Test Results

The change in the orientation of joints resulted not only in quantitatively different deformations but also in basically different deformation behaviour of the rock mass in the vicinity of the tunnel opening. According to the joint inclination the tests could be divided into three groups:

Group I: $0 < \alpha_{st} < \delta$ — main joint set falling flatly towards the slope.

Group II: $\delta < \alpha_{st} < 90^0$ — main joint set falling steeply towards the slope.

Group III: $90^0 < \alpha_{st} < 90^0 + \delta$ — main joint set falling steeply away from the slope,

where $\alpha_{St}$ is the inclination of the main joint set and $\delta$ is the angle of friction along the joints.

Some test results typical of each of the three groups are discussed here.

### Group I

Due to the flat joint orientation of the main joint set the excavation of the slope resulted in very small deformations in tests of this group. On excavation of the tunnel opening the flat layers over the opening act as

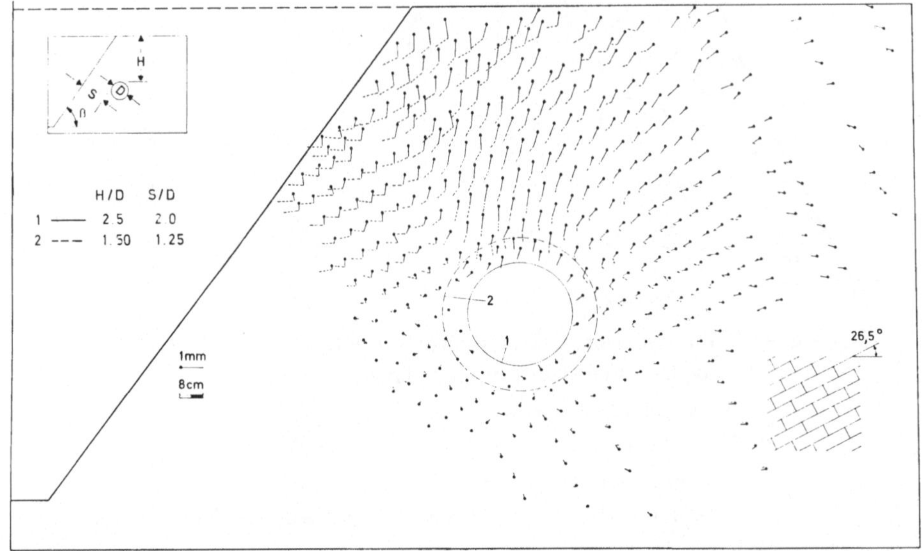


Fig. 3. Deformation of the rock mass for excavation stages 1 and 2 ($\alpha_{st} = 26.5^0$)
Verschiebungen bei Ausbruchstadien 1 und 2 ($\alpha_{st} = 26,5^0$)
Déformations lors des étapes 1 et 2 de l'excavation ($\alpha_{st} = 26,5^0$)

beams and for small spans (i. e. small diameter of the opening) are easily able to bridge over the opening. The deformations for this stage of excavation (shown by full lines in Fig. 3) are thus small and essentially directed towards the opening. Enlargement of the opening not only increases the deformations but also results in a change in the direction of movement in some parts. Directly above the opening the layers further sag towards it, thereby pushing the rock mass on the sides away from it; the discontinuous joints normal to the main joint set open up in the middle and at the ends of the beam thus tending to seperate the rock mass directly above the opening from the rest. This either leads to a dome-shaped overbreak or a complete collapse if the rock cover between the slope face and the tunnel wall is not large enough to support the rock arch above the tunnel opening.

Many tests in this group with different heights of the slope and other joint inclinations indicate that a rock cover of 1.25 times the tunnel diameter is necessary for the formation of a stable arch over the opening. In all

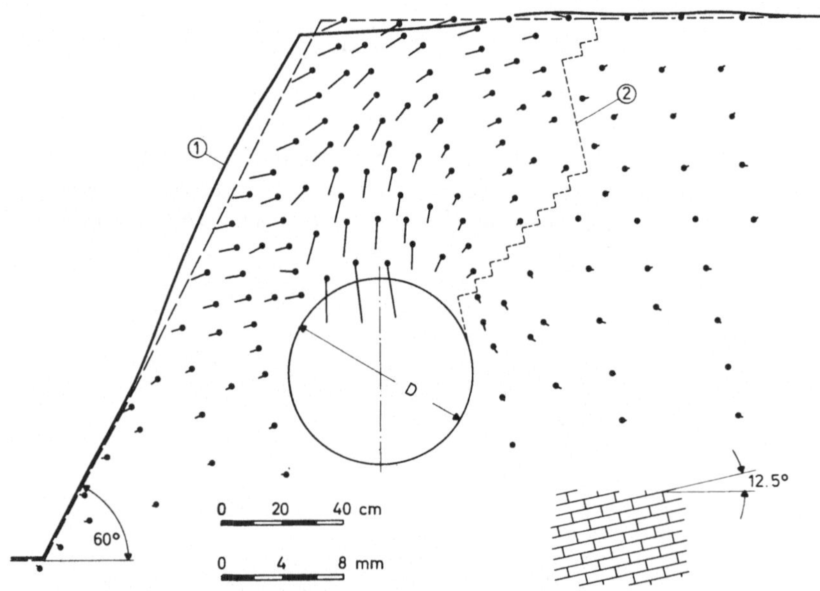


Fig. 4. Deformation of rock mass just before failure ($\alpha_{st} = 12,5^0$)
*1* slope face after deformation; *2* latent failure surface

Verschiebungen kurz vor dem Bruch ($\alpha_{st} = 12.5^0$)
*1* Böschung nach der Verformung; *2* latente Gleitfläche

Déformations peu avant la rupture ($\alpha_{st} = 12.5^0$)
*1* talus après la déformation; *2* surface de glissement latente

other respects the presence of the slope surface did not seem to have any influence above or on the sides of the tunnel opening. The main direction of loading on the tunnel support will be from the top and normal to the main joint set. The tunnel support can thus be designed and dimensioned like normal shallow tunnel supports without slope.

The stress redistribution following the excavation of the tunnel, however, tends to decrease the stability of the slope even for flat joints. The manner of transfer of load from above the tunnel to the rock mass between the tunnel and slope face increases considerably the shear force along main joints and can lead to failure. The direction of movement on and near the slope surface thus gives a good idea of the state of deformation (and, therefore, of the state of stability) of the structure. With approaching instability the deformation vectors near the slope face become flatter and by and large parallel to the main joint direction. Thus the layers in this zone start sliding along these joints. Fig. 4 from a test with a flatter joint inclination — $\alpha_{st} = 12.5^0$ — shows the deformation pattern for an excavation stage just before failure, which is similar to that of Fig. 3 for the second stage of excavation.

The direction of movement measured at a few points on or near the surface can thus serve as a good and simple way of controlling the stability of the structure, i. e. rock slope and tunnel.

## Group II

Increasing the inclination of main joint set above the angle of friction along joints leads to a tendency of sliding of the rock mass. As the tunnel is excavated the rock mass overlying the opening and bounded by the two joint surfaces along the walls of the tunnel opening tends to slide into the opening, resisted by the frictional component of the normal pressure on the boundaries. A portion of the overlying rock mass separates itself from the rest and the weight of mass beyond this zone is supported by the surrounding mass by arching action. This zone above the opening which breaks up from the rest, is destressed, and tends to slide into the opening, will be termed as "loosening zone" and the weight of this zone has to be supported by the tunnel support. The height of this zone increases with the inclination of the joints. An estimate of the height of this zone and thus of the likely load on the tunnel support for a preliminary design can be made using the curve in Fig. 5 which shows the height of the "loosening zone" in terms of the tunnel diameter for different joint inclinations. It is obvious that the height of this zone for the trivial case of vertical joints would be infinite provided the tunnel opening is not so far away from the slope surface that the later has practically no effect on it.

The deformations in other parts of the rock mass were extremely small and the remaining rock mass could be considered stable.

## Group III

The test with joints falling steeply into the mountain away from the slope show an interesting deformation pattern very much different from that of group I, and similar to that of group II only in some respects. For a test with a very steep joint set ($\alpha_{st} = 102.5^0$) a "loosening zone" was formed in the first stage of the excavation itself. The height of this zone was, however, considerably smaller than the height of the zone for the corresponding angle in group II (see Fig. 5). Deformation vectors for this test are shown in Fig. 6. According to the direction of movement, the rock mass could be divided into two zones. Above the opening the rock mass moves towards the opening parallel to the main joint direction which manifests itself in the formation of a loosening zone and an ultimate sliding of the rock mass into the opening if left unsupported. Outside this zone the movement is towards the slope surface. Near the toe the deformations are very small and

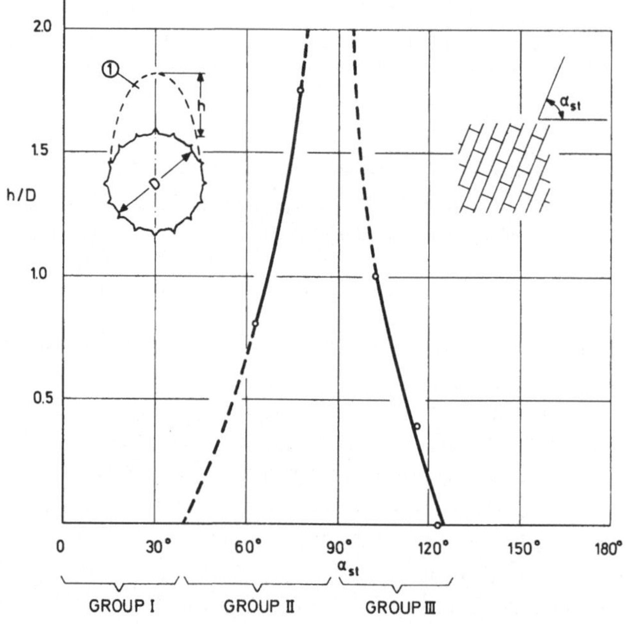


Fig. 5. Height of the "loosening zone" for different joint orientations
*1* "loosening zone"

Größe der Auflockerungszone in Abhängigkeit von der Kluftstellung
*1* „Auflockerungszone"

Hauteur de la "zone de dégagement" en fonction de l'orientation après des fissures
*1* "zone de dégagement"

they increase towards the top and extend right upto the boundary of the model. The direction of these movements, which is typical of this group, is essentially normal to the main joint set.

A slight flattening of the joint inclination ($\alpha_{st} = 116.5^0$) results in considerable improvement in the stability and decrease in the height of the loosening zone. As shown in Fig. 7, the deformations are essentially directed towards the slope surface except in a small region above the roof of the tunnel. Changes in the location of the opening and the height of the slope did not show any change in the deformation pattern.

The direction of the movement of the rock mass on the mountain side of the tunnel indicates the likelihood of much larger loads on the wall of the tunnel on the mountain side than on the wall on the slope side. A tendency of a change in the direction of main loading on the tunnel support,

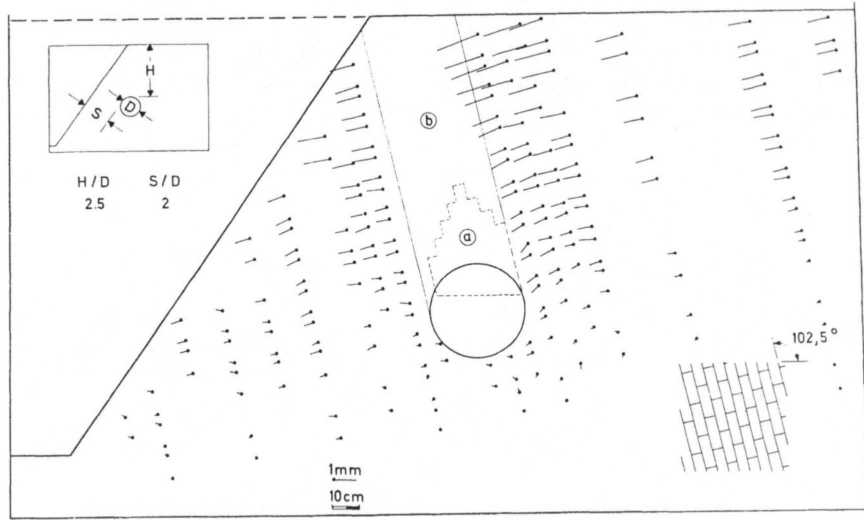


Fig. 6. Deformation of the rock mass and "loosening zone" ($\alpha_{st} = 102.5^0$); *a*, *b* zones of large deformations

Verschiebungen und Bildung von der „Auflockerungszone" ($\alpha_{st} = 102{,}5^0$); *a*, *b* Zonen großer Verschiebungen

Déformations et formations de la "zone de dégagement" ($\alpha_{st} = 102{,}5^0$); *a*, *b* zones de grandes déformations

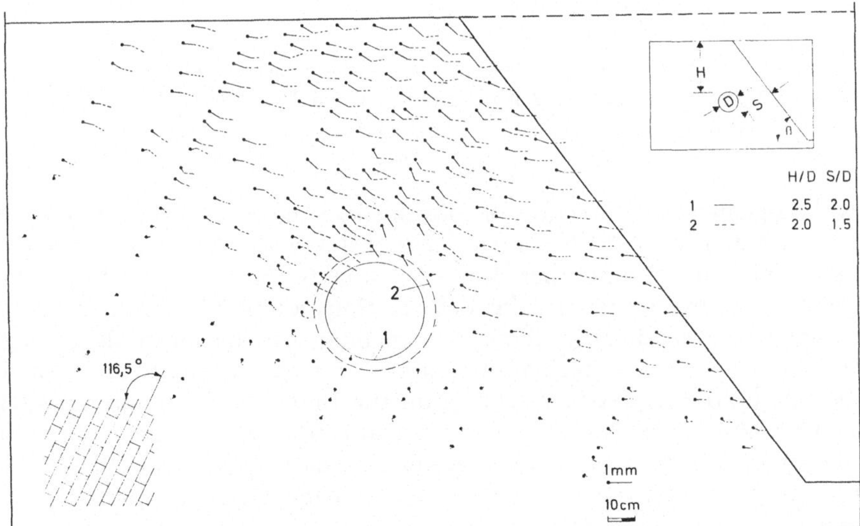


Fig. 7. Deformation of the rock mass for excavation stages 1 and 2 ($\alpha_{st} = 116.5^0$); *1* "loosening zone"

Verschiebungen bei Ausbruchstadien 1 und 2 ($\alpha_{st} = 116{,}5^0$); *1* „Auflockerungszone"

Déformations aux stades 1 et 2 de l'excavation ($\alpha_{st} = 116{,}5^0$); *1* zone de dégagement

which becomes more pronounced with further flattening of the main joints, can also be observed in this deformation pattern. For a still flatter joint inclination ($\alpha_{st} = 123.5^0$) the "loosening zone" disappears altogether (Fig. 8). The deformation vectors above the opening have practically no component to-

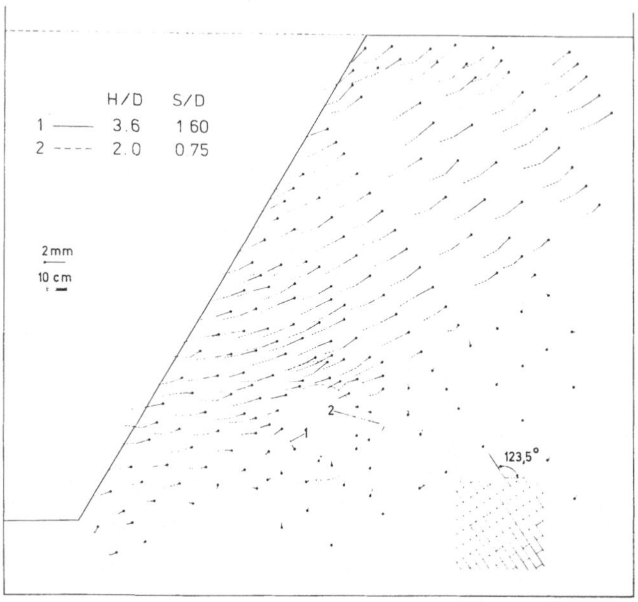


Fig. 8. Deformation of the rock mass for excavation stages 1 and 2 ($\alpha_{st} = 123.5^0$)
Verschiebungen bei Ausbruchstadien 1 und 2 ($\alpha_{st} = 123{,}5^0$)
Déformations aux stades 1 et 2 de l'excavation ($\alpha_{st} = 123{,}5^0$)

wards the opening, the direction of movement being essentially towards the slope face normal to the main joint set. Fig. 9 shows the deformations for the same joint inclination in another form — probably the more usual one. The negligibly small magnitude of the deformation component parallel to the main joint set, even directly above the opening, can be more clearly seen in this figure. As the deformation pattern shows, the main direction of loading on the tunnel support will be on the tunnel wall on the mountain side and roughly normal to the main joint direction. It is significant to note that the main direction of loading gradually changes from parallel to the main joints to normal to them with small changes in the inclination of the joint set.

The typical nature of the failure shown in Fig. 10, initiated by buckling of the layers into the opening from the mountain side, also confirms the above regarding the main direction of loading on the tunnel support. The failure is fairly complex involving rotation of individual elements coupled with sliding along some surfaces and the final movement of the large rock mass towards the slope surface.

As mentioned earlier, the change in the direction of movement at points on the surface of the slope, and thus the form of the slope surface, could provide valuable indication of the state of deformation inside the

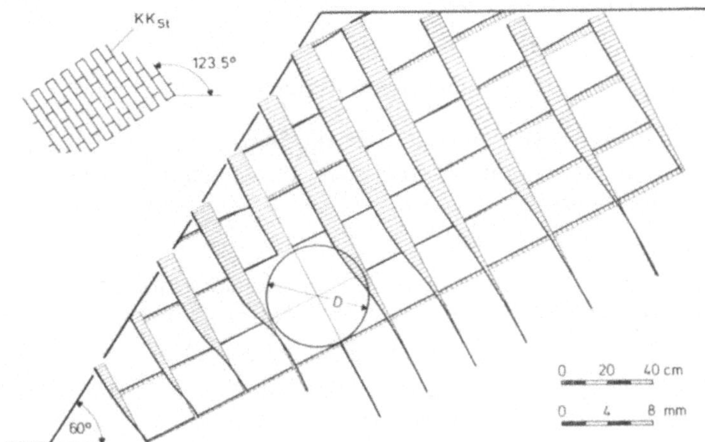


Fig. 9. Deformations normal and parallel to the main joint set ($\alpha_{st} = 123.5^0$)
Verschiebungen normal und parallel zu Bankungsklüften ($\alpha_{st} = 123{,}5^0$)
Déformations normales et parallèles à la direction des fissures ($\alpha_{st} = 123{,}5^0$)

Fig. 10. Failure pattern ($\alpha_{st} = 123.5^0$)
Bruchform ($\alpha_{st} = 123{,}5^0$)
Forme de la fissure ($\alpha_{st} = 123{,}5^0$)

rock mass. In tests of this group also the deformation vectors became increasingly flatter and the form of the slope surface changed from a regular one to a concave-convex surface indicating approaching instability of the rock mass. This characteristic provides an easy means of controlling the stability of such a structure by simple deformation measurements at or near the slope surface. It is, however, important to measure the complete deformation vector.

## Concluding Remarks

The model tests have demonstrated the important influence of the joint orientation on the behaviour of the rock mass around slope tunnels. On the basis of the results of the tests and the deformation patterns observed one could

— predict the extent of the loosening zone for steep joint inclinations, and thus estimate likely loading on a tunnel support for a preliminary design;
— indicate the direction of the main loading on the tunnel support;
— make recommendations for location and arrangement of the in-situ deformation measurements in a proposed tunnel depending upon the joint inclination;
— suggest criteria for controlling the safety of the structure by simple measurements on the surface of the slope.

### References

Imhof, K., 1944: Die Gesteinsauflockerungsziffer in ihrer Bedeutung für die Bestimmung der äußeren Kräfte bei Untertagebauten, Geologie und Bauwesen, H. 1.

Jaeger, C., 1961: Rock Mechanics and Hydro-Power Engineering, Water Power, pp. 349—360.

Kastner, H., 1971: Statik des Stollen- und Tunnelbaues, Springer-Verlag, Berlin.

Müller, L., und B. Sharma, 1973: The Deformation Behaviour of Jointed Rock Mass in the Vicinity of Slope Tunnels. Symposium on Rock Mechanics, Kurukestra, India.

Stini, J., 1950: Tunnelbaugeologie, Springer-Verlag, Wien.

Address of the author: Dipl.-Ing. Brijendra Sharma, Lehrstuhl für Felsmechanik, Universität Karlsruhe, Richard-Willstätter-Allee, D-7500 Karlsruhe 1, Federal Republic of Germany.

Rock Mechanics, Suppl. 5, 191—208 (1976)


# Geotechnische Probleme und ihre bauliche Bewältigung beim U-Bahnbau in Wien

Von

**Anton Döllerl**

Mit 13 Abbildungen

### Zusammenfassung — Summary — Résumé

*Geotechnische Probleme und ihre bauliche Bewältigung beim U-Bahnbau in Wien.* Die Trassierung der Wiener Untergrundbahn erfolgte grundsätzlich in erster Linie nach städtebaulichen, verkehrstechnischen und betrieblichen Gesichtspunkten. Erst in zweiter Linie konnten dann die Probleme der Baudurchführung, wie etwa die Anpassung an die geologischen Verhältnisse des Wiener Baugrundes, berücksichtigt werden. Den Benützern der U-Bahn sollten möglichst wenig Höhenunterschiede zugemutet werden und die lang dauernden Betriebskosten sollten bewußt mehr berücksichtigt werden als die einmaligen Kosten einer schwierigen Baudurchführung.

Die heute im Bau befindliche Linie U1 durchquert das teils terrassierte Stadtgebiet in Nord-Süd-Richungt mit erheblichen Höhenunterschieden und Steigungen und durchstößt sowohl die quartären Deckschichten als auch den jungtertiären Untergrund des Wiener Beckens. Im Stadtzentrum mußten überdies die meist auch sehr tief reichende, vielfach historische Bebauung und der Donaukanal unterfahren werden, wobei auch auf die größtmögliche Schonung einiger empfindlicher historischer Baudenkmäler (Dom St. Stephan, Staatsoper usw.) Rücksicht genommen werden mußte. Allen diesen Randbedingungen entsprechend liegt die Linie größtenteils nahe der durch Erosion und Terrassenbildung stark profilierten Grenzfläche zwischen quartärem Löß, Kies und Sand auf der Oberseite und dem tertiären Wiener Tegel, bestehend meist aus tonigen Schluffen und feinsandigen Schlufflinsen darunter. Damit waren in mehreren Fällen komplizierte und aufwendige Bauhilfs- und Sicherungsmaßnahmen nicht zu vermeiden. Je nach der Tiefenlage der Trasse und den Abweichungen von breiten Straßenzügen wurden einige Abschnitte in offener, andere in geschlossener Bauweise hergestellt. Dabei kamen sowohl offene Baugruben mit Schlitz- und Pfahlwänden als auch Schildvortriebe und der Neuen Österreichischen Tunnelbauweise ähnliche Bauweisen zur Anwendung. Weiters waren auch Grundwasserabsenkungen, Bodeninjektionen und Verpreßanker nötig.

Das Liniennetz:

Derzeit sind 3 Linien im Bau:

U1 Reumannplatz—Praterstern; 6,5 km, 9 Stationen, vollkommener Neubau.

U2 Ringturm (Schottenring)—Karlsplatz; 3,1 km, 6 Stationen, größtenteils Neubau.

U4 Hütteldorf—Karlsplatz—Heiligenstadt; 16,3 km, 20 Stationen, Umbau der Stadtbahn.

Derzeit in Planung und Vorbereitung:

U3 Westbahnhof—Erdberg; 7,5 km, 12 Stationen, vollkommener Neubau.

*Die Anlageverhältnisse* (der zukünftige Betrieb der U-Bahn wurde bewußt der baulichen Durchführung vorangestellt):

Längsneigung maximal 40‰, 120 m lange Haltestellen tunlichst ohne Längsneigung, Richtungsbögen *R* min 300 m, Höhenausrundung *R* min = 400 m, mittlerer Stationsabstand 800 m, Ausbaugeschwindigkeit *V* max. = 80 km/h.

Grundsätzlich wird eine Flachlage einer Tieflage vorgezogen. Länge U1 (Reumannplatz—Praterstern) 6,5 km, 9 Stationen, Sechswagenzug von 110 m Länge für 852 Personen.

*Besondere Schwierigkeiten* ergaben sich an folgenden Stellen:

*Südtiroler Platz:* Querung unter den Fundamenten der ÖBB-Brücke (sehr steifer Durchlaufträger), zweier Tunnel der ÖBB sowie der Stationen- und Straßenbahnunterführung, Unterfangung der Brückenfundamente mit Wurzelpfählen, Unterfahrung der Bebauung, offene Stationsbaugrube aus Schlitzwänden und Streckentunnel im Schildvortrieb, größtenteils noch im Wiener Tegel aber schon sehr nahe dem stark wasserführenden Quartär, dünner Injektionskörper über dem Tunnelscheitel und Grundwasserabsenkung, Verpreßanker im Wiener Tegel, Stationstunnel in Neuer Österreichischer Tunnelbauweise.

*Karlsplatz:* Querung einer breiten Quartärrinne, des Wienflusses und der Stadtbahn. Unterfahrung der Bebauung, offene Stationsbaugrube aus Schlitzwänden und Streckentunnel im Schildvortrieb, umfangreiche Injektionen der Quartärschichten und meist auch der Tegelzonen über dem Scheitel der Streckentunnel.

*Stephansplatz:* Knappe Lage der Stationen neben dem Dom St. Stephan, Unterfahrung der Bebauung, Station größtenteils in offener Baugrube aus Bohrpfählen mit Injektionsdichtungsschürze, Zentralteil direkt vor dem Dom im Schildvortrieb nach Herstellung einer tiefen Schutzwand aus Bohrpfählen und zwei Injektions-Stützriegeln im Quartär, Streckentunnel im Tertiär im Schildvortrieb, Erschütterungsmessungen am Dom, Unterfangen von Baugrubenwänden aus Bohrpfählen mittels Fertigteilbogen.

*Schwedenplatz:* Querung des Donaukanals und der Stadtbahn mit gleichzeitiger Kreuzung der Schwedenbrücke, Durchfahrung einer mächtigen schluffigen Feinsandlinse, Teilunterfangung eines Senkkastens der Brücke durch Injektionen, offene Bauweise mit von einer geschütteten Halbinsel aus hergestellten Schlitzwänden mit Fertigteil-Fugenelementen, Dichtungsmaßnahmen an den Schlitzwandfugen.

*Geotechnical Problems and Their Structural Solutions during the Subway Construction in Vienna.* The points of view basic for the layout of Vienna's underground network were the aspects of municipal architecture, traffic and internal management. Of secundary importance, it was possible to consider problems of real construction, such as geological conditions of Vienna's subsoil. As far as possible passengers had to be spared differences in level. The permanent running expenses should be taken into more consideration than the initial costs of a difficult construction.

The line U1, now under construction, crosses the city area terraced in north-south direction, having great differences in altitude and inclination. It cuts through quaterny covers as well as underground of the young tertiary of the Vienna basin. Along the city center sometimes it was necessary to pass underneath the Danube channel. Besides, excessive care had to be taken of several highly sensitive historical buildings (Cathedral of St. Stephan, Vienna Opera etc.).

Because of these aspects mentioned before, the line U1 follows very closely along the very differentially formed frontier plane, caused to erosion and terrace formation between the cover layers of the quaternary and the lower layers of the tertiary. The former consisting of loess, gravel and sand, the latter, the "Wiener Tegel", consisting of clay-slit with inclusions of sand and silt. So it was in several cases not possible to avoid complicated and costly auxiliary constructions and precaution measures. Depending on the rail level and the availability of wide roads, the line was constructed by the "Cut and Cover" — or the "tunnel boring" method. Diaphragmwalls, drilled walls as well as tunnel boring and "New Austrian Construction" systems were used. Furthermore, ground water lowering, injections and grouted anchorages were necessary.

The line network:

Now under construction are three lines:

U1 Reumannplatz—Praterstern; 6.5 km, 9 stations, fully new construction.

U2 Ringturm (Schottenring)—Karlsplatz; 3.1 km, 6 stations, the bigger part of construction was new.

U4 Hütteldorf—Karlsplatz—Heiligenstadt; 16.3 km, 20 stations, reconstruction of the "Stadtbahn".

For the present time in design:

U3 Westbahnhof—Erdberg; 7.5 km, 12 stations, fully new construction.

*General layout:* The future operation of the subway was determining the construction:

Longitudinal slope max: $40^0/_{00}$. The station length of 120 m should be without longitudinal slope. Direction arch $R_{min}$: 300 m, curve for the height: $R_{min} = 400$ m. Average distance between stations: 800 m. Operation speed $V_{max} = 80$ km/h. Principally a high rail level is preferred to a deep one; length U1 (Reumannplatz—Praterstern) 6.5 km, 9 stations, 6 carriages with a total length of 110 m for 852 passengers.

Special difficulties arose at the following sites:

*Südtiroler Platz:* Passing underneath the foundation of the ÖBB (State railway line) bridge. Very ingid continuous beam, two railway tunnels of the ÖBB as well as the tunnels of station and tram car. Underpinning the bridge foundations by grouted piles. Passing underneath the buildings. Diaphragm walls for the station and tunnel boring by the shield method, the bigger part still in the "Wiener Tegel", but very close in the water bearing strata of the quaternary, a thin injected cover above the top of the tunnel and lowering of ground water level, anchorages, grouted into the "Wiener Tegel", Station tunnel in "New Austrian Construction".

*Karlsplatz:* Crossing a wide depression in the quaternary, crossing the rivlet of the "Wien" and the "Stadtbahn". Passing unterneath the buildings, diaphragm walls for the station and tunnel boring by the shield method, extensive injections into the quaternary layers and often into the "Tegel" above the top of the railway tunnel.

*Stephansplatz:* Station is very close to the Cathedral of St. Stephan. Undertunnelling of the buildings. Mostly drilled walls were used for the station with water sealing injections behind. Center part immediately in front of the cathedral is built by the "Station Shield Method" after precautionary a pile wall had been drilled and two supports for it formed by injection in the quaternary, tube tunnel through tertiary by fully mechanical shield. Seismic control for the cathedral. Underpinning of bore pile walls by precast beams.

*Schwedenplatz:* Crossing the Danube channel and the "Stadtbahn" simultaneously with the "Schwedenbrücke" (bridge). Passing through an extensive area of silt and sand. Partial underpinning of a caisson of the bridge by injections. "Cut and Cover" method through an artificial built-up peninsula by diaphragm walls with prefabricated joints. The prefabricated joints sealed by grouting.

*Les problèmes géotechniques et leur solution dans les travaux de construction pour le Métro à Vienne.* Le tracé du U-Bahn a d'abord été conçu conformément aux principes d'urbanisation, avec les objectifs d'une amélioration de la circulation et d'une exploitation rationnelle.

En second lieu seulement on a pu tenir compte des problèmes d'exécution des travaux, comme par exemple les problèmes d'adaptation aux données géologiques du sol.

D'autre part, on ne voulait pas non plus importuner les futurs passagers par d'importantes différences de niveau, et même les frais d'entretien et d'exploitation à long terme étaient prioritaires par rapport aux dépenses uniques d'une construction difficile.

La ligne U1 en cours de construction traverse la ville en direction Nord-Sud; il s'agit d'une zone terrassée avec d'importantes pentes et différences de niveau; cette ligne perce aussibien les couches superficielles quaternaires que le soubassement tertiaire du Bassin de Vienne.

Au centre-ville on a dû entre autres passer sous le Canal du Danube et sous les vestiges historiques parfois très profonds où il fallut prendre toutes les précautions possibles en ce qui concerne les monuments historiques très sensibles aux secousses, notamment la Cathédrale St. Etienne et l'Opéra.

En tenant compte de tous ces corollaires, on a tracé cette ligne le long des couches mitoyennes très profilées par l'érosion et la formation de terrasses, entre le loess quaternaire, le gravier et le sable dans les couches supérieures, et les marnes viennoises composées surtout de grosses ardoises argileuses et d'inclusions d'ardoises sableuses dans les couches inférieures. Les travaux compliqués et coûteux pour les mesures de consolidation secondaire étaient donc inévitables dans plusieurs cas.

Vu la profondeur du tracé et la proximité des grands axes de circulation à la surface, on a pocédé soit par constructions ouvertes, soit par constructions fermées. Les procédés du chantier ouvert avec parois moulées et palées ont été utilisées tout aussi bien que les procédés apparantés au nouveau système autrichien de creusement de galeries souterraines et les procédés par machines de creusement à bouclier.

On a dû recourir aussi à des rabattements de nappe et à des injections dans le sol, ainsi qu'à l'utilisation de "*Tirant injecté*".

*Le réseau* comprend 4 lignes, dont 3 se trouvent en cours de construction:

U1 (Reumannplatz—Praterstern), d'une longueur de 6,5 km, avec 9 stations. Il s'agit d'une construction complètement nouvelle.

U2 (Ringturm—Schottenring—Karlsplatz), longueur 3,1 km, 6 stations, pour la plus grande partie construction nouvelle.

U4 (Hütteldorf—Karlsplatz—Heiligenstadt), d'une longueur de 16,3 km, avec 20 stations. Il s'agit surtout de travaux d'adaptation et de modification du Stadtbahn, le métro ancien.

*En préparation:* les plans pour la ligne

U3 (Westbahnhof—Erdberg), d'une longueur de 7,5 km, avec 12 stations, où il s'agit également d'une construction totalement nouvelle.

*Les plans du tracé* (la future exploitation étant considérée comme prioritaire par rapport aux problèmes éventuels de construction) prévoient une inclinaison longitudinale de 40‰ au maximum, sauf dans les stations d'une longueur de 120 m, où l'on a essayé d'éviter dans la mesure du possible toute pente. Ils prévoient également des courbure de la voie en plan $R$ d'au moins 300 m, des courbure de la voie dans un plan verticale $R$ d'au moins 400 m; la distance moyenne entre les stations sera d'environ 800 m, et al vitesse $V$ des trains telle qu'elle est prévue par les tracés sera d'environ 80 km à l'heure au maximum.

On préfère en principe la point haut à la point bas. La ligne U1 (Reumannplatz—Praterstern) est longue de 6,5 km, elle disposera de 9 stations pour des trains de 110 m composés de 6 wagons et offrant assez de places pour 852 passagers.

Nous avons recontré *des difficultés particulières* sur les endroits suivants:

*Südtiroler Platz:* passage sous les fondements du pont et des deux tunnels de chemin de fer des ÖBB (pont en poutre continue rigide), sous les passages souterrains de tramway et de ses stations; le passage sous les fondements du pont a été ménagé à l'aide de pieus racine. Autres points difficiles: le passage en tunnel sous les édifices, un chantier ouvert pour la station avec parois moulées et le tunnel de la voie effectué à l'aide de machines de creusement à bouclier, dans la plus grande partie encore dans les couches de marnes viennoises, mais très proches déjà des couches quaternaires riches en nappes souterraines; ceci a nécessité l'utilisation de corps d'injection fins au-dessus du sommet du tunnel, le rabattement de la nappe, de tirants injecté dans les couches marneuses, d'un tunnel pour les stations d'après les procédés du nouveau système autrichien du creusement de galeries souterraines.

*Karlsplatz:* passage à travers une large couche du quaternaire, passage sous la rivière Wien et sous le Stadtbahn. Le passage sous les édifices, le chantier ouvert avec parois moulées pour les stations, et la construction des tunnels de la voie à l'aide de machines de creusement à bouclier, les nombreuses injections dans les couches quaternaires et, le plus souvent aussi, dans les couches marneuses au-dessus du sommet du tunnel de la voie, représentaient les plus grandes difficultés sur ce chantier-là.

*Stephansplatz:* la station se trouve directement à côté de la cathédrale St. Etienne; il a donc fallu creuser un passage sous le édifices. La station est construite en chantier ouvert avec des pieus racine et des plaques d'étanchéité injectées, la partie centrale directement devant la cathédrale avec la machine de creusement à bouclier, après érection d'une paroi de protection très profonde en pieus racine et deux appui du sol injecté dans les couches quaternaires. Le tunnel de la voie dans les couches tertiaires ont été creusées à l'aide de la machine de creusement à bouclier. Les secousses qui se sont propagées jusqu'à la cathédrale ont fait l'objet de mesures régulières et constantes. L'étayage des parois de chantier consistant en pieus racine a été assuré par des arcs préfabriqués.

*Schwedenplatz:* passage sous le Canal du Danube et le Stadtbahn, avec, parallèlement, le croisement du pont "Schwedenbrücke", le passage à travers un large filon composé de sable fin et de grosse ardoise, l'étayage partiel d'un caisson de fonçage pour le pont, à l'aide d'injections; la construction ouverte avec parois moulées construites à partir d'une presqu'île artificielle dans le Canal (ces parois moulées ont été étoupées par des éléments couvre-joints préfabriqués, en outre on a dû recourir à des mesures d'étoupage aux joints des parois moulées).

Im November 1969 wurde mit dem Bau der Wiener U-Bahn begonnen. Die jahrelange vorherige Planung hat die optimalen Wege vor allem des Berufsverkehrs ermittelt und dabei ein Grundnetz für alle möglichen Varianten eines gemeinsamen Verkehrsnetzes von U-Bahn und S-Bahn entwickelt. (Abb. 1). Das Verkehrsnetz besteht aus den Linien 1 bis 4 des sogenannten Grundnetzes, den heute schon bestehenden und geplanten Schnellbahnlinien

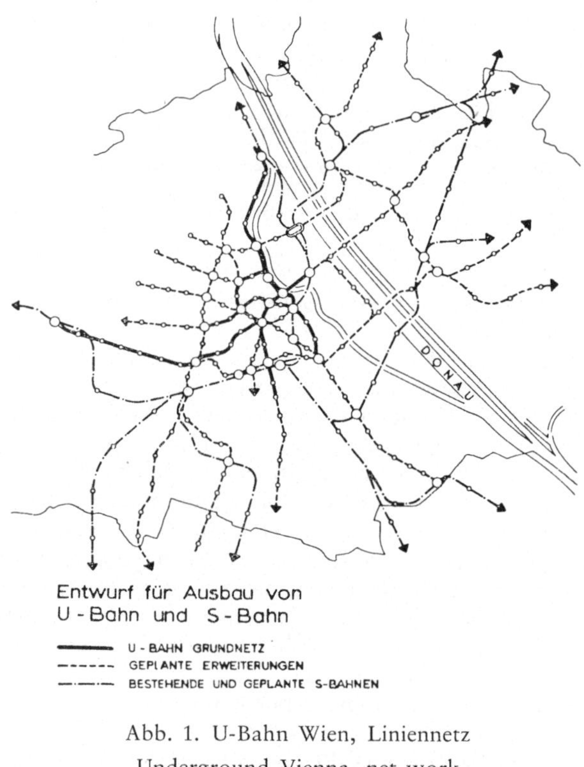


Abb. 1. U-Bahn Wien, Liniennetz
Underground Vienna, net work
Métro de Vienne, réseau

der Österreichischen Bundesbahnen und möglichen Erweiterungen nach Errichtung des Grundnetzes. Die heutige Stadtbahn ist dabei ganz in das U-Bahnnetz einbezogen.

Die Trassierung des Netzes erfolgte in erster Linie nach städtebaulichen, verkehrstechnischen und betrieblichen Gesichtspunkten. Erst in zweiter Linie konnten die Probleme der Baudurchführung, wie eine Anpassung an die geologischen Verhältnisse, noch berücksichtigt werden. Derzeit sind 3 Linien im Bau bzw. Umbau (Abb. 2). Die Linie U1 Reumannplatz – Stephansplatz – Praterstern, 6,5 km lang mit 9 Stationen, stellt einen vollkommenen Neubau dar. Sie wird eine wichtige Verbindung großer Wohn- und Industriegebiete im Nordosten und im Süden mit der Innenstadt und dem heutigen Schnellbahnnetz werden. Die Linie U2 besteht teils aus der schon 1963 bis

1966 erbauten Straßenbahntunnelstrecke in der Lastenstraße und einer in Bau befindlichen Verlängerung bis zum Donaukanal mit Anschluß an die Linie U4. Sie ist 3,1 km lang und wird 6 Stationen besitzen. Die Linie U4

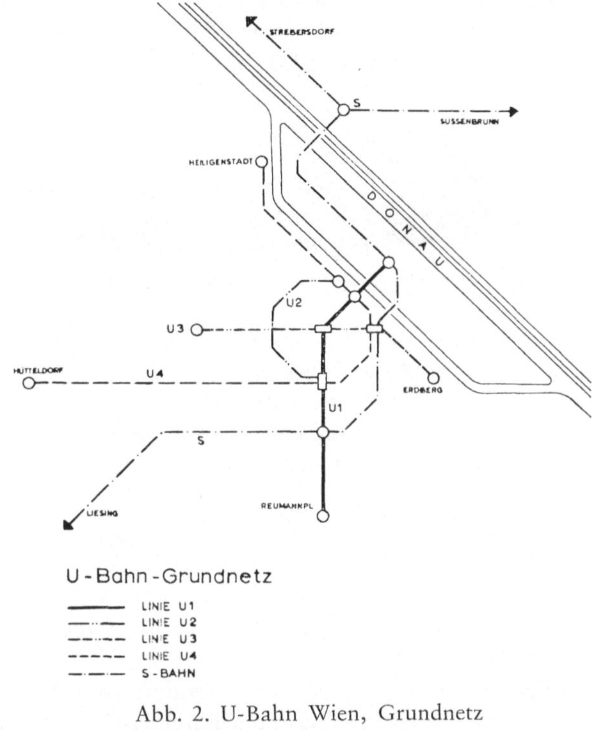


Abb. 2. U-Bahn Wien, Grundnetz
Underground Vienna, basic network
Métro de Vienne, réseau de base

wird nach einem etappenweisen Umbau die alte Stadtbahnlinie WD, Hütteldorf – Karlsplatz – Heiligenstadt ersetzen und ist mit 20 Stationen 16,5 km lang. Die Linie U3 Westbahnhof – Stephansplatz – Erdberg ist derzeit in Planung. Die Linie wird 7,5 km lang sein und 12 Stationen besitzen. Dieses Netz dürfte voraussichtlich Mitte der 80er Jahre zur Verfügung stehen.

Wien liegt bekanntlich am Westrand des pannonischen Beckens, ganz am Rande eines westlich anschließenden kleineren Senkungsfeldes des sogenannten Wiener Beckens. Zwischen einer Schar von Bruchlinien sind hier Kalkalpen und Flysch-Sandsteinzone in beträchtliche Tiefen abgesunken. Das so entstandene Becken wurde im Jungtertiär wieder fast zur Gänze aufgefüllt. Diese Auffüllungen bilden heute den eigentlichen Baugrund der Stadt und bestehen aus dem Torton, dem Sarmat und dem Pannon. Dieses Pannon ist allgemein als der sogenannte „Wiener Tegel“ bekannt. Im wesentlichen besteht er aus vielen Einzelschichten von Tonen und Schluffen, in die auch mehrmals beträchtliche Sand-, Kies- und Geröllschichten zwischengelagert sind.

Technisch wichtig ist nun der Umstand, daß der Tegel ganz wesentlich höher reichte als heute. Entsprechend den festgestellten Strandmarken und Sedimentresten an den heutigen Hängen der Wienerwaldberge und des Bisamberges darf man annehmen, daß der Spiegel des pannonischen Binnensees bis auf etwa 450 m heutige Seehöhe, also noch rund 280 m über das heutige Stadtniveau, reichte. Sedimentreste aus dieser Zeit sind noch heute am Eichkogel in 360 m Seehöhe zu finden. Man muß daraus schließen, daß die

Abb. 3. Profil „Wiener Pforte“

Oberfläche des Wiener Tegels rund 200 m höher lag als heute und die nahe der heutigen Oberfläche liegenden Schichten, also die Zone, in der wir jetzt unsere Tunnel bauen, lange Zeit stark vorbelastet wurden (Abb. 3).

Im jüngeren Fliozän setzte eine bis heute andauernde Periode der Erosion ein, die nur gelegentlich von Zeiten neuerlicher Sedimentation mit mächtigen Schotter- und Sandablagerungen unterbrochen wurde. Es entstanden schrittweise die Terrassen, die heute entscheidend den Charakter des Wiener Baugrundes und die Landschaftsform bestimmen. Die Donau und ihre Seitenarme folgten dabei an mehreren Stellen den schon erwähnten Bruchlinien.

Die Linie U1 durchquert nun das Stadtgebiet mit erheblichen Höhenunterschieden und Steigungen und durchstößt mehrmals die quartiären Deckschichten und den Wiener Tegel. Die verlangten anspruchsvollen Anlageverhältnisse, eine maximale Längsneigung von 40‰, 120 m lange Haltestellen, tunlichst ohne Längsneigung, Richtungsbögen mit Mindestradius 300 m, Höhenausrundungen mit Mindestradius 400 m und schließlich ein mittlerer Stationsabstand von 800 m bieten bei einer Anzahl von Zwangspunkten, wie Wienfluß, Südbahn und Donaukanal, der Trassierung nur wenig Variationsmöglichkeiten. Grundsätzlich wurde stets versucht, die Flachlage damit also praktisch die offene Bauweise der Tieflage also der geschlossenen Bauweise vorzuziehen. Die finanziellen und wirtschaftlichen Vorteile der offenen Bauweise überwiegen deutlich bei einer Tiefenlage der Tunnelsohle bis zu etwa 15 m Tiefe unter der Oberfläche. Anfahr- und Zielschächte, Lüftungsbauwerke und zumindest Teile der Stationsbauwerke müssen ohnedies immer in offener Bauweise hergestellt werden.

Ein Blick auf die Stadtpläne (Abb. 4) zeigt, daß vielfach stark abgewinkelte zu enge oder versetzte Straßenzüge eine offene Bauweise nicht immer zuließen. Dort mußte die bestehende Bebauung in geschlossener Bauweise unterfahren werden. Dabei sollte die übliche Forderung nach einer Mindest-

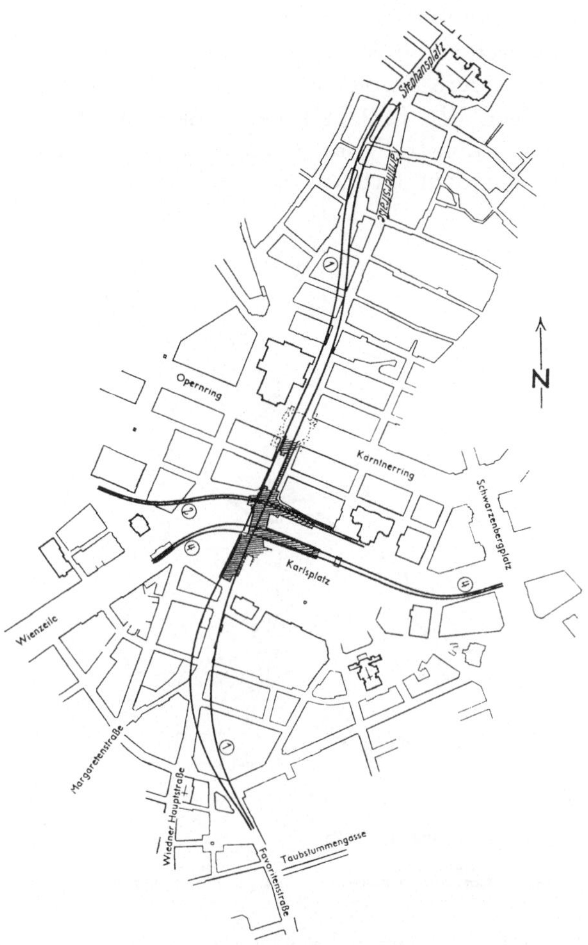


Abb. 4. Lageplan, Innenstadt
Situation, town center
Situation, centre de la ville

überdeckung des Tunnelscheitels bis zur Gebäudefundamentsohle von möglichst einem Tunneldurchmesser erfüllt werden. Die meisten Gebäude der Innenstadt besitzen überdies seit dem Mittelalter relativ tiefe, bis zu 3 Geschoße hinabreichende Keller. Diese Vorbedingungen und Zwangspunkte haben die Trassierung schwierig gemacht und es war bald klar, daß es an einigen Stellen kein Ausweichen vor den Schwierigkeiten und Nachteilen geben konnte. Frühere U-Bahnprojekte, bei denen eine größere Anpassung erreicht wurde, wiesen ganz wesentlich schlechtere, heute nicht mehr vertretbare Anlageverhältnisse auf.

Abb. 5 zeigt das Verhältnis der bisher offen und geschlossen gebauten Streckenteile. Es stehen rund 10 km in offener Bauweise, rund 5 km in geschlossener Bauweise gegenüber. In der offenen Bauweise wurden zumeist Schlitzwände, seltener Pfahlwände ausgeführt.

Aus der langen Kette von Schwierigkeiten, die es zu bewältigen gab, dürfen nun einige besondere Probleme herausgegriffen werden.

Der südlichste Teil der Linie U1 liegt unter der breiten gerade verlaufenden äußeren Favoritenstraße. Er wurde in offener Bauweise mit Schlitzwänden, fast ganz über dem Grundwasser gebaut und machte so wie die

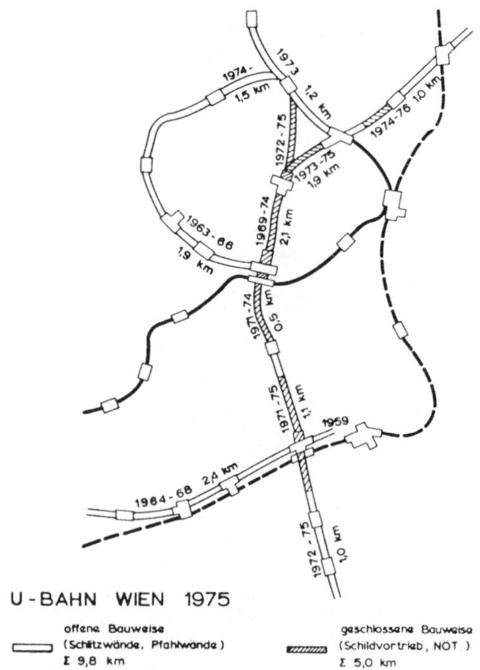


Abb. 5. Offene und geschlossene Bauweise
Open and closed construction
Construction ouverte et férmée

einige Jahre vorher gebauten Tunnelstrecken Lastenstraße und Margaretengürtel keine besonderen Schwierigkeiten. Ein erster Problemabschnitt war der nördlich anschließende Linienteil mit der Unterfahrung der Bundesbahnbrücke, eines Bundesbahntunnels des Verkehrsbauwerkes Südtiroler Platz mit der Schnellbahn und der Bundesstraße und der Wohngebäude in der nun engeren inneren Favoritenstraße (Abb. 6). Aus einem Anfahrschacht aus Schlitzwänden wurden die beiden Stationsröhren ⌀ 7,85 m mit einem Handschild in $5^1/_2$ Monaten hergestellt und die anschließenden Streckenröhren mit einem vollmechanischen Schild der Firma Bade aufgefahren. Ca. 1840 m wurden in 13 Monaten bei Spitzenleistungen von 23,5 m/Tag hergestellt. Der Ausbau der Streckentunnel erfolgte mit Kasettentübbings aus Sphäroguß SG 50, der der Stationstunnel mit solchen aus Stahl unterschiedlicher Qualität. Die Dichtung versuchte man durch Verstemmen von eingelegten Bleistreifen und hat sich mehrmals nicht völlig dicht erwiesen. Man beabsichtigt

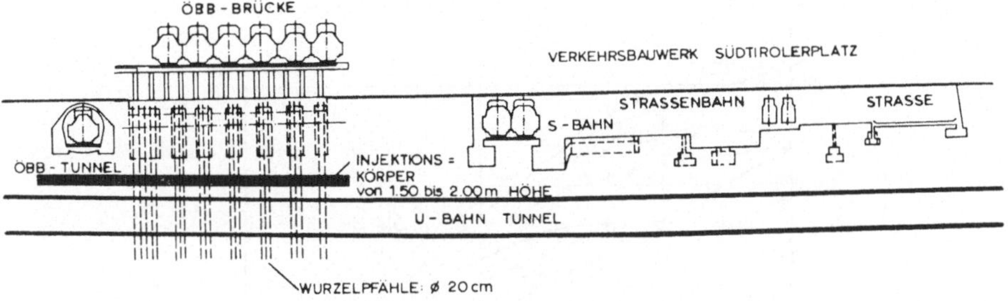


Abb. 6. U1 — Südtirolerplatz
Unterfahrung der ÖBB-Brücke und des Verkehrsbauwerkes Südtirolerplatz

in Zukunft anderes Material zu verwenden. Alle Vortriebe wurden im Schutze einer Grundwasserabsenkung vorgenommen, deren Aufgabe es war, die im Tegel eingelagerten wasserführenden Sandschichten ausreichend zu entwässern (141 Vakuumbrunnen). Die knapp über dem Tunnel liegenden wasserführenden quartären Kiesschichten wurden dabei nicht entwässert. Wo die Tegelüberdeckung der Tunnelfirste unter 1,5 m Stärke sank, wurde der Quartärschotter mit Beton und Zement in erster und mit Silikatgel in zweiter Phase injiziert. Man kam mit relativ dünnen Injektionsbereichen zu einem guten Erfolg. Zur Sicherung der relativ steifen Bundesbahnbrücke wurde auf Grund eines Vorschlages von Prof. Dr. Borowicka und Dr. Machatti eine Unterfangung der Brückenfundamente mit Wurzelpfählen ⌀ 20 cm vor der Schildfahrt durchgeführt. Nach den guten Erfahrungen bei den Schildfahrten, außer bei einem Anfahrvorgang, bei dem es Schwierigkeiten mit einem sehr sparsam gegründeten Gebäude gab, blieben die Setzungen erträglich, wurden der Mittelstollen und die Querschläge der Station in einer der neuen österreichischen Tunnelbauweise ähnlichen Methode versucht. Dipl.-Ing. Kirschner berichtet in seinem Beitrag darüber ausführlicher. Vom Standpunkt des Bauherrn darf erwähnt werden, daß man mit diesem Versuch recht zufrieden war und die bis dahin recht skeptische Beurteilung der Anwendbarkeit der Neuen Österreichischen Tunnelbauweise im Wiener Tegel unter der in Wien gegebenen Verbauung doch einer gewissen Korrektur unterziehen darf. Die geologische starke Vorbelastung des Wiener Tegels, die auch im Laborversuch nachgewiesen werden konnte, dürfte eine größere positive Rolle spielen als bisher angenommen wurde (Abb. 7). Zu erwähnen sind am Südtiroler Platz noch 116 Verpreßanker im Tegel mit Traglasten von 70 und 90 t und gut vertragenen Prüflasten bis 160 t. Schließlich ist auch eine gut gelungene Anwendung von Schlitzwandfertigteilen zu erwähnen, bei der zwischen einer Leibung des Fertigteiles und dem Boden geeignetes Kiesmaterial verfüllt wurde. Dabei wurden Auskesselungen, Betonumläufigkeiten und deshalb undichte Fugen vermieden (Abb. 8).

Der nächste kritische Punkt ergab sich nach einer relativ einfachen Strecke zwischen Theresianum und Gußhausstraße in offener Bauweise mit

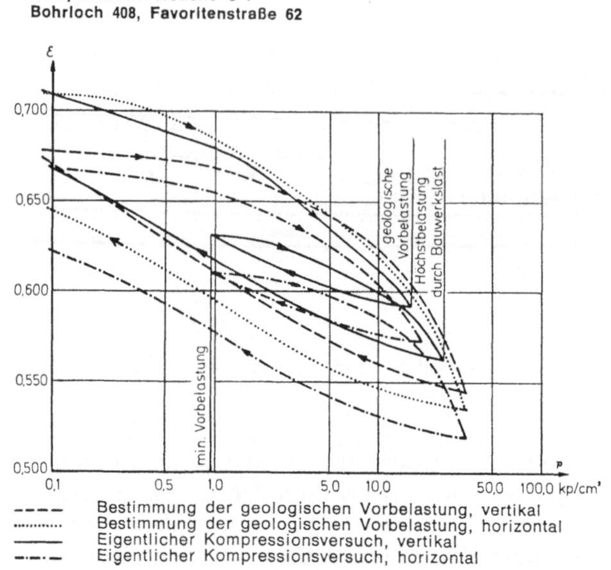


Abb. 7. Wiener Tegel — Kompressionsversuche

Compression tests

Essais de compression

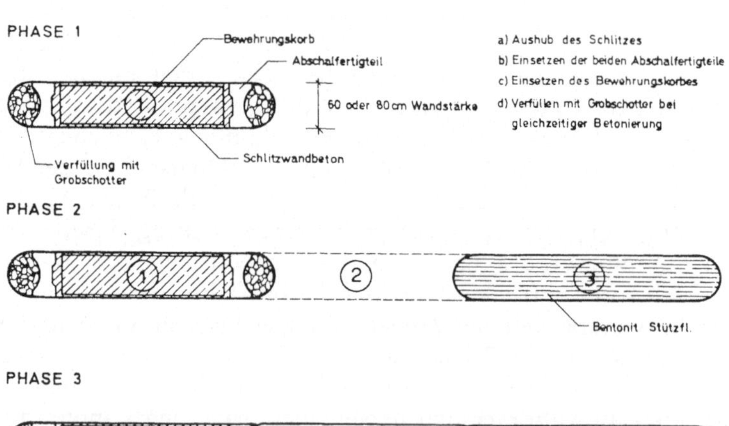


Abb. 8. Schlitzwand-Herstellung

Construction of diaphragm wall

Construction de la paroi moulée

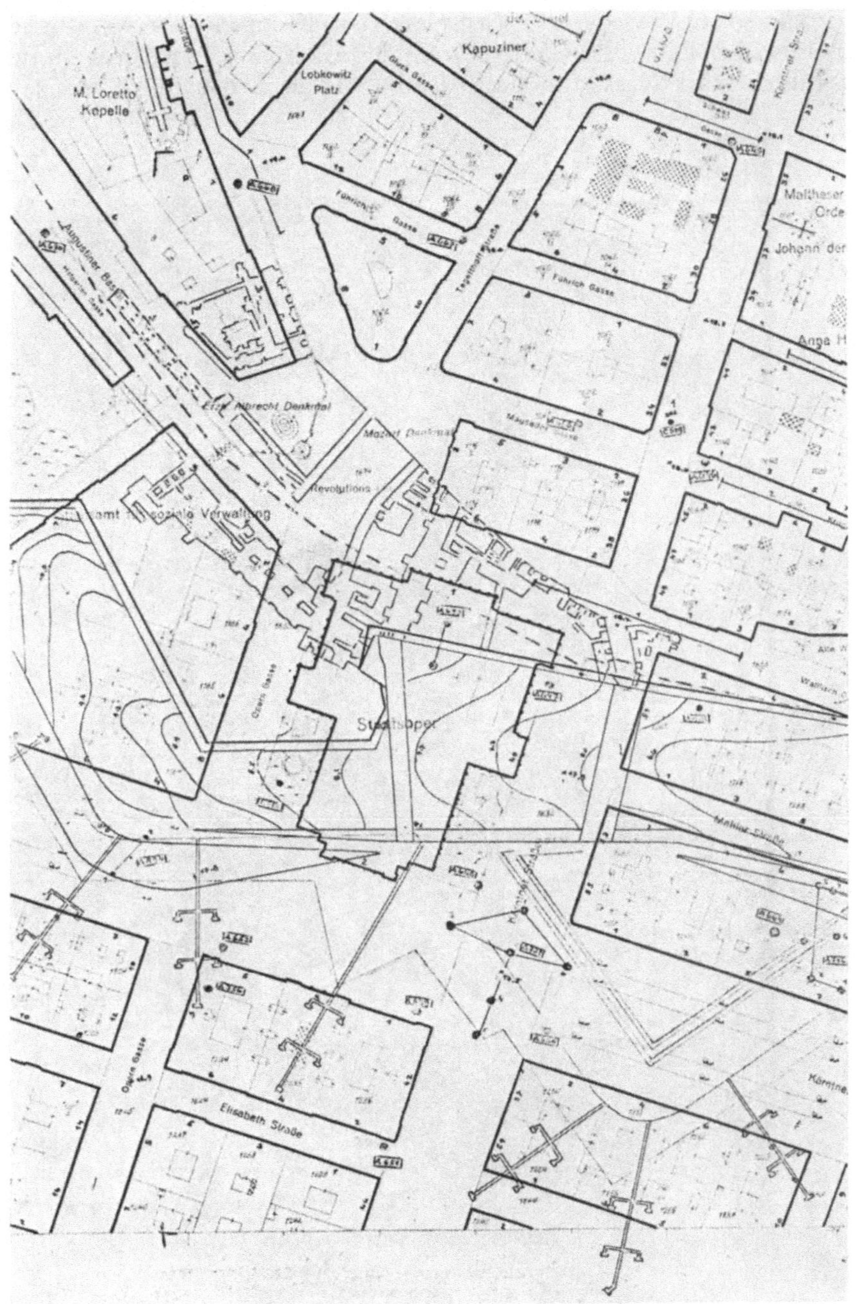


Abb. 9. Baugrundkataster Wien — Blatt Oper

Subsoil map of Vienna — part Opera

Carte souterraine — Opéra

Schlitzwänden erst wieder am Karlsplatz. Die Kreuzung des Wienflusses in bergmännischer Bauweise, die Kreuzung der Stadtbahn, einer großen, tiefen, kiesgefüllten, stark wasserführenden Rinne im Tegel, der Opernpassage und

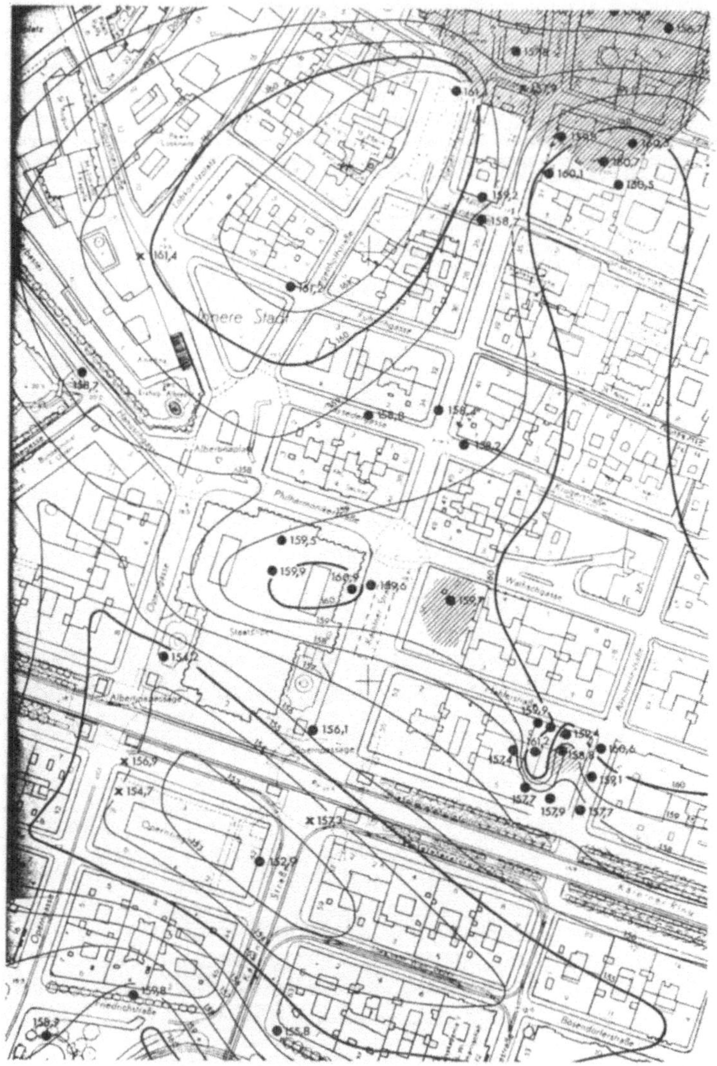


Abb. 10. Geotechnische Karte — Blatt Oper

Geotechnical map — part Opera

Carte géotechnique — Opéra

bedeutender Teile der dort immer dichter werdenden Verbauung gaben eine ganze Reihe von Problemen. Zu erwähnen ist, daß ab dem Karlsplatz nun auch noch die Schwierigkeiten mit den historischen Bauwerksresten dazukamen. Die alte Elisabethbrücke mit einem Wald von Holzpfählen brachte bei der Schlitzwandherstellung große Erschwernisse. Zum Glück konnten die Befestigungsanlagen der großen Stadtmauer ohne Berührung ganz unterfahren werden. Abb. 9 zeigt einen Ausschnitt aus dem Baugrundkataster der Stadt Wien. Man kann im Raume Oper die Mauern und Vorwerke, die unter Terrain größtenteils noch bestehen, erkennen.

Zwischen Opernring und Karlsplatz querte die Trasse weiters eine große, tiefe, stark wasserführende Rinne im Tertiär. Auf der geotechnischen Karte Wiens, die in Zusammenarbeit mit der geologischen Bundesanstalt hauptsächlich für den U-Bahnbau geschaffen wurde, ist die Rinne gut erkennbar (Abb. 10). Ziemlich umfangreiche, wieder zweistufige Injektionen, die hier auch noch beträchtlich in den Tegel ausgedehnt wurden und der Erleichterung der Schildvortriebe dienten, ergaben große Injektionsbereiche. Die Güte dieser Schutzinjektionen war völlig vom geologischen Schichtaufbau abhängig. Wo die Gesteinsverhältnisse nicht ganz den angenommenen

Abb. 11. Aushub im Wiener Tegel
Excavation in Wiener Tegel
Excavation en Wiener Tegel

Verhältnissen nahe kamen, gab es Penetrationslücken. Solange kein Zusammenhang mit dem freien Grundwasser bestand, blieb das harmlos. An einer Stelle, wo dies offenbar nicht so war, kam es aber doch zu einem Wassereinbruch aus einem langen „Fuchs" in einer Sandschichte. Eine energisch und schnell niedergebrachte Verfüll- und Injektionsbohrung erlaubte eine rasche Dichtung der entstandenen Hohlräume. Der guten Injektion im quartären Kiesbereich darüber war die Verhütung größeren Schadens zu danken. Im Tegel sind durch Diagenese und Vorbelastung durch Pressungen und Zerrungen zahlreiche steilstehende Zerrklüfte vorhanden. Sie zerteilen die sonst deutlich horizontal gegliederten Bänke (Abb. 11).

Die Injektionen im Tegel brachten wie erwähnt nicht immer gleichmäßige Ergebnisse (Abb. 12). Zahlreiche oft mehrere Zentimeter dicke Aufsprengungsschichten, die den vorhandenen durch tektonische Bewegungen entstandenen eher lotrechten Zerrklüften oder noch mehr den waagrechten Sertimentationsfugen folgten, trugen sicher zu einer gewissen abschnittsweisen Absperrung von Wasserwegsamkeiten im Tegel bei. Die bei den Injektionen üblichen Hebungen der Oberfläche und damit der Bebauung blieben in gerade noch tragbaren Grenzen. Die Injektion des Tegels muß aber weiterhin skeptisch beurteilt werden. Auch hier wurden die Stationsröhren mit Handschild und die Streckenröhre mit vollmechanischem Schild,

Abb. 12. Injektionen im Wiener Tegel
Injections in Wiener Tegel
Injections en Wiener Tegel

System Bade, Typ Wien, mit gutem Erfolg aufgefahren. Die Setzungen der unterfahrenen Gebäude blieben recht klein. Die Auswirkungen der Setzungen zufolge Schildfahrt waren jedenfalls deutlich geringer als jene der Hebungen zufolge der Injektionen.

Noch wesentlich heikler war das nächste Problem, der Schutz des Domes von St. Stephan. Die nur rund 3 m tiefen Fundamente an der Westfassade des Domes stehen nahezu ganz auf einer nach Süden auskeilenden Schichte von Löß, der schon an zahlreichen Stellen Wiens bei Durchfeuchtung zu Bodenkollaps geführt hat. Nach Prof. Dr. Kieslinger, der nach 1945 einen großen Teil der Fundamente gründlich untersucht hat, war der Zustand des Gründungsmauerwerkes zumindest als sehr unterschiedlich zu beurteilen. Eine hohe Bodenpressung unter den beiden Heidentürmen von 7,5 kp/cm$^2$ mahnte zur Vorsicht. Auf Grund intensiver Beratung durch ein Professorenteam an der TH Wien mit Dr. Borowicka, Dr. Kieslinger, Dr. Schischka und Dr. Tremmel entschied man sich für eine zwischen der künftigen Tunnelröhre und dem Dom zu schaffende Schutzwand aus Bohrpfählen ⌀ 88 cm, 5$^0$ geneigt, 30 m tief. Die Herstellung sollte ohne Erschütterungen und Bodenauflockerungen erfolgen. Nach umfangreichen Beobachtungen und Messungen wurden die Pfähle im reinen Drehbohrverfahren mit äußerster Vorsicht und ohne jede Rücksicht auf den relativ langsamen Arbeitsfortschritt und die sich ergebenden Kosten, aber auch ohne nennenswerte Setzungen oder Neigungen fertiggestellt. Zwei Injektionsriegel im Quartär wurden danach noch zur besseren Abstützung der Schutzwand ergänzt. Die Maß-

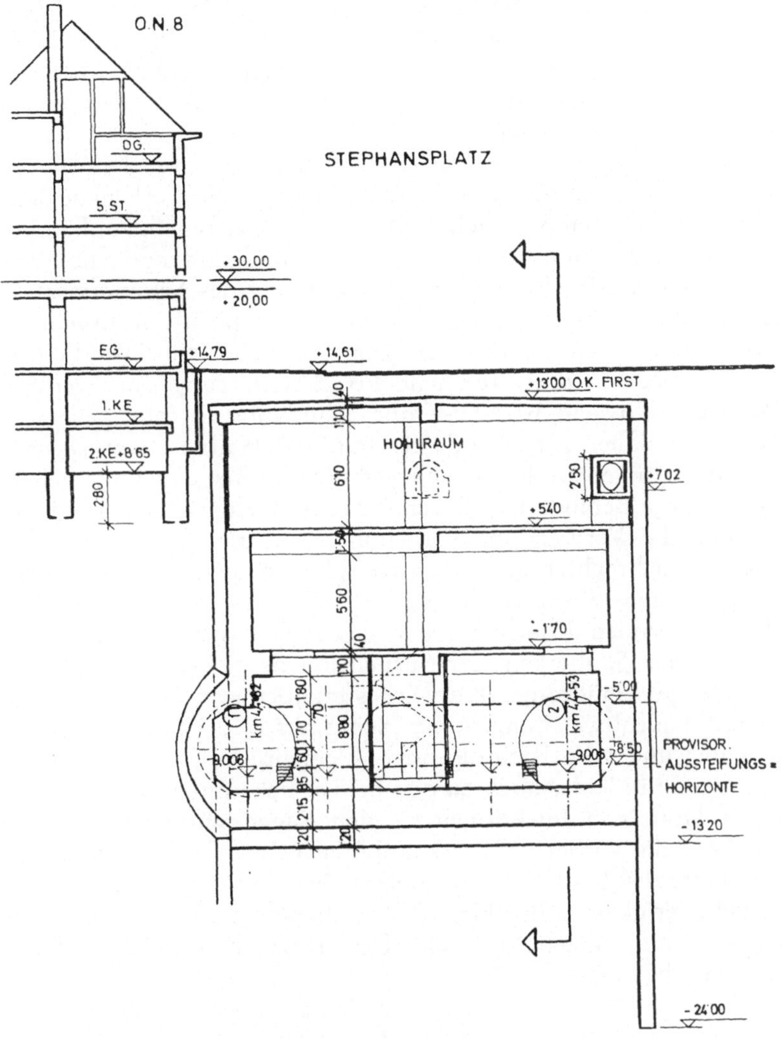


Abb. 13. Unterfangung, Bohrpfahlwand
Underpinning cast, in situ pile wall
Reprise en sous-oeuvre, paroi en pieux in situ

nahmen haben sich voll bewährt, beide Stationsröhren sind mit einem Handschild fast ohne Setzung und Neigung des Domes vor einem halben Jahr ausgezeichnet aufgefahren worden. Erwähnenswert ist auf dem Stephansplatz auch eine pfahlweise Unterfangung einer Bohrpfahlwand durch bananenförmige Fertigteilelemente (Abb. 13).

Als letzte Problemstelle darf die Unterfahrung des Donaukanals erwähnt werden. Hier erkannte man auf Grund der Probebohrungen schon bei der generellen Planung unter einer zwar dünnen aber tonigen dichten Tegelschichte eine weit ausgedehnte Feinsand- und Schluffschichte in voller Breite des Donaukanals und Schwedenplatzes. Ein Ausweichen vor dieser damals für eine riesige „Linse" gehaltenen Gefahrenzone war lage- und höhenmäßig nicht möglich. Nach neueren Unterlagen ist inzwischen bekannt geworden, daß der Beginn der Sandzone mit einer der früher erwähnten Bruchlinien in Zusammenhang steht.

Dazu liegt noch der rechte Brückenpfeiler der Schwedenbrücke recht nahe und leider auch 4 m über der Firste der Tunnelröhre. Als neue Setzungsunterschiede der sehr empfindlichen Brücke, der ersten Spannbetonbrücke Wiens, wurden nur 10 mm zugelassen. Lange und umfangreiche Versuche, die Möglichkeit einer Injektion dieser im Zustand des Schwimmsandes befindlichen Sandlinse nachzuweisen, brachte keine positiven Ergebnisse. Es ergaben sich immer wieder Fehlstellen. Man hat daher auf Grund eines Gutachtens von Prof. Dr. Rescher eine Projektsänderung durchgeführt und die geplante geschlossene Bauweise mit Schildvortrieb fallengelassen. Von einer eigens und daher ganz frisch geschütteten Halbinsel im Donaukanal aus wurden die Tunnelwände im Schlitzwandverfahren abgeteuft. Die frische Schüttung, die arge Behinderung durch die teilweise darüber liegende Schwedenbrücke und die Verwendung von deshalb mehrmals gestoßenen Fugenfertigteilelementen brachten große Schwierigkeiten. Es zeigte sich, daß unter solchen ungünstigen Voraussetzungen wie hier ein voller Erfolg nur bei verläßlichen dauernden Kontrollen der Greiferlage während des Aushubes und bei peinlicher Sauberkeit der Suspensionen zu erreichen ist. Bei der Herstellung der Süd-Hälfte des Bauwerkes ergaben sich an mehreren Stellen unangenehme Lageabweichungen der Schlitzwände, Umlaufbeton an den Fugenelementen und vom nachfolgenden Element, dann nicht mehr erfaßte Leerstellen, die dann leider auch zu den beiden bekannten Wassereinbrüchen führten. Mit Hilfe von Injektionen an den Fugen wurden recht mühsam und zeitraubend die vorher nicht erkennbaren Fehlstellen saniert. Derzeit ist die zweite Hälfte des Bauwerkes bereits im Bau und man hofft, daß diesmal trotz der Schwierigkeiten die Herstellung dichter Schlitzwände besser gelingen wird. Grundsätzlich hat sich aber trotzdem auch dort die offene Bauweise bisher bewährt.

## Literatur

Döllerl, A., A. Hondl und E. Proksch: Der U-Banhbau und die Maßnahmen zum Schutze des Stephansdomes, Europäische Baugrundtagung der ISSMFE in Wien, 1976.

U-Bahnbau in Wien, Der Aufbau, Heft 11/12, Wien 1972.

U-Bahnbau in Wien, Der Aufbau, Heft 3, Wien 1976.

Anschrift des Verfassers: Senatsrat Dipl.-Ing. Anton Döllerl, Magistrat der Stadt Wien, Magistratsabteilung 38 — U-Bahnbau, Niederhofstraße 23, A-1120 Wien, Österreich.

Rock Mechanics, Suppl. 5, 209—222 (1976)


# Erfahrungen bei der Weiterentwicklung der Spritzbetonbauweise im Frankfurter U-Bahnbau

Von

**Harald Krimmer**

Mit 14 Abbildungen

## Zusammenfassung — Summary

*Erfahrungen bei der Weiterentwicklung der Spritzbetonbauweise im Frankfurter U-Bahnbau.* Nach einleitender Erläuterung der im Frankfurter U-Bahnbau inzwischen üblich gewordenen Spritzbetonbauweise wird auf verschiedene Sonderprobleme eingegangen, die in einzelnen Baulosen aufgetreten sind.

Im Baulos 27 war der Abstand der beiden benachbarten Tunnelröhren so gering, daß in einem mittig angelegten Vorstollen der Boden zwischen den Röhren durch Beton ersetzt werden mußte. Ferner traten hier ungünstige Lagerungsbedingungen der Bodenschichten auf, welche die Vortriebsleistung und die Setzungen beeinflußten.

Zur Klärung der Frage, welcher technische Aufwand mit der bergmännischen Herstellung zweier Kreisprofiltunnel unmittelbar übereinander verbunden ist und welche Boden- und Oberflächenverformungen dabei zu erwarten sind, wurde ein ca. 150 m langes Versuchsbaulos aufgefahren. Die hierbei in zwei Meßquerschnitten gewonnenen Ergebnisse sowie die übrigen Erfahrungen zeigten, daß eine solche Querschnittsform in Spritzbetonbauweise ausgeschrieben werden kann.

Bei den beiden auf diese Weise aufzufahrenden Tunnellosen wird für den Vortrieb ein Schrämbagger eingesetzt.

Schließlich ist im Baulos 20, bei dem die beiden Tunnelröhren nebeneinander liegen, für den Vortrieb ein Messerschild eingesetzt. Unmittelbar hinter dem Nachlaufring des Messerschildes wird die Spritzbetonauskleidung aufgebracht. Durch die Trennung der Ausbruchsarbeiten von den Auskleidungsarbeiten sind hohe Vortriebsleistungen möglich. Da der überwiegende Teil dieses Bauloses unter Straßen- und Parkgelände liegt, konnten die Oberflächensetzungen in kurzen Abständen längs der Trasse verfolgt werden.

*Experiences at the Further Development of the Shotcrete Method Used in Subway Construction in Frankfurt a. M.* After an introduction to the shotcrete method as it is now normally used in the Frankfurt subway construction, the paper reports on special problems occurring at different contract sections.

In contract section 27 the distance between both tubes was so small that in a midway-driven gallery the soil between the tubes had to be replaced by concrete. Moreover, unfavourable soil conditions had influenced the driving efficiency and settlements.

To get knowledge about the necessary technology for driving two circular tubes, one direct above the other, and about the resulting displacements of underground and surface, a test section of about 150 m length has been constructed. The results from two measured cross-sections and other experiences proved that such a tunnel cross-section in shotcrete method can be handled in competitive tendering.

In both contract sections to be built in this manner, a newly developed cutting machine is in use.

Finally, in contract section 20, where both tubes lay side by side, a partly mechanized blade shield is in action. Directly behind the end ring of the shield shotcrete is brought in. Thus, by separating the heading works from the shotcrete works, a high driving progress is possible. As most of these tunnels are situated under streets and parks, the surface settlements could be observed in short distances along the location line.

Die Problematik der Auffahrung oberflächennaher Verkehrstunnel im bebauten Stadtgebiet ist wesentlich verschieden von derjenigen des Tunnelbaus im Hochgebirge.

So steht nicht ausschließlich die Optimierung von Vortriebsleistung und Ausbau im Vordergrund, sondern vor allem die Verhinderung von Setzungen. Diesem Problem kommt gerade in Frankfurt am Main besondere Bedeutung zu, da hier für die Auffahrung von U-Bahn-Tunneln die Spritzbetonbauweise in tertiären Lockerböden, einer unregelmäßigen Schichtenfolge von Tonen, Sanden und Felsbänken, Anwendung findet. Die Folge ist, daß beim Tunnelvortrieb im Vollausbruch mit Spritzbetonausbau das Hauptaugenmerk auf einen möglichst raschen Ringschluß zu richten ist. Da hierbei Verformungen nur in dem Umfang auftreten, der mit vertretbarem Aufwand nicht zu verhindern ist, tritt auch die durch Umlagerung erzeugte mittragende Wirkung des den Hohlraum umgebenden Gebirges nur teilweise ein; dies bedeutet, daß der Ankerung nur vergleichsweise geringe Bedeutung zukommt. Von Ankern im eigentlichen Sinne kann bei dem in Frankfurt am Main angewandten Verfahren nicht gesprochen werden; vielmehr handelt es sich um „Nägel" aus geripptem Betonstahl, die mittels Preßlufthämmern in das Lockergebirge eingetrieben werden und in erster Linie zur Lagesicherung der Ausbaubögen bis zur Erhärtung des Spritzbetons dienen.

Einzelheiten der in Frankfurt am Main inzwischen regelmäßig angewandten Baumethode können früheren Veröffentlichungen entnommen werden ([1], [4], [5]). Im folgenden soll über einige Besonderheiten berichtet werden, die sich bei den einzelnen inzwischen ausgeführten Tunnelbaulosen der U-Bahn-Linie B ergeben haben.

## Baulos 27

Dieses Baulos weist zwei nebeneinanderliegende Tunnelröhren von etwa 350 m Länge auf; die Trasse liegt in einem Bogen mit 300 m Halbmesser. Bedingt durch die räumliche Enge im Bereich des Anfahrschachtes wäre zu Beginn des Vortriebes zwischen den beiden Röhren ein Erdpfeiler stehengeblieben, dessen Dicke an der schwächsten Stelle nur etwa 50 cm betragen hätte. Es wurde daher zunächst mittig zwischen den beiden späteren Vortrieben ein Vorstollen auf eine Länge von 15 m aufgefahren und in diesem eine Mittelwand betoniert, deren Außenflächen der Kontur der beiden späteren Tunnel entsprach. Diese Maßnahme hat sich voll bewährt.

Beim Vortrieb der beiden Tunnelröhren ergaben sich zeitweilig erhebliche Schwierigkeiten aus der Geologie. Über längere Strecken wurden im Querschnitt zwei starke Kalk-Felsbänke angetroffen, die durch eine mehrere

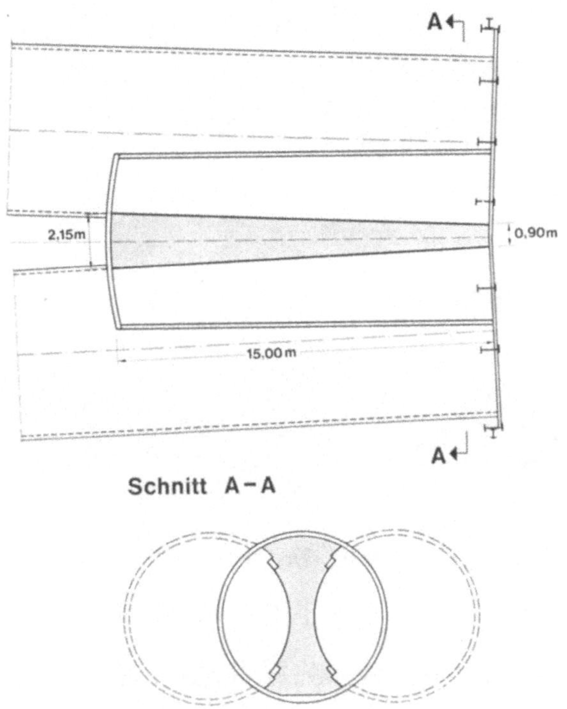


Abb. 1. Baulos 27, Vorstollen

Dezimeter mächtige, Grundwasser führende Schicht aus Schluff und Hydrobiensand getrennt waren. Da diese beiden Felsbänke nacheinander in getrennten Arbeitsgängen hereingeschossen werden mußten, entstand beim Vortrieb bedeutender Zeitverlust, der zu Tagesleistungen von nur 1,50 m und Ringschlußzeiten von mehr als 30 Stunden führte. Die dabei an der Oberfläche beobachteten Setzungen wuchsen bis auf 50 mm.

Nach Überwindung dieser ungünstigen Strecke wurden ohne weiteres eine tägliche Vortriebsleistung von 3,5 m sowie eine Ringschlußzeit unter 20 Stunden erreicht; die Setzungen an der Oberfläche lagen bei 35 mm.

Schließlich ist noch zu erwähnen, daß die Tunnelröhren zum Losende hin stark ansteigen und hierdurch im Firstbereich Sande und Kiese angefahren wurden. Da außerdem in diesem Bereich die geringste Überdeckung zu Hausfundamenten nur etwa 2,30 m betrug, wurden diese Schichten vor

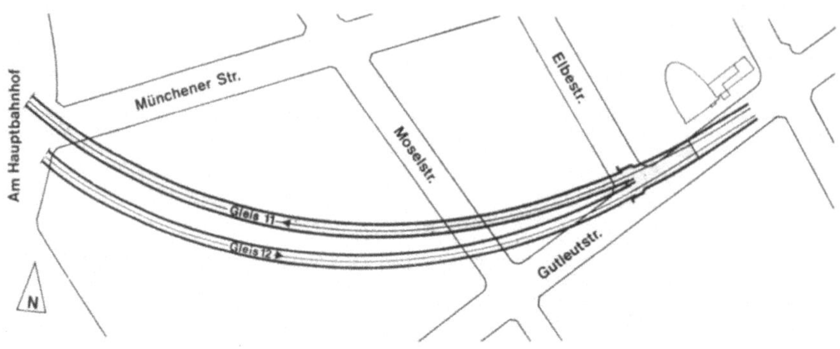


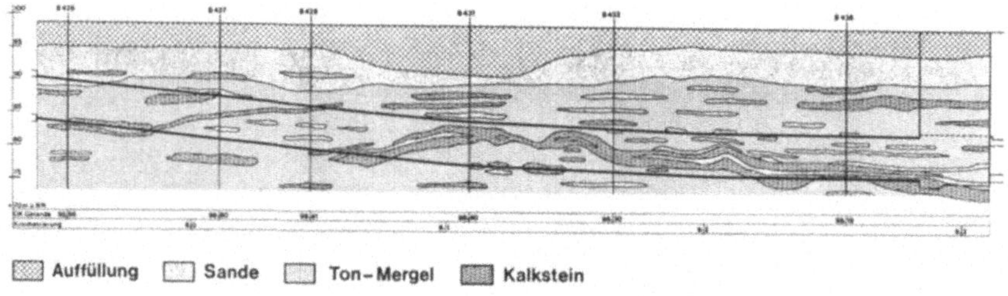


Abb. 2. Baulos 27, Baugrundverhältnisse

Auffahren der Stollen durch chemische Injektionen verfestigt. Der Vortrieb verlief danach problemlos.

## Baulos 18 a

Die Trasse der U-Bahn-Linie B verläuft über mehr als 1,5 km im Zuge der Berger Straße, einer verhältnismäßig engen, jedoch belebten Geschäftsstraße.

Zunächst war die Herstellung des Tunnels in offener Bauweise vorgesehen, und zwar mit einem schmalen Bauwerk, in dem die beiden Streckengleise übereinander angeordnet waren. Nachdem die bis dahin eingetretene Preisentwicklung nahezu Kostengleichheit zwischen offener und bergmännischer Bauweise erwarten ließ und bei der letzteren ein großer Teil insbesondere der gewerblichen Anlieger wesentlich weniger beeinträchtigt wird, wurde diese Möglichkeit ernsthaft geprüft. Da infolge der bereits durchgeführten Planoffenlage eine Trassenänderung nicht erwogen werden konnte, entstand die Frage, ob ein für den bergmännischen Vortrieb zumindest ungewöhnlicher Querschnitt (siehe Abb. 3) mit vertretbarem technischen und finanziellen Aufwand aufgefahren werden konnte und in welcher Form die auftretenden Besonderheiten in einer Ausschreibung zu handhaben waren. Hierüber wurde dadurch Klarheit gewonnen, daß auf Grund eines günstigen Angebotes einer in der Nachbarschaft tätigen Firmengruppe ein Versuchsbaulos von 150 m Länge aufgefahren wurde. Auf dieser Strecke findet der Über-

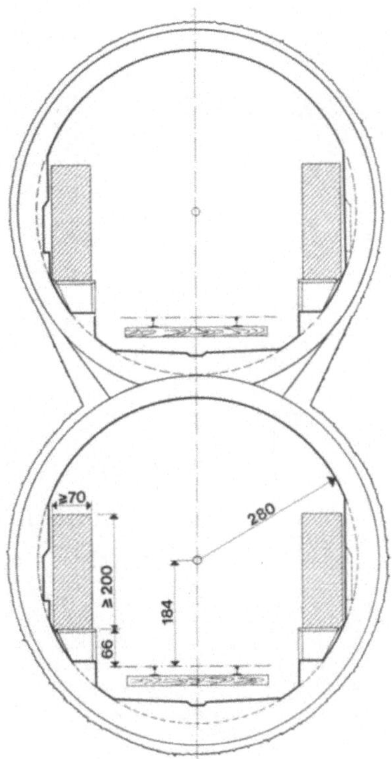


Abb. 3. Querschnitt

gang von zwei getrennten Einzelröhren zum gemeinsamen Querschnitt in Form der Acht statt. Der Bauablauf wurde im Einvernehmen zwischen der ausführenden Firma, dem Auftraggeber, der prüfenden Stelle und den tunnelbautechnischen Beratern so festgelegt, daß zunächst die untere Röhre aufgefahren wurde; der Vortrieb der oberen Röhre wurde erst begonnen, nachdem in der unteren Röhre auch der endgültige Ausbau in Form einer 35 cm dicken Innenschale aus wasserundurchlässigem Beton hergestellt war. Entlang der vergleichsweise kurzen Vortriebsstrecke wurden zwei Meßquerschnitte, A und B, eingerichtet, in denen durch Mehrfachextensometer die Vertikalverformungen in verschiedenen Tiefenhorizonten gemessen wurden; ferner wurden die Horizontalverschiebungen bestimmt. Die Ergebnisse der Verformungsmessungen sind in Abb. 4 und 5 dargestellt. Darüber hinaus wurden in den Stollen Spannungsmessungen mittels eingebauter radialer und tangentialer Druckkissen durchgeführt, deren Ergebnisse Abb. 6 und 7 zeigen.

Die gemessenen Werte zeigten erfreulicherweise, daß die Setzungen durchaus in dem für den Frankfurter Untergrund gewohnten Rahmen blieben (siehe [2] und [3]). Auch die Spannungsmessungen ergaben keine Über-

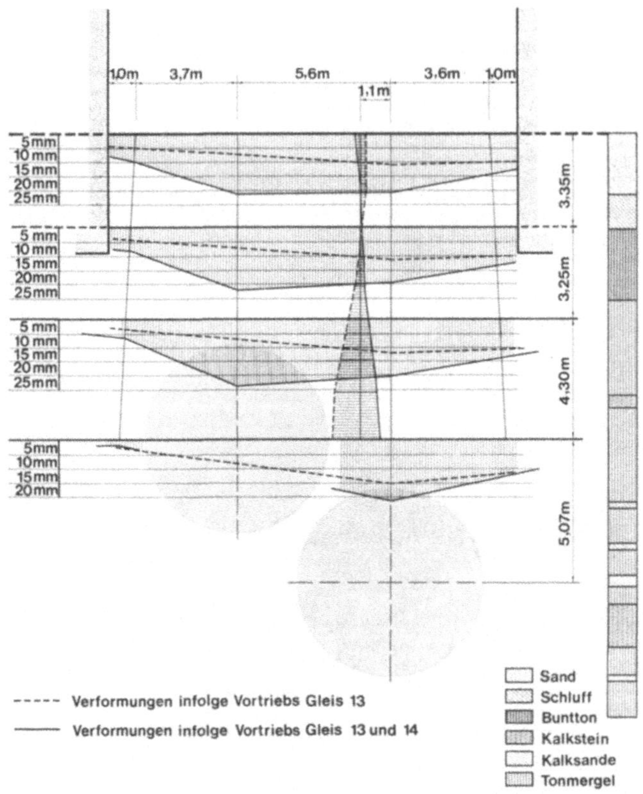


Abb. 4. Baulos 18 a, Verformungsmessungen im Meßquerschnitt A

raschung. Da zudem beim Vortrieb keine nennenswerten Besonderheiten aufgetreten sind, wurden die Streckenlose 18 b 1 und 19 b 1 im Frühjahr 1974 mit dem gezeigten Querschnitt in Spritzbetonbauweise ausgeschrieben.

## Baulose 18 b 1 und 19 b 1

Die beiden Lose von je etwa 400 m Vortriebslänge wurden gleichzeitig ausgeschrieben und konnten getrennt angeboten werden. Da der Bauablauf um einige Monate versetzt vorgesehen ist, können bei entsprechender Vortriebsleistung Mannschaft und Gerät zumindest teilweise in beiden Losen abwechselnd beschäftigt werden. Dies bewog die auf Grund des im Wettbewerb günstigsten Angebotes beauftragte Arbeitsgemeinschaft, einen Schrämbagger vom Typ DEMAG H 41 einzusetzen. Das Gerät ist mit einem hartmetallbestückten, rotierenden Schneidkopf ausgerüstet, der 1,0 m teleskopiert werden kann. Zur Abförderung des Materials dienen zwei Kettenförderbänder, die im Frontschild des Gerätes quer zur Achse von außen nach innen laufen, dann in Achsrichtung umgelenkt werden, unter dem Gerät hindurch

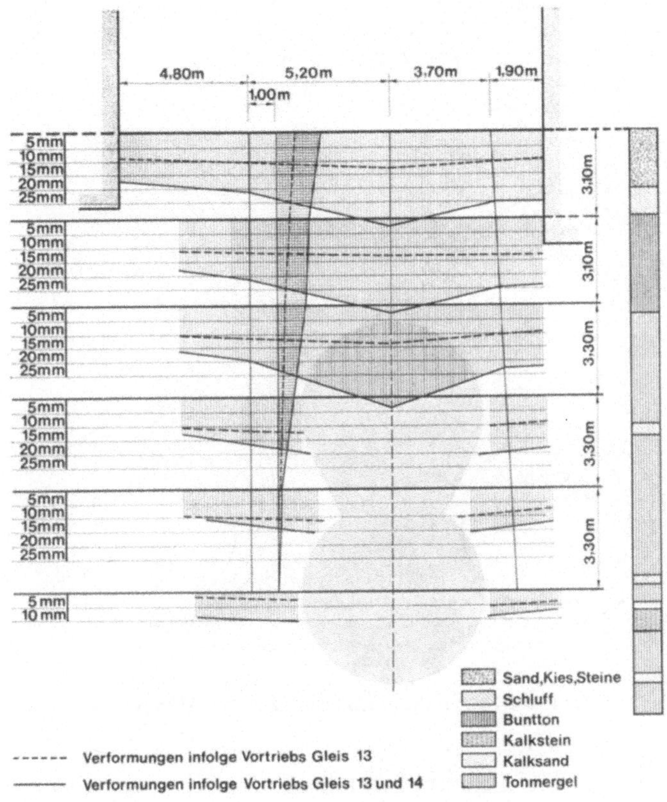


Abb. 5. Baulos 18 a, Verformungsmessungen im Meßquerschnitt B

geführt sind und dahinter 7,40 m weit auf 3,0 m Höhe austragen. Da hierbei im Gegensatz zu der bisher üblichen Vortriebsweise mittels Bagger, der beim Schuttern zurückfahren muß, das Abbaugerät ständig an der Ortsbrust verbleiben kann, waren höhere Vortriebsleistungen zu erwarten. Naturgemäß können technische Neuentwicklungen schon mit Rücksicht auf den erforderlichen Lernprozeß des Bedienungspersonals ihre volle Leistung nicht vom ersten Tage an erbringen. Auch gelegentliche Stillstandszeiten für Gerätereparatur mindern die Durchschnittsleistung.

So wurde die erste Röhre mit einer Länge von 392 m in der Zeit vom 3. 3. 1975 bis 31. 7. 1975 aufgefahren. Erst gegen Ende dieser Strecke überschritt die größte erzielte Tagesleistung den Wert von 6 m.

In der zweiten der insgesamt 4 Tunnelröhren — hier wurde mit dem Vortrieb am 1. 7. 1975 begonnen — sind bis zum 30. 9. 1975 223 m aufge-

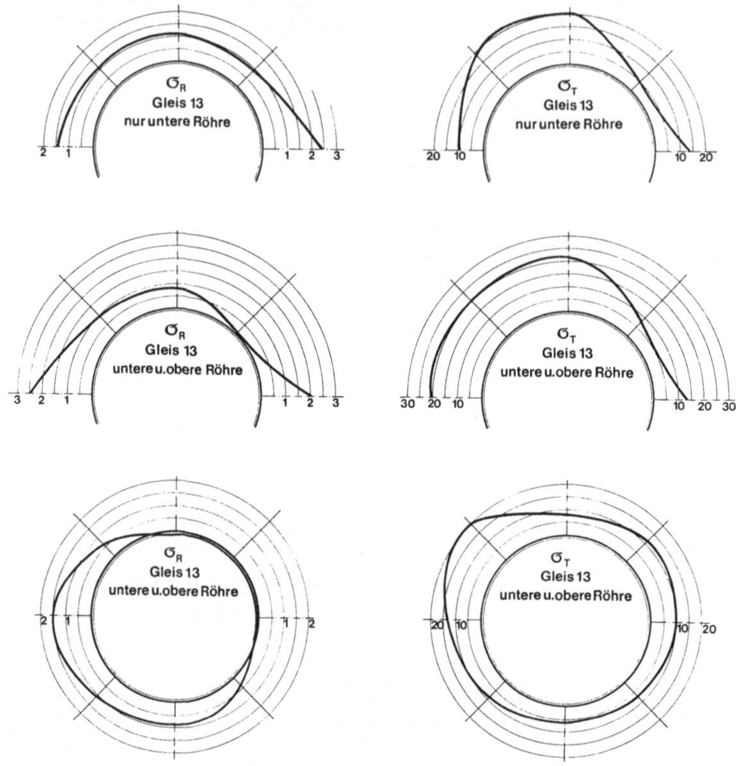


Abb. 6. Baulos 18 a, Spannungsmessungen im Meßquerschnitt A

fahren. Die angestrebte Leistung von i. M. 6 m je Tag wird im Wochendurchschnitt auch bei gelegentlich auftretenden kurzen Stillstandszeiten zielsicher erreicht.

## Baulos 20

In diesem Baulos verlaufen die beiden Tunnelröhren über den größten Teil der Loslänge, z. T. mit größerem Abstand, nebeneinander; lediglich am Losende wird die Lage übereinander zum Anschluß an die oben beschriebene Strecke erreicht.

Ausgeschrieben war ein Vortrieb in Spritzbetonbauweise. Auf Grund eines Sondervorschlages des im Wettbewerb mindestfordernden Bieters wird für den Vortrieb ein Messerschild eingesetzt, bei dem die Spritzbetonauskleidung hinter dem Schild auf die von den Messern und einem im Ulmen- und Firstbereich angebrachten Nachlaufring freigefahrenen Bodenflächen aufgebracht wird. Der Ausbau besteht aus Stahlbogen im Abstand von 1 m und einer mit Baustahlmatten bewehrten Spritzbetonschale von 15 cm Dicke. Auf Anker wurde verzichtet. Im Gegensatz zum sonst üblichen Verfahren,

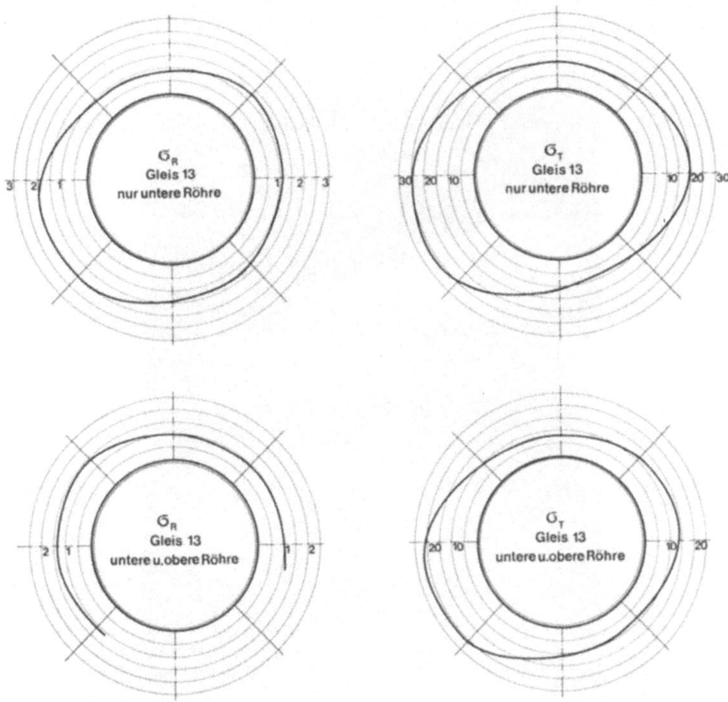


Abb. 7. Baulos 18 a, Spannungsmessungen im Meßquerschnitt B

bei dem die Auskleidung im First voreilt und der Ringschluß in der Sohle erfolgt, wird hier der jeweilige Ring in der Sohle begonnen und im First

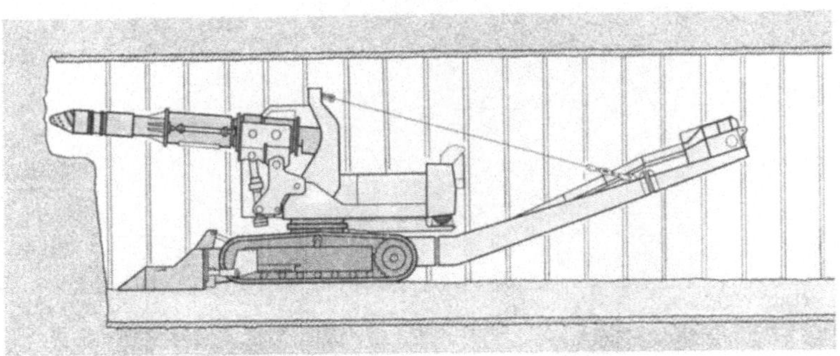

Abb. 8. Schrämbagger, Übersichtsskizze

geschlossen. Eine Abstützung des Schildes auf die Auskleidung ist nicht vorgesehen, vielmehr wird die für den Einzelvorschub der Messer erforderliche

Gegenkraft durch die Haftung aller übrigen am umgebenden Erdreich geliefert. Nach Abschluß des Einzel- oder Gruppenvorschubes aller Messer wird der Stützrahmen nachgezogen.

Abb. 9. Schrämbagger, Blick auf das Frontschild

Abb. 10. Schrämbagger im Einsatz

Zum Lösen des Bodens ist im Schild ein Bagger montiert, dessen Ausleger mit einem Grablöffel und einem Felsmeißel bestückt ist. Die gelösten Massen werden über einen Laschenkettenförderer in Gleisloren verbracht.

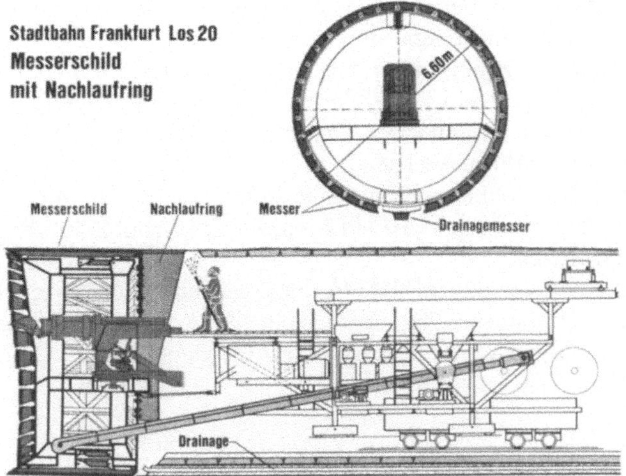


Abb. 11. Messerschild, Übersichtsskizze

Die anbietende Firma konnte diesen Sondervorschlag nur dadurch an die Spitze des Wettbewerbs bringen, daß über hohe Vortriebsleistungen eine verkürzte Bauzeit angeboten wurde. Kalkuliert waren Tagesleistungen von

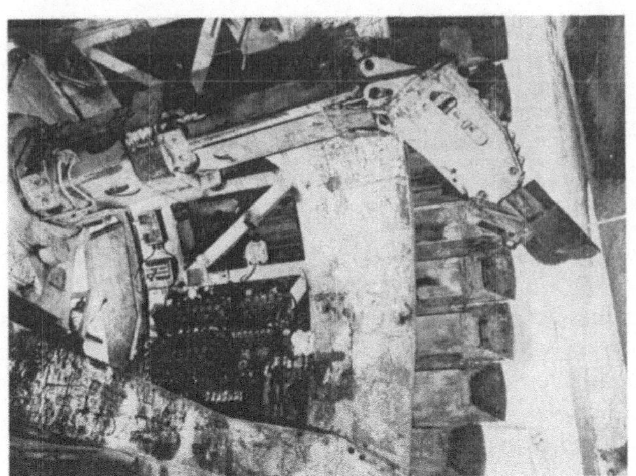

Abb. 12. Messerschild vor dem Anfahren

6 m i. M. bei Spitzenwerten von 8 m. Die erste Röhre für das Gleis 13 mit einer Länge von 406 m wurde in der Zeit vom 9. 1. 1975 bis 5. 6. 1975 aufgefahren. Wenn auch die vorgesehenen Spitzenleistungen in Einzelfällen

erreicht und sogar überschritten wurden, ist doch die bei der ersten Röhre erreichte Durchschnittsleistung hinter den Erwartungen zurückgeblieben.

Bei Auftragserteilung war nicht abzusehen, wie das gewählte Vortriebsverfahren sich auf die Setzungen auswirken würde. Als Grenze für die Eignung des Verfahrens im bebauten Stadtgebiet wurde ein Wert von 40 mm vorgegeben, der beim üblichen Spritzbetonvortrieb nur in Ausnahmefällen erreicht wird. Ausschlaggebend für die Entscheidung, den Versuch überhaupt zu wagen, war die Tatsache, daß der weitaus größte Teil des Loses unter Straßenland und einem öffentlichen Park verläuft und erst am Losende einige wenige Häuser unterfahren werden.

Beim Vortrieb der ersten Röhre hat sich gezeigt, daß die Setzungen sowohl im Mittel als auch in den Maximalwerten erheblich über den bisher üblichen Werten liegen.

Ferner hat sich gezeigt, daß das in der Ausschreibung angegebene Grenzmaß von 10 cm für die zulässige radiale Abweichung des aufgefahrenen Tunnels von der Sollachse nicht eingehalten werden konnte. Die aufgetretene

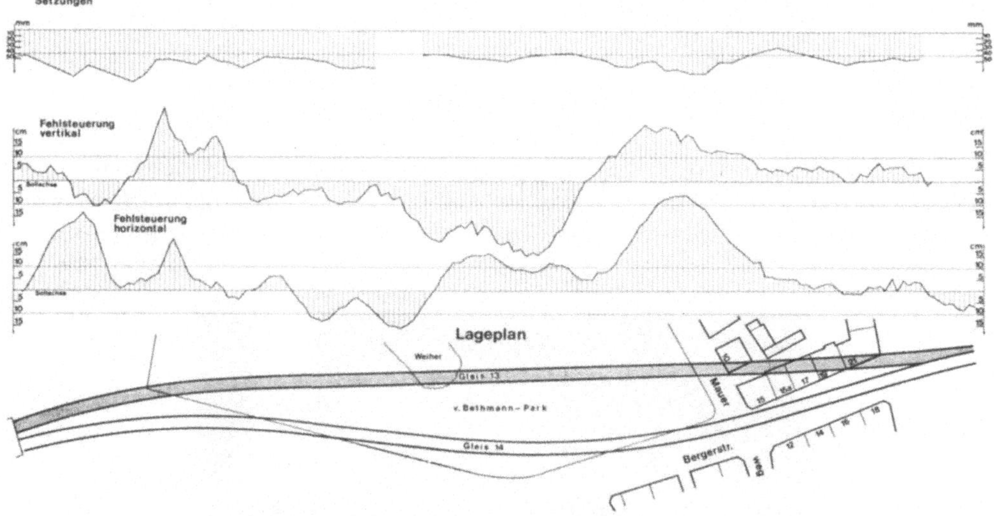


Abb. 13. Baulos 20, gemessene Fehlsteuerungen und Setzungen

Fehlsteuerung hat das vorgegebene Maß an mehreren Stellen sowohl horizontal als auch vertikal um ein Mehrfaches überschritten. Dies hatte umfangreiche Nacharbeiten zur Erzielung hinreichender Profilgenauigkeit zur Folge. Bemerkenswert ist, daß bei starken Richtungsänderungen des Schildes zur Rückführung bereits eingetretener Fehlfahrten verstärkte Setzungen an der Oberfläche beobachtet wurden.

Inzwischen sind im Zuge des Umsetzens zum Auffahren der zweiten Röhre eine Reihe von Änderungen am Gerät vorgenommen worden, die eine bessere Steuerfähigkeit bei geringeren Setzungen gewährleisten sollen.

Mit dem Vortrieb der zweiten Röhre wurde am 20. 8. 1975 begonnen. Bis zum 30. 9. 1975 waren 148 m aufgefahren. Die Vortriebsleistung liegt derzeit im Wochendurchschnitt bei ca. 8 m/Tag und entspricht damit voll den in das Bauverfahren gesetzten Erwartungen. Auch die Steuergenauigkeit wurde wesentlich verbessert und liegt nunmehr innerhalb der vorgegebenen Toleranzen.

Über die Setzungen ist ein Vergleich bisher schwer möglich, da ein in der Straße liegender Entwässerungskanal im Bereich des Tunnelfirstes ange-

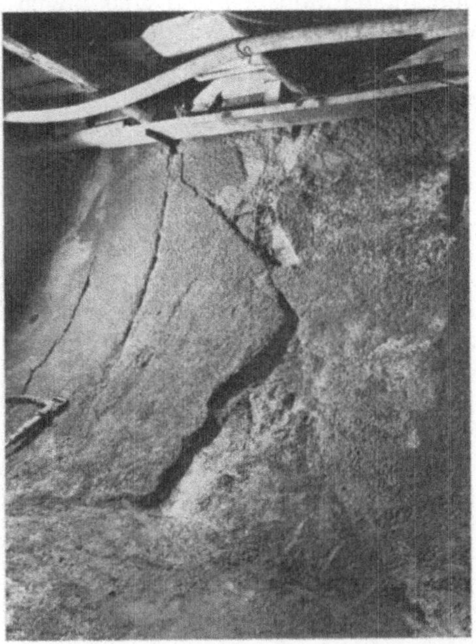

Abb. 14. Baulos 20, Bruchstelle

fahren wurde und die hieraus sich ergebenden zusätzlichen Setzungsanteile nicht hinreichend genau einzugrenzen sind.

Eine endgültige Beurteilung des Bauverfahrens, insbesondere hinsichtlich seiner Eignung für weitere Einsätze beim U-Bahnbau in Frankfurt am Main, kann sinnvoll erst nach vollständigem Auffahren der zweiten Röhre und Auswertung aller gesammelten Erfahrungen erfolgen.

Leider ist von diesem Baulos noch zu berichten, daß hier erstmalig im Frankfurter U-Bahnbau der Bruch einer Spritzbetonschale beobachtet wurde. In einem Bereich von etwa 12 m Länge, wo bei Nachprofilierungsarbeiten die bereits mehrere Monate alte Spritzbetonschale im Sohlbereich streifenweise entfernt und profilgerecht tiefer neu eingebracht worden war, zeigten sich etwa zwei Wochen später plötzlich im unteren Ulmenbereich am Anschluß des neuen an den alten Spritzbeton Brucherscheinungen mit Hineinwandern von Schollen in den Hohlraum. Durch sofortigen Einbau waagrechter und senkrechter Abstützungen konnte Schlimmeres verhütet werden. Nach ersten Untersuchungen sind als Ursache Mängel in der Ausführung der Nachprofilierungsarbeiten nicht auszuschließen. Inzwischen ist es gelungen, im Schutz der erwähnten Abstützungen eine einwandfrei tragfähige Spritzbetonschale wiederherzustellen.

## Zusammenfassung

In einer notwendigerweise gedrängten Übersicht wurde versucht, einen Überblick über Besonderheiten und neue Entwicklungen bei der Anwendung der Spritzbetonbauweise im Frankfurter U-Bahnbau und die dabei gewonnenen Erfahrungen zu geben. Die Zukunft wird zeigen, welche Neuerungen aus technischen und nicht zuletzt wirtschaftlichen Gründen sich auf Dauer behaupten.

## Literatur

[1] Edeling, H., und W. Schulz: Die Neue Österreichische Tunnelbauweise im Frankfurter U-Bahnbau. Der Bauingenieur *47* (1972), H. 10, S. 351—362.

[2] Chambosse, G.: Das Verformungsverhalten des Frankfurter Tons beim Tunnelvortrieb. Mitt. d. Versuchsanstalt für BM u. G der TH Darmstadt Nr. 10 (1972).

[3] Stroh, D., und G. Chambosse: Messungen und Setzungsursachen beim Tunnelvortrieb im Frankfurter Ton. Straße/Brücke/Tunnel (1973), H. 2, S. 38—42.

[4] Atrott, G.: Die Anwendung der „Neuen Österreichischen Tunnelbauweise" beim U-Bahnbau in Frankfurt am Main. Baumaschine und Bautechnik *19* (1972), H. 2, S. 65—71.

[5] Schulz, W., und H. Edeling: Die Neue Österreichische Tunnelbauweise beim U-Bahnbau in Frankfurt am Main. Rock Mechanics, Suppl. 2, S. 242—256. Springer-Verlag 1973.

Anschrift des Verfassers: Dr.-Ing. Harald Krimmer, Stadtbahnbauamt, Postfach 3882, D-6000 Frankfurt am Main 1, Bundesrepublik Deutschland.

Rock Mechanics, Suppl. 5, 223—229 (1976)


# Geotechnische Probleme beim Bau der U-Bahn in Budapest

Von

**Gyula Greschik**

Mit 3 Abbildungen

**Zusammenfassung — Summary**

*Geotechnische Probleme beim Bau der U-Bahn in Budapest.* Ein zweischichtiger geologischer Aufbau charakterisiert die geotechnische Situation des Untergrundes der Hauptstadt Ungarns. Unter grundwasserhaltendem Kiessand der Pleistocene liegen schluffig-tonige neogene Sedimente. Die eingebetteten Sandschichten bilden eine wasserdurchlässige Verbindung zwischen dem in den tertiären Tonschichten tiefgeführten Tunnelniveau und dem kiesigen Wasserreservoir. Obwohl die meist tonigen Sandschichten und die klassischen Schwimmsand-Kriterien nicht erreicht werden, kam es mehrmals zu Fließerscheinungen.

Weitere Probleme entstanden in den Zonen der ehemaligen tektonischen Wirkungen. Auch Methan und sehr aggressives Grundwasser konnten beseitigt werden.

Einige alte, in der Setzungsmulde stehende Gebäude waren beschädigt. Theoretische und praktische Erfahrungen geben eine bessere Möglichkeit, ähnliche Schwierigkeiten zu vermeiden.

Eine interessante ingenieurgeologische Beobachtung ist, daß die Diagenese und damit die Festigkeitszunahme der Gesteine bei gleichaltrigen Sedimenten der Transgression in fortgeschrittenerem Stadium größer ist als bei den Ablagerungen der Regression.

*The Geotechnical Problems in Constructing the Budapest Underground.* A double-layer geological structure characterizes the geotechnical situation of the subsoil of the capital on Hungary. Under saturated pleistocene sand and gravel lie dipped neogene loam-clay layers. The interbedded sandy strata serve permeable joints from pleistocene aquifer to the tunnel under construction. Despite the sand is clayey and not of the classical running features, a few heavy flows were observed.

Further problems arose in the faulted zones. Even methane and high sulphate content of the ground water was surmounted.

Damages of older buildings standing in the zone of subsidence were observed because of tunneling. The practical and theoretical investigations give a better possibility to prevent similar difficulties.

It is an interesting engineering-geological observation that the lithification of a formation, that means the increase of the strength of the rock of the same age, is more advanced at the sediments of transgression than that of the regression.

Vor 2 Jahren hat Budapest, die Hauptstadt Ungarns, ihr hundertjähriges Bestehen gefeiert. Im Jahre 1874 waren die drei Städte Altofen, Buda und Pest zu „Budapest" vereinigt worden. Hier wurde im Jahre 1896 die erste U-Bahn des europäischen Kontinents in Betrieb gesetzt. Die zwei Weltkriege haben die dynamische Entwicklung der Hauptstadt auf Jahrzehnte zurückgeworfen; die Weiterentwicklung dieser U-Bahn ist erst 1950 möglich geworden.

Die zwei Hauptteile der Stadt, Buda und Pest, haben verschiedene Charaktere. Der größte Anteil der Bevölkerung wohnt auf dem Flachland am linken Ufer der Donau in Pest; auch der größte Teil der Industrie- und

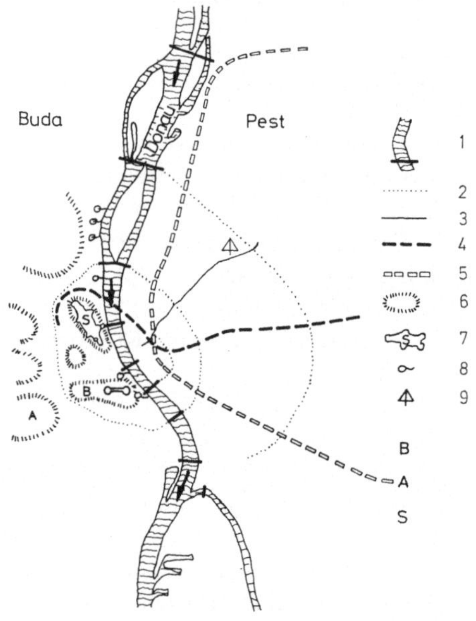


Abb. 1. Schema der Hauptstadt Budapest

*1* Fluß und Brücke; *2* Haupt-Boulevards; *3* U-Bahn (1896); *4* O-W-Linie in Betrieb; *5* N-S-Linie im Bau; *6* Hügel und Berge in Buda; *7* Burg von Buda; *8* warme Quelle und Bäder; *9* Tiefbohrung im Stadtwäldchen; *B* Blocksberg (Gellért-hegy); *A* Adlerberg (Sas-hegy); *S* Schloßberg (Vár-hegy)

Scheme of the capital Budapest

*1* River and bridge; *2* main boulevards; *3* underground (1896); *4* E-W-line (operating); *5* N-S-line (under construction), *6* hills on the Buda side; *7* the Buda castle; *8* warm springs and swimming bathes; *9* drilling in the city-park; *B* Gellért-hill; *A* Sas-hill; *S* Castle-hill

Wohngebiete befindet sich dort. Im Gegensatz dazu ist Buda hügelig, hat eine schöne Umgebung, bietet sich aber mehr dem Touristenverkehr als Reiseziel an. Die geotechnischen Probleme des Ausbaues des geplanten Metro-Netzes entstehen selbstverständlich größtenteils auf der Pester Seite; sie wurzeln im geologischen Aufbau des Flachlandes.

Das Hügelland Buda ist durch eine Hauptverwerfung vom anderen Stadtteil getrennt. Der Lauf der Donau folgt dieser tektonischen Linie, entlang der eine ganze Serie von warmen und heißen Quellen hervorbricht. Die weltberühmten Bäder nützen das Wasser schon seit Jahrhunderten.

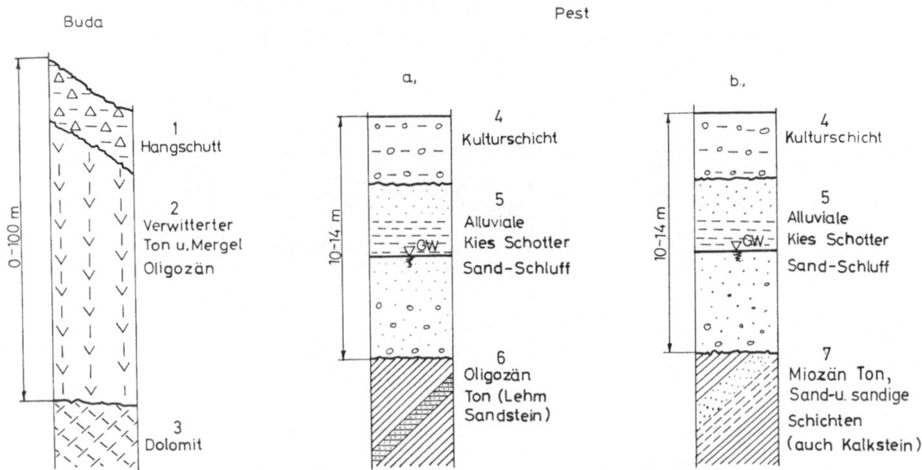


Abb. 2. Typische Bodenprofile in Budapest

Characteristic geological profiles in Budapest

*1* slope debris and soil; *2* weathered clay and marl, oligocene; *3* dolomite; *4* culture-layer; *5* Alluvium gravel, sand, silt; *6* oligocene, clay, silt, sandstone; *7* miocene, sand and sandy strata in clay (limestone too)

Die charakteristischen Berge, der Blocksberg und der Adlersberg, bestehen aus Dolomiten der Trias, welche auch bei einer Tiefbohrung im Stadtwäldchen von Pest in einer Tiefe von 1000 m erschlossen wurden. Paleogene Tone und Mergel bauen den Schloßberg und die anderen Hügelhänge auf (Abb. 1).

Wie in vielen Großstädten, die aus historischen Gründen an Fluß- oder Seeufern aufgebaut wurden, sind die älteren Schichten der Pester Seite mit jüngeren, pleistozänen Flußablagerungen der Alt-Donau bedeckt. Unter der 10 bis 14 m mächtigen Kies-Schotter-Sand-Ablagerung mit Torf- und Schluffschichten bzw. -Linsen liegen in SO-Richtung geneigte oligozäne und miozäne tonige Schichten. Die Flußablagerungen bilden mehrere Terrassen. Das Grundwasser steht allgemein in geringer Tiefe (4 bis 5 m unter Geländeoberfläche) an.

Es gibt drei typische Bodenprofile (Abb. 2). In Buda sind die älteren Gesteine mit oligozänem Mergel oder Ton bedeckt, deren obere Teile verwittern und entweder mit Anschüttung oder mit Hangschutt überdeckt sind. Hier gibt es keinen Grundwasserspiegel; mit eventuellem Sickerwasser muß man aber rechnen. Dieses Wasser hat oft einen bedeutenden Sulphatgehalt und ist sehr betonaggressiv. Die Ton- und Mergelschichten besitzen eine gute Standfestigkeit.

Auf der Pester Seite ist das Profil praktisch beinahe dasselbe: Unter 10 bis 14 m wassergesättigtem Alluvium folgen tonige Schichten. Vom Standpunkt des Tunnelbaues müssen wir aber einen deutlichen Unterschied machen, ob oligozäne oder miozäne Schichten unter dem Alluvium anstehen. Die oligozänen Ablagerungen zeigen eine größere Festigkeit und sind homogener. Meistens steht Lehm oder sandiger Ton mit Steinbänken an. Wo das Grundgebirge tektonisch gestört ist, ist das Material klüftig, aber ziemlich

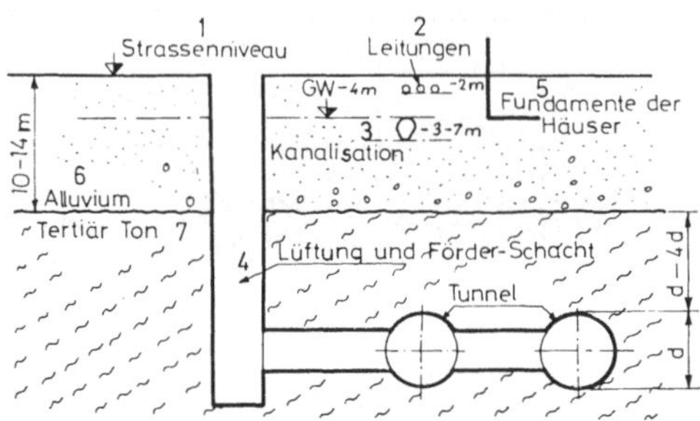


Abb. 3. Vertikale Lage der Streckentunnel der U-Bahn

Vertical position of the line-tunnels of the Metro

*1* Pavement and sidewalk; *2* cables, pipelines; *3* sewers; *4* ventilation and access shaft; *5* foundations of buildings; *6* pleistocene sand and gravel; *7* tertiary clayey strata

wasserundurchlässig. Die miozänen Schichten sind schwer festzustellen. Ton- und Sandschichten wechseln ab. Im jüngeren Miozän sorgen noch Kalkschlamm und Kalkstein für eine weitere Variation. Die geneigten Sand- und sandigen Schichten sind wasserdurchlässig; an den Schichtköpfen haben sie guten Kontakt mit dem alluvialen Grundwasser-Reservoir; sie führen das Wasser zum Tunnelbauniveau ab. Die Tonschichten sind ziemlich standfest, aber die schluffigen Sandschichten verursachten schon viele Schwierigkeiten.

Bei der Trassierung der Metrolinien wird die horizontale Linienführung von den Verkehrsanforderungen bestimmt, die vertikale jedoch richtet sich nach den geologischen Gegebenheiten.

In der Stadtmitte in den ziemlich wasserundurchlässigen tonigen Schichten ist die Tieflage viel günstiger; an den älteren Terrassen jedoch, wo die Grundwasserdeckung der neogenen Schichten geringer ist, wurde eine Seichtlage gewählt.

Unsere Probleme sind fast immer mit dem besten Helfer und dem schlimmsten Feind der Menschheit, dem Wasser, verbunden. Bei jedem Lüftungsschacht, den Rolltreppentunneln der Tieflage, müssen wir das wasserhaltige Alluvium durchqueren (Abb. 3). Die Arbeit wird entweder mit Kastenabsenkung oder mit bis in den Ton eingebundenen Schlitzwänden erfolgreich durchgeführt. Bei der Ausführung aller Bauarbeiten der Tunnel und Stationen bergen die wasserführenden sandigen Schichten eine Gefahr in sich, die meistens mit Hilfe der Druckluft bewältigt wird. Die Streckentunnel sind mit Schildvortrieb, die Stationen mit bergmännischen Methoden gebaut worden.

Trotz aller Vorsicht haben sich mehrere Wasser- und Sandeinbrüche von 50 bis 150 $m^3$ ereignet, die mit steigendem Wassereinfluß begannen, das immer mehr und mehr Feinkornanteil förderte. Letztlich bildete sich ein langer „Fuchs" aus oder die nebenliegenden Tonschichten haben die Kaverne geschlossen. Der eingebrochene bzw. als einbruchgefährlich beurteilte schluffige Sand hat die Kennwerte

$$U = 10 - 15 \qquad (D_{60}/D_{10})$$
$$k = 10^{-5} - 10^{-7}\ \mathrm{m/sec}$$
$$\varphi = 27 - 32^0$$
$$S < 0{,}02 = (\text{Ton-Schluffgehalt}) = 10 - 20\%$$

Der Boden, der etwas ausgetrocknet ist, zeigt eine bedeutende Druckfestigkeit

$$\sigma_u = 5 - 10\ \mathrm{kp/cm^2}.$$

Es ist zu bemerken, daß ein Boden mit solchen Kennwerten nicht als Schwimmsand zu beurteilen ist. Wenn aber der Ton- und Schluffanteil einmal entfernt ist, hat das zurückgebliebene Material einen kleineren Ungleichförmigkeitsgrad und eine lockere Lage, die den Schwimmsandkriterien entsprechen.

Die Gefahr kann mittels Luftdruckerhöhung oder Beschleunigung des Bauvorganges eliminiert werden. Der höchste Luftdruck betrug 3,2 atü für eine ganz kurze Periode im Jahr 1951. Heutzutage beträgt der angewandte Druck in den Miozänschichten 1,0 atü, in schweren Lagen 1,8 atü. In den Oligozän-Schichten arbeitet man, soweit es möglich ist, ohne Druckluft, in schwereren Fällen mit 1,0 atü. Der statische Wasserdruck erreicht in beiden Fällen rund 2,5 atü (siehe Abb. 2).

Die tektonischen Zonen des Miozäns bergen ähnliche Gefahren wie die sandigen Schichten. Die Verwerfungsgebiete, die im Oligozän vorkommen, verursachten andere Schwierigkeiten. Das gebrochene, klüftige Bodenmaterial beweist eine geringere Standfestigkeit. Einige Einbrüche ereigneten sich und bildeten 2 bis 25 $m^3$ große Kavernen, die kurzerhand ausgefüllt und injiziert wurden.

Eine spezielle Situation war beim Unterqueren der Donau zu meistern. Die Streckentunnel wurden in gutem oligozänem Ton geführt, aber trotz der beruhigenden Überdeckung wurden die Arbeiten mit Druckluft durchgeführt. Die geologischen Aufschlüsse zeigten klar, daß unter den Tunneln dunkle unteroligozäne Tonschichten liegen, die infolge des beträchtlichen organischen Materialanteiles methangashaltig sind. Bei der Ausmündung eines Bohrloches brannte das Gas mehrere Stunden lang ab. In der Literatur waren keine Angaben zu finden, wie sich die Explosionsgefahr des Schlagwetters unter Druck verändert.

Nach sorgfältigen Versuchen wurde festgestellt, daß bis zu einem Druck von 1,4 atü erst ab 5% Methangehalt Explosionsgefahr besteht. Die nötigen

Vorsichtsmaßregeln wurden ergriffen und die Streckentunnel konnten ohne Schwierigkeiten ausgefahren werden. Die größte gemessene Methankonzentration betrug 0,5 %.

Der hohe Pyritgehalt der oligozänen Tone verwittert bei dem durch die Tunnelarbeiten bedingten Luftzutritt. Solange die Wasserabdichtung noch nicht eingebaut ist, kann der Sulphatgehalt des Grundwassers einen Gipfelwert von 10000 mg/l erreichen, der nach Beendigung der Tunnelabdichtungsarbeiten bald auf einen Wert von einigen Hunderten mg/l absinkt.

Der Bau des Tunnels verursachte bis zur Oberfläche sich ausbreitende Bewegungen, und zwar im allgemeinen Absenkungen, in Einzelfällen aber auch Erhöhungen. Die Gestalt und der Ablauf der Oberflächensenkungen sind von den Bodeneigenschaften, der geometrischen Anordnung und der Bauweise des Tunnels abhängig. Die restlose Erfassung und Inrechnungstellung ist bis heute noch nicht völlig gelungen.

Die Näherungen von Jefferey[1] rechnen mit einer elastisch-isotropen Halbebene; die von Martos[2] empfiehlt Werte aufgrund von Erfahrungen und Erwägungen, und die ähnlichen von Briggs[3] und Goldreich[4] geben von den tatsächlichen Werten sehr abweichende Angaben. Der zweischichtige geologische Aufbau des Untergrundes ist ähnlich der Situation in Leningrad, wo eine Formel von Limanov[5] erfolgreich angewendet wurde. Mit einigen Korrekturen von Fazakas[6], die in der Fachliteratur veröffentlicht wurden, könnte man die zu erwartenden Senkungen beim Streckentunnelbau gut kalkulieren.

Die Oberflächenbewegungen beim Bau der Station der zweiten Nord-Süd-Linie waren aber viel größer als die, welche mit den (für größere unterirdische Objekte noch nicht korrigierten) Formeln ausgerechnet worden waren. Es ist sicher von großer Bedeutung, daß diese Linie ungefähr 5 bis 10 m seichter liegt als die erste Ost-West-Linie, und die Tondecke über den Stationen nur halb so stark ist wie bei der ersten Linie. Eine Rechnungsmethode, ausgearbeitet von Fazakas, stellt die erhöhten Beanspruchungen der verbliebenen Bodenpfeiler in Rechnung und kommt damit zu einer der Wahrheit nahestehenden Aussage.

Im Stationsbaubereich wurden Senkungswerte von 100 bis 200 mm gemessen. Ältere Gebäude waren beschädigt worden und einige Einwohner mußten evakuiert werden. Aufgrund der beobachteten Schäden und der gemessenen Senkungen wurden Rechenmethoden und Rechenvorschriften ausgearbeitet, mit denen in der Setzungsmulde zukünftiger Tunnel stehende Gebäude im voraus untersucht werden können, um, wenn nötig, noch rechtzeitig Renovierungen anzuordnen.

Der Streckentunnelbau verursacht geringere Senkungen, normalerweise unter 25 mm. Auch sehr alte, schlecht erhaltene Gebäude können diese Bewegungen ohne Schäden ertragen. Größere Senkungen sind zu erwarten, wo im Tunnel Sand- oder Toneinbrüche aufgetreten sind. Die gemessenen Werte dieser Fälle lagen aber auch unter 50 mm und es wurden keine Gebäudeschäden registriert.

Während der Tunnelarbeiten wurden geologische und ingenieurgeologische Beobachtungen durchgeführt. Erstmals hat der Verfasser[10] in den

Miozänschichten festgestellt, daß die Diagenese und damit der Festigkeitszuwachs der Gesteine bei gleichaltrigen Sedimenten verschieden ist: Bei den Sedimenten der Transgression in einem fortgeschrittenerem Stadium als bei den Ablagerungen der Regression. Das scheint eine allgemeine Regel zu sein, die intuitiv schon vermutet wurde. (Die alte Benennung: Transgressions-Konglomerat deutet ebenfalls auf diese Annahme hin.) Die Sedimente einer früheren Regression bleiben oft unverändert, wie Sand, während jüngere Transgressions-Sedimente schon stark diagenetisch verändert sein können.

## Literatur

[1] Jeffery, G. B.: Plane stress and plain strain in bipolar coordinates. Transactions of the Royal Society London. Series A. Vol. 221. 1920. pp. 265—293.

[2] Martos, F.: Über eine Näherungsgleichung der Senkungsmulde und deren Zeitfaktor. Internationale Gebirgsdrucktagung 1958. Akademie Verlag. Berlin.

[3] Széchy, K.: The Art of Tunneling. Akadémiai Kiadó. Budapest, 1973.

[4] Goldreich, A. H.: Die Theorie der Bodensenkungen in Kohlengebieten. Berlin, 1913.

[5] Limanov, I. A.: Osadki zadnoj poverchnosty pri sooruschenij v kembrijskich glinach. Leningrad, 1957. Institucija Inschenier. Schelezn. Transport.

[6] Fazakas, Gy.: Vorauseinschätzung der Oberflächensetzungen infolge Tunnelbau (ungarisch). Konf. Metrobau. Budapest-Balatonfüred 1975, S. 180.

[7] Greschik, Gy. et al.: Engineering Geology in the Designing and Constructing of Extended Linear-Sited Engineering Constructions. UNESCO Int. Post Graduate Course. Budapest 1975.

[8] Kelemen, J.: Erscheinungen bei der Druckluft-Entwässerung von Sandböden. Konf. Metrobau. Budapest-Balatonfüred 1975, S. 400.

[9] Fazakas, Gy.: Oberflächensenkungen und Bodenbewegungen als Folgen des U-Bahn-Tunnelbaues. Konf. Metrobau. Budapest-Balatonfüred 1970, S. 571.

[10] Greschik, Gy.: Über den Einfluß der Genetik tertiärer Sedimente auf die ingenieurgeologischen Eigenschaften (ungarisch). Mérnökgeológiai Szemle, Budapest, 1975, S. 81.

Anschrift des Verfassers: Dr.-Ing. Gyula Greschik, Kandidat der technischen Wissenschaften. Orgánhegyi ut 13, H-1126 Budapest XII, Ungarn.

Rock Mechanics, Suppl. 5, 231—243 (1976)


# Schwellvorgänge im Planum schweizerischer Bahntunnels

Von

**Aldo Golta**

Mit 5 Abbildungen

## Zusammenfassung — Summary — Résumé

*Schwellvorgänge im Planum schweizerischer Bahntunnels.* Bereits im vergangenen Jahrhundert und dann wieder um die Jahrhundertwende, als die großen Bahnbauten in der Schweiz erfolgten, mußten zahlreiche Bahntunnels, oft bereits während der Bauarbeiten, erneuert werden. Seither sind immer wieder große Geldsummen für die Rekonstruktionen aufgewendet worden.

Der weitaus größte Teil der Schäden ist durch Schwellvorgänge im Planum flacher Tunnelsohlen entstanden.

In einer Reihe von schweizerischen Bahntunnels konnten Hebungen der Sohle infolge Schwellens zwischen 0,1 cm und 1,5 cm pro Jahr gemessen werden. Dabei wurde insbesondere die Geleiselage und das Lichtraumprofil gestört; es traten untragbare Schäden an Widerlagern und Kalotte sowie an den Entwässerungsanlagen auf.

Die Schwellvorgänge sind in Tunnelstrecken mit tonhaltigen oder (und) anhydrithaltigen Gesteinen aufgetreten. Aus verschiedenen Berechnungen, Untersuchungen und Überlegungen lassen sich die Schwellvorgänge in diesen Gesteinen als Folge der durch die Schaffung des Hohlraumes bedingten Entlastung eines Bereiches unterhalb einer flachen Tunnelsohle erkennen. Dieser Bereich kann als Schwellbereich bezeichnet werden.

Mittels Laborversuchen können verschiedene Eigenschaften bezüglich des Quellvermögens der Gesteine bestimmt werden. Doch kann im Labor die Bewegung und Herkunft des Wassers im Gebirge nicht nachgeahmt werden, so daß einige Rückschlüsse aus den Laborversuchen nur mit Vorsicht angenommen werden dürften. Andere und vielfältige Faktoren beeinflussen außerdem die Vorgänge: es liegen noch viele ungelöste Fragen vor.

Aus dem Vergleich früherer Maßnahmen mit dem Erfolg nach Jahrzehnten können zahlreiche Angaben entnommen werden, die für die gegenwärtigen Rekonstruktionen von großem Nutzen sind. So im Bözberg-, im Ricken- und im Oberen Hauensteintunnel der SBB. Insbesondere sei auf den Umstand hingewiesen, daß immer nur Quellerscheinungen in der Tunnelsohle beobachtet werden konnten. Das Einwärtsschieben der Widerlager kann als sekundäre Folge der Sohlenhebung betrachtet werden.

Im Rahmen der Sanierungsarbeiten der letzten Jahre sind in verschiedenen Tunnelanlagen der SBB und von Privatbahnen neue Sohlengewölbe eingebaut worden. Dadurch konnte in erster Linie der Schwellbereich beträchtlich reduziert werden, wobei das Restschwellen durch das Sohlengewölbe aufgenommen wird.

Diese Lösung des Problems für bestehende Tunnels stellt einen Kompromiß dar. Für neue Tunnels dürfte eine kreis-, ellipsen- oder parabolische Form des Ausbruches der Sohle eine sichere Lösung darstellen.

Die Literatur über das Problem der Schwellvorgänge ist relativ reichhaltig und stammt auch aus neuester Zeit.

Der Einbau von Sohlengewölben in bestehenden Bahntunnels, die in Betrieb bleiben müssen, stellt viele bauliche Probleme, die eine vollständige Programmierung und Projektierung erfordern.

Anhand von verschiedenen Dias können noch eine Reihe von Aspekten bezüglich Sohlenhebungen, Schäden, Projektierung und Ausführung von Sanierungsarbeiten näher aufgezeigt werden.

*Distortion in the Foundations of Swiss Railway Tunnels.* As early as the last century and again at the turn of the century, when there was great activity in the field of railway construction in Switzerland, many railway tunnels had to be renovated even during the construction stage. Since then, large sums have continued to be spent on reconstruction.

By far most of the damage may be traced to the distortion of the foundations of level tunnels.

In a number of Swiss railway tunnels, the foundations have risen as a result of distortion by between 0.1 cm and 1.5 cm a year, disturbance being caused in particular to track beds and the clearance; serious damage was also caused to supports and drainage systems, and to calottes.

The distortion occurred in those stretches of tunnel with rock and clay strata and/or anhydric rock. On the basis of various considerations, calculations and investigations, the distortion in these rocks may be recognized as a consequence of the removal of pressure on the area beneath the level tunnel foundation by the creation of a hollow cavity. This area may be described as the distortion area.

By means of laboratory tests it is possible to determine various characteristics concerning the swelling potential of the rock. However, the movement and source of the mountain water cannot be simulated in the laboratory so that any conclusions arrived at in the laboratory tests must be treated with caution. There are various other factors involved and many questions are still unanswered.

From a comparison of earlier measurements with those taken years later, a lot of valuable information can be drawn that is useful for the current reconstruction programme, as in the Bözberg-, Ricken- and Oberen Hauenstein tunnels of the Swiss Federal Railways. Attention must be drawn to the fact that it has only been possible to observe swelling in the tunnel foundations. The sideways shifting of the supports may be regarded as a subsidiary effect of the rising of the foundations.

Within the framework of the improvements made in recent years in various tunnels of the Swiss Federal Railways and private railways, new foundation buttresses have been built in. This has led in particular to a considerable reduction of the distortion area, the remaining swelling being absorbed by the foundation buttresses.

This solution to the problem for existing tunnels is, in fact, a compromise. For new tunnels a safer solution will be provided probably by the foundation having a circular, elliptical or parabolical form.

There is no lack of up-to-date literature on the subject of distortion.

The building of foundation buttresses in existing railway tunnels which have to remain in use, gives rise to several problems of construction calling for large-scale programming and planning.

Slides are available to show in more detail a number of aspects concerning rising foundations, damage and the planning and carrying out of improvements.

*Distorsions dans le palier de tunnels des chemins de fer suisses.* Dès le siècle dernier, puis à nouveau autour de 1900, lorsque se construisait la majeure partie du réseau ferroviaire suisse, de nombreux tunnels durent être rénovés, souvent même pendant leur construction. Depuis lors, de grosses sommes ont sans cesse été consacrées aux reconstructions.

La plus grande partie des dégâts est due, de loin, à des distorsions dans le palier du fond plat du tunnel.

Dans un grand nombre de tunnels ferroviaires suisses, le fond se relevait de 0,1 cm. à 1,5 cm. par an, à la suite de distorsions. Ce qui perturbait surtout la position des rails et le gabarit; des dégâts intolérables affectaient les butées et la calotte, ainsi que les installations de drainage.

Les distorsions sont survenues dans des galeries de tunnel constituées de roches argilifères et/ou anhydritifères. Divers calculs, recherches et réflexions ont permis de comprendre que les distorsions dans ces roches sont la conséquence de la décharge affectant une zone située sous un fond plat de tunnel et provenant de la création d'un vide. Cette zone peut être qualifiée de zone de distorsion.

Des essais en laboratoire permettent de déterminer différentes caractéristiques à propos du pouvoir gonflant des roches. Mais le laboratoire ne peut pas simuler le mouvement et l'origine de l'eau dans la montagne, de sorte qu'il faut accueillir avec prudence certaines conclusions des essais en laboratoire. D'autres facteurs très variés influencent d'ailleurs les processus et il reste encore nombre de questions irrésolues.

La comparaison entre les mesures anciennement prises et le résultat après des décennies peut fournir de nombreuses indications très profitables pour les reconstructions actuelles. C'est le cas dans les tunnels CFF de Bözberg, de Ricken et de Oberen Hauenstein. Soulignons en particulier que l'on a pu seulement observer des phénomènes de gonflement dans le fond du tunnel. Le glissement latéral des butées peut être considéré comme une conséquence secondaire de l'élévation du fond.

Lors des travaux d'assainissement de ces dernières années, différents tunnels appartenant aux CFF ou à des chemins de fer privés se sont vus pourvus de nouvelles voûtes de fond. Ce qui peut avant tout réduire considérablement la zone de distorsion, les distorsions restantes étant absorbées par la voûte de fond.

Cette solution appliquée aux tunnels existants représente un compromis. Pour les nouveaux, la solution sûre consisterait en une coupe circulaire, ellipsoidale ou parabolique du fond.

La littérature relative aux distorsions est relativement riche et très récente.

La construction de voûtes de fond dans des tunnels existants et devant rester en exploitation pose de nombreux problèmes techniques, exigeant une programmation et un projet détaillés.

Quelques dias montrent encore plus précisément une série d'aspects relatifs à des élévations du fond, des dégâts, des travaux d'assainissement (projet et réalisation).

## A. Einleitung

Einem Brief des Altmeisters der Geologie, Prof. Albert Heim, an die Schweizerischen Bundesbahnen, datiert vom 2. April 1908, können folgende Sätze entnommen werden:

„... kein einziger Tunnel wird haltbar, wenn er nicht durchwegs von vornherein mit Sohlengewölben oder noch besser ganz als kreisrunde Röhre ausgemauert wird. Nach 10 bis 20 Jahren, oft erst nach 30 bis 40 Jahren, sind alle diese Tunnels in beständiger Rekonstruktion. Es wird keine 20 Jahre gehen, bis man sich genötigt sehen wird, den Rickentunnel größtenteils mit Sohlengewölben zu versehen ..."

Prof. Heim hat mit seinen Prophezeiungen die gegenwärtige Lage in vielen Bahntunnels der Schweiz sehr genau vorausgesehen, auch wenn er damals die Ursachen nicht genau erkennen konnte.

Seit der Inbetriebnahme, oft bereits während der Bauarbeiten, mußten zahlreiche Bahntunnels in den Voralpen und im Juragebirge der Schweiz erneuert werden. Vor allem in den letzten Jahren wurden relativ umfangreiche Erneuerungsarbeiten ausgeführt; gegenwärtig laufen solche Arbeiten für einen Gesamtkostenbetrag von rund 30 Mio DM.

Der weitaus größte Teil der Schäden ist durch *Schwellvorgänge im Planum* der Tunnelbauwerke entstanden, so wie durch Prof. Heim vorausgesagt; auf die Probleme der Schwellung des Planums sollen diese Ausführungen beschränkt werden. Ferner werden Schwellvorgänge beschrieben, wie sie in den Voralpen und im Juragebirge der Schweiz vorkommen und wohl grundsätzlich von den geotechnischen Gegebenheiten dieser geologischen Landschaft abhängig sind.

Die meisten Überlegungen haben sich aus dem Studium alter Akten und Pläne, aufgrund zahlreicher Beobachtungen, Untersuchungen und Messungen in den Tunnels der Schweizerischen Bundesbahnen ergeben. Aus alter und neuerer Zeit sind viele Aufsätze über Studien und Laboruntersuchungen vorhanden — viel mehr als man etwa annehmen möchte.

Die Probleme im Zusammenhang mit den Schwellvorgängen in den Bahntunnels der Schweiz tangieren bedeutende Sachwerte, wobei noch die Bedrohung von Sicherheit und Leistungsfähigkeit des Bahnnetzes hinzukommt.

Es darf nicht vergessen werden, daß viele der Tunnels Engpässe im Bahnnetz darstellen, was angesichts der topographischen Verhältnisse in der Schweiz verständlich ist. Die Erneuerungsarbeiten sind deshalb von großer Bedeutung für unsere Wirtschaft.

## B. Allgemeines; Schäden infolge Schwellvorgängen im Planum

Nachstehend eine Aufstellung von Bahntunnels der Schweiz, in denen Schwellvorgänge im Planum auf Strecken unterschiedlicher Länge *mit Sicherheit* festgestellt wurden:

- — Oberer Hauensteintunnel (2495 m)
- — Hauenstein-Basistunnel (8134 m)
- — Grenchenbergtunnel (8578 m)
- — Bözbergtunnel (2525 m)
- — Bruggwaldtunnel (1730 m)

— Rickentunnel (8604 m)
— Wipkingertunnel (959 m)
— Albistunnel (3359 m)
— Rosenbergtunnel (1473 m)
— Taltunnel (480 m)

Die Gesamtlänge der sicher durch Schwellvorgänge beschädigten Bahntunnels in der Schweiz beträgt vorläufig rund 40 km. Hievon dürften insgesamt etwa 25% oder rund 10 km direkt betroffen worden sein. Es muß angenommen werden, daß in verschiedenen weiteren Tunnelanlagen entsprechende Schäden erst noch auftreten werden bzw. noch nicht als solche erkannt wurden.

Erwähnt seien noch in diesem Zusammenhang die Schäden infolge Schwellvorgängen in den beiden Röhren des Autobahntunnels durch den Belchen bei Basel.

Es entsteht nun die Frage nach Art, Größe und Ausmaß der Schwellvorgänge in den erwähnten Tunnelbauwerken.

Zunächst sollen die Größenordnungen betrachtet werden: die Schwellvorgänge, die zu Schäden führen, welche früher oder später behoben und

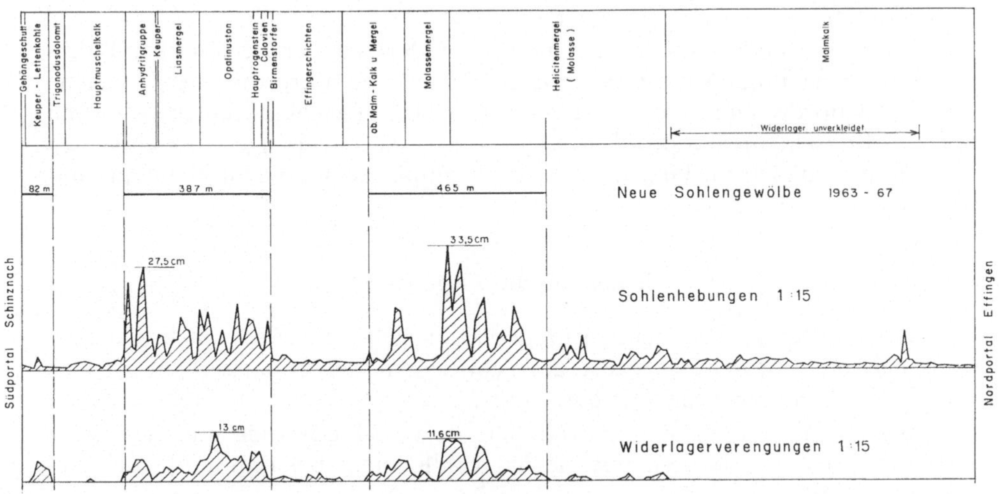


Abb. 1. Sohlenhebungen und Widerlagerverengungen im Bözbergtunnel 1923/54
Displacement of foundations and contracting supports in the Bözberg tunnel 1923/54
Elévations du fond et contractions des butées dans le tunnel de Bözberg 1923/54

aufgehalten werden müssen, ergeben sich aus Sohlenhebungen, die zwischen 0,1 cm bis 1,5 cm pro Jahr betragen. Bedenkt man nun, daß einige der Bahntunnels ein Alter von 100 und mehr Jahren aufweisen, so errechnen sich die Gesamtmaße solcher Hebungen der Sohle von 10 cm bis zu 150 cm und mehr! (Abb. 1). Schon allein aus diesen Größenordnungen ergibt sich, daß die Seitenwände (Ulmen) oder die Kalotte (der First) sicher nicht einmal Bruchteile (wenn überhaupt) dieser Schwellmasse aufweisen. Die Tunnels wären ja längst eingedrückt worden und könnten nicht mehr benützt werden. Darüber wird später noch weiteres berichtet.

Die Schwellvorgänge im Planum von Bahntunnels, die zu Hebungen der Tunnelsohle führen, haben verschiedene direkte und indirekte Schäden zur Folge:

— Die Geleiselage wird infolge der Hebungen zusehends schlechter, und schließlich ergeben sich unhaltbare, gefährliche Zustände (Gefahr von Schienenbrüchen und damit von Entgleisungen).
— Der Abstand zur Fahrleitung und zur Kalotte verringert sich ständig. Damit wird die elektrische Traktion gefährdet.
— Die Sohlenhebungen bewirken oft die Zerstörung der Entwässerungsleitungen. Das sich auf der Sohle ausbreitende Bergwasser beschleunigt den Schwellvorgang und löst zudem den Fels vollends auf; es kommt zur Verschlammung des Schotterbettes, was meist eine entscheidende Verschlechterung der Geleiselage bewirkt.
— Je nach Formgebung der Widerlager kommt es infolge der Sohlenhebungen zu Verengungen oder Vergrößerungen des Widerlagerabstandes; bei vertikalen Widerlagern bleibt die lichte Breite der Tunnels erhalten.

  Durch die Hufeisenform der meisten Widerlager schweizerischer Bahntunnels bedingt, sind *Verengungen* der Tunnelröhre die Regel, welche Größenordnungen von bis zu 1 cm pro Jahr erreichen können. Dadurch wird das Lichtraumprofil in unzulässiger Weise verringert. Es entstehen ferner Schäden im First oder in der Kämpferpartie, die zu Neumauerungen zwingen können.

## C. Geotechnische Gegebenheiten

Eine weitere, sehr wichtige Frage ergibt sich schließlich nach den geologischen oder besser nach den geotechnischen Gegebenheiten im Bereich von Schwellvorgängen im Planum.

Bereits im vergangenen Jahrhundert ist verschiedentlich auf die Tatsachen hingewiesen worden, wie sie heute allgemein bekannt und auch unbestritten sind.

Die Sohlenhebungen im Planum unserer Tunnelanlagen stehen ganz allgemein in direktem Zusammenhang mit zwei Felsarten:

— den tonhaltigen Gesteinen,
— den anhydrithaltigen Gesteinen.

Eine genaue Beschreibung der Vorgänge in diesen Gesteinen (soweit sie überhaupt abgeklärt sind) liegt nicht im Rahmen dieser Arbeit. Doch sollen einige Aspekte, wie sie für den Tunnelbauer wichtig sein können, kurz erläutert werden.

Für tonhaltige Gesteine kann etwas vereinfachend der folgende Zyklus angegeben werden:

Kompression oder Zusammendrückung (Konsolidation) infolge Überlagerung, Gebirgsbildung —
dabei Abgabe von Wasser (Wasserverlust).

Viel später Störung des Gefüges durch *Erosion* oder durch *Tunnelbau* —
ergibt in gewissen Zonen und Umständen eine *Dekompression.*

Diese Dekompression —
— führt zu anfänglicher „elastischer" Volumenvergrößerung;
— führt zum Ansaugen von Wasser aus dem benachbarten Gebirge;
— das angesogene Wasser leitet den *Schwellvorgang* ein.

In diesem Zyklus gibt es einige Punkte und Phasen, die eine Reihe offener Fragen belassen. Einige Phasen sind wiederholt in Laboruntersuchungen genau überprüft worden. Doch können in solchen Untersuchungen an

Abb. 2. Sohlenhebung im Bereich einer Tunnelnische des Bözbergtunnels (Anhydrit des Muschelkalkes)

Displacement of foundations in and around a tunnel recess in the Bözberg tunnel (Anhydrite — calcium sulfate — from shell limestone)

Elévation du fond dans la zone d'une niche du tunnel de Bözberg (Anhydrite)

Felsproben Bewegung und Herkunft des Wassers im Gebirge nicht nachgeahmt werden, so daß Rückschlüsse aus den Laborversuchen nur mit Vorsicht angenommen werden dürfen. Dadurch bleibt man vor allem über die Auswirkungen der Zeit im unklaren.

Bei anhydrithaltigen Gesteinen, die in der Regel auch mit tonhaltigen Gesteinen vermengt sind, wird der Schwellvorgang auf die Umwandlung von Anhydrit in Gips zurückgeführt. Neuerdings wird freilich angenommen, daß auch die mitvermengten tonhaltigen Gesteine eine wesentliche Rolle bei den Schwellvorgängen spielen. Die Zulieferung von Wasser zum chemisch-physikalischen Prozeß dürfte aber in ähnlicher Weise auf den Kompressions/Dekompressionszyklus zurückzuführen sein (Abb. 2).

Eine ganze Reihe von Faktoren beeinflussen sicher die Vorgänge. Teils liegen sie in der fernen Zeit der Schicht- und Gebirgsbildung. Dann spielen Tonart, Gefüge, Wassergehalt, Chemismus usw. ebenfalls eine große Rolle. Darin liegen noch viele interessante zu lösende Fragen!

Schließlich entscheidet auch die Art der „Störung" über die weiteren Vorgänge:

*Ein Tunnelprofil mit flacher Sohle ist wohl in schwellfähigen Gesteinen die brutalste Störung des Planumbereiches!*

## D. Frühere und jetzige Rekonstruktionen — Beobachtungen, Messungen und Untersuchungen

Wie bereits erwähnt, mußten oft schon vor der Inbetriebnahme und dann immer wieder Maßnahmen zur Behebung der Schäden infolge der Sohlenhebungen getroffen werden. So wurden z. B. im Rickentunnel auf mehreren Kilometern Länge flache Sohlengewölbe (eigentliche Sohlenplatten) und relativ stark gekrümmte Sohlengewölbe eingezogen. Dazu kamen Neumauerungen der durch die Sohlenhebungen deformierten Tunnelverkleidung (Abb. 3).

Ähnliche Arbeiten sind aus allen anderen erwähnten Bahntunnels bekannt, und es sei hier noch einmal auf die Prophezeiungen von Prof. Heim hingewiesen.

Tunnelbauer des vergangenen Jahrhunderts und der Jahrhundertwende hatten zum Teil gute Kenntnisse von den Problemen um die Schwellvorgänge.

Die seinerzeit getroffenen Maßnahmen hatten nicht immer den gewünschten Erfolg. Viele der Sohlenabdeckungen, vor allem die allzu flachen, wurden oft schon nach kurzer Zeit beschädigt, angehoben oder gar zerstört.

Recht ausgedehnte Untersuchungen der letzten 15 Jahre haben gezeigt, daß nur jene Sohlengewölbe standgehalten haben, die einen kleinen Radius beim Anschluß an das Gebirge aufweisen und kraftschlüssig an die Ulmen direkt angebaut wurden. Dies dürfte nicht allein nur auf der größeren Tragfähigkeit der Gewölbe beruhen, sondern auch auf einer Beeinflussung der Schwellvorgänge im Bereich der Tunnelsohle.

Bezeichnend ist, daß oft Partien mit großen Sohlenhebungen sich als trocken, d. h. ohne freies Bergwasser, erwiesen. Freilich konnte auch festgestellt werden, daß die Überflutung der Sohle mit Wasser zu einer Beschleunigung der Schwellvorgänge führt.

Weitere Erhebungen mußten ferner zum Problem der Widerlagerdeformationen angestellt werden. In den alten Tunnels fehlt sozusagen ausnahmslos eine kraftschlüssige Verbindung zwischen Tunnelverkleidung und Gebirge. Entweder besteht eine mehr oder weniger gut vermörtelte (oft auch mit Schlamm gefüllte) Hinterbeugung oder es ziehen sich Hohlräume von Zentimeter- bis zu Dezimeterstärke von den Widerlagerfundamenten bis zum First. Nicht selten findet man hinter der Tunnelverkleidung vermoderte Holzreste des Einbaues.

Anläßlich der zahlreichen Neumauerungen, wie sie auch gegenwärtig im Gange sind, wurde auch in Tunnelstrecken mit großen Sohlenhebungen immer wieder festgestellt, daß das Gebirge seitlich bei den Ulmen und im

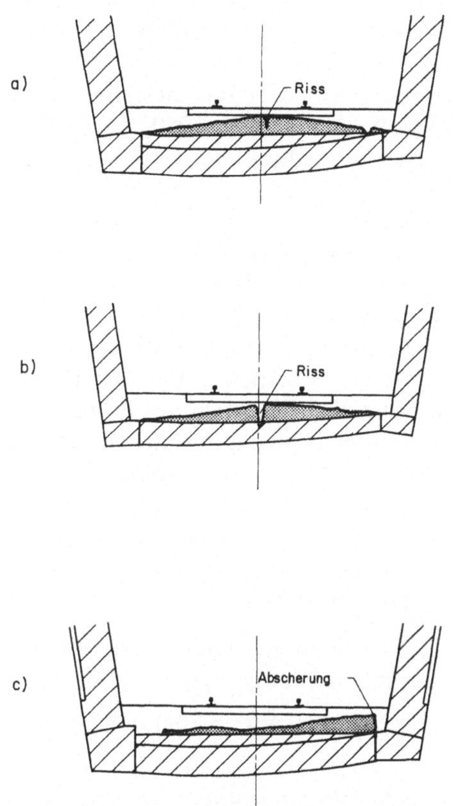


Abb. 3. Zerstörte Sohlenplatten im Rickentunnel
Ruined fondation slabs in the Ricken tunnel
Plaques de fond déteriorées dans le tunnel de Ricken

First keine Deformationen oder Auflösungserscheinungen zeigt. Abgesehen von kleineren, lokalen Niederbrüchen, die im Zusammenhang mit der Auflockerung stehen, müssen selten Gebirgspartien abgestützt werden. Nirgends konnten Anzeichen von Druckerscheinungen festgestellt werden und die Hohlräume sind meistens völlig intakt geblieben.

Es sind unverkleidete Tunnelstrecken bekannt, in denen Ulmen und Kalotte im Verlaufe vieler Jahrzehnte standfest blieben, während in der Sohle Schwellungen vorhanden sind.

Auch aus dem Schadenbild deformierter Tunnelwiderlager lassen sich die Bewegungen als sekundäre, kinematische Folge der Sohlenhebungen erkennen.

Schon vor dem 2. Weltkrieg wurde in den Krisenjahren den Problemen der Sohlenhebungen in den Bahntunnels kaum mehr große Aufmerksamkeit geschenkt. Viele Erkenntnisse früherer Zeiten sind zweifellos dabei verlorengegangen; die gewaltigen Sohlenhebungen im Belchentunnel der Autobahn N2 bei Basel haben sogar Fachleute in Erstaunen versetzt, obschon damals große Rekonstruktionsarbeiten im benachbarten Bözbergtunnel der SBB im Gange waren.

Erst mit dem starken Aufschwung des Bahnverkehrs im Zuge der wirtschaftlichen Expansion, etwa nach 1950, zeigte sich dann die prekäre Lage vieler Bahntunnels, die während zwei bis vier Jahrzehnten vernachlässigt wurden.

Sehr ernsthafte Probleme ergaben sich vorerst bei der Sanierung des Bözbergtunnels der SBB in den Jahren 1963—1967, welche größtenteils wegen den Sohlenhebungen mit einem Kostenaufwand von rund 12 Mio DM durchgeführt werden mußte.

Mit Projekt und Bauleitung betraut, mußte der Verfassser ein bereits vorhandenes Projekt kurzfristig auf den Stand der Technik und (wie immer) unter möglichster Schonung der Finanzen rasch zur Baureife bringen, weil die Betriebsverhältnisse immer schlechter wurden. Dies bedeutete vor allem die Ausarbeitung eines Konzeptes unter Berücksichtigung von Erfolgen und Mißerfolgen früherer Lösungen und unter Anwendung neuerer Erkenntnisse.

Die Untersuchungen, Studien, Messungen, Berechnungen und Überlegungen führten dann zu einem Konzept, wie es immer noch auch für die laufenden Arbeiten zugrunde gelegt wird:

— Im Bereiche von tonhaltigen Gesteinen oder beim Vorhandensein von Anhydrit ist grundsätzlich immer mit Sohlenhebungen zu rechnen.

— Die Schwellvorgänge sind auf den Bereich flacher Tunnelsohlen beschränkt.

— Die Widerlagerdeformationen können als Nebenwirkung der Sohlenhebungen betrachtet werden.

— Der Einbau von Sohlengewölben mit möglichst kleinen Radien und unter Ausschluß von Einkerbungen des Gebirges soll zwei Zwecke erfüllen:

    1. eine möglichst große Ausräumung des sogenannten Schwellbereiches,
    2. die Aufnahme der Rest-Schwellung.

— Die Auflagerkräfte des Sohlengewölbes sind mittels kräftiger Neumauerung der Widerlagerfundamente direkt in das Gebirge zu leiten, denn:

    *eine Neumauerung der gesamten Tunnelverkleidung zu diesem Zwecke würde zu enormen Kosten führen!*

— Das Entwässerungssystem muß Aufnahme und Ableitung des anfallenden Bergwassers auf dem direktesten Weg garantieren.

Hier noch eine Erklärung zum Begriffe des *Schwellbereiches*, obschon im Rahmen dieser Arbeit keine theoretische Abhandlung vorgesehen ist. Doch gibt es in diesem Zusammenhang eine Reihe interessanter und noch nicht gelöster Fragen, die zu weiteren Studien anspornen könnten.

Zunächst sei noch bemerkt, daß es bei allen Erwägungen damals vor allem darum ging, zuerst qualitative und nicht quantitative Betrachtungen anzustellen. Die Gedanken bei der Festlegung des Konzeptes haben sich aus

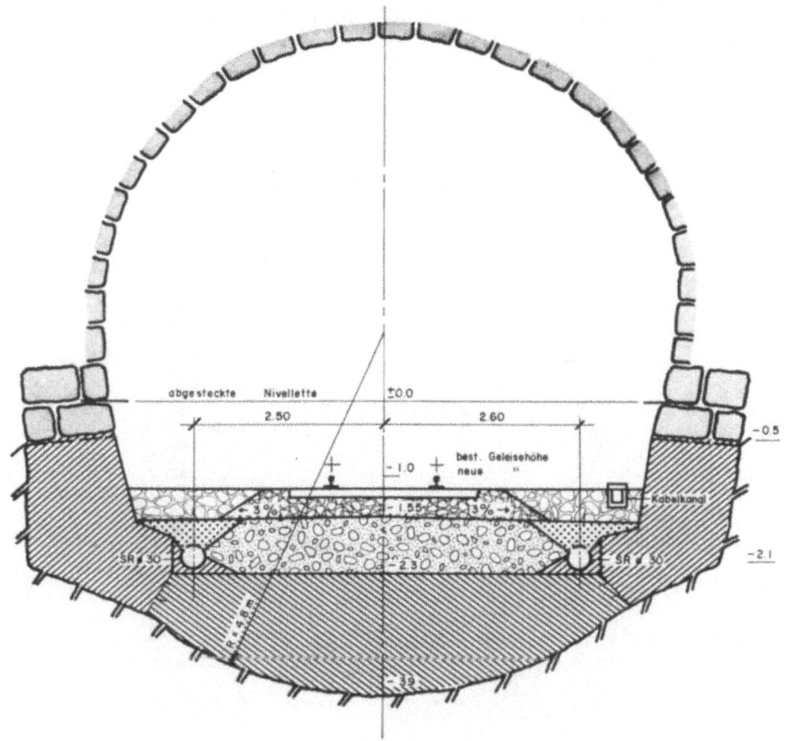


Abb. 4. Neues Sohlgewölbe im Oberen Hauensteintunnel

New bracing and buttressing of foundations in the Oberen Hauenstein tunnel

Nouvelle voûte de fond dans le tunnel de Oberen Hauenstein

den tatsächlich festgestellten Gegebenheiten in zahlreichen Tunnelbauwerken entwickelt. Erst später konnten theoretische Betrachtungen angestellt werden.

Die Beobachtung, daß in der gewölbten Kalotte keine Schwellungen, oder auf alle Fälle keine meßbaren Schwellungen auftreten, ließ den Schluß zu, daß auch eine entsprechend gewölbte Sohle frei von Schwellvorgängen sein würde. Bezüglich des primären und sekundären Spannungszustandes bestehen ja in Kalotte und Sohle praktisch symmetrische Zustände, sofern auch die Formgebung identisch ist. Bei flacher Sohle besteht aber ein Bereich, in dem praktisch eine vollkommene Entlastung des Gebirges erfolgt, was sich auch theoretisch auf verschiedene Arten nachweisen läßt. Dieser

Bereich gibt zweifellos Anlaß zu den Schwellvorgängen im Planum. Daher die Bezeichnung *Schwellbereich*. Die Abgrenzung dieses Bereiches dürfte von vielen Faktoren abhängig sein und eine elliptische bis kreisförmige Form annehmen. Dabei ist man von der Voraussetzung ausgegangen, daß nur eine Volumenveränderung, nicht aber die Gestaltsveränderung der Teilchen, maßgeblich für das Einleiten des Schwellvorganges ist.

Es darf angenommen werden, daß in älteren Tunnels ein großer Teil des potentiellen Schwellvorganges bereits abgeklungen ist, so daß nur noch ein Rest-Schwellmaß denkbar ist. Sorgt man dafür, daß ein großer Teil des

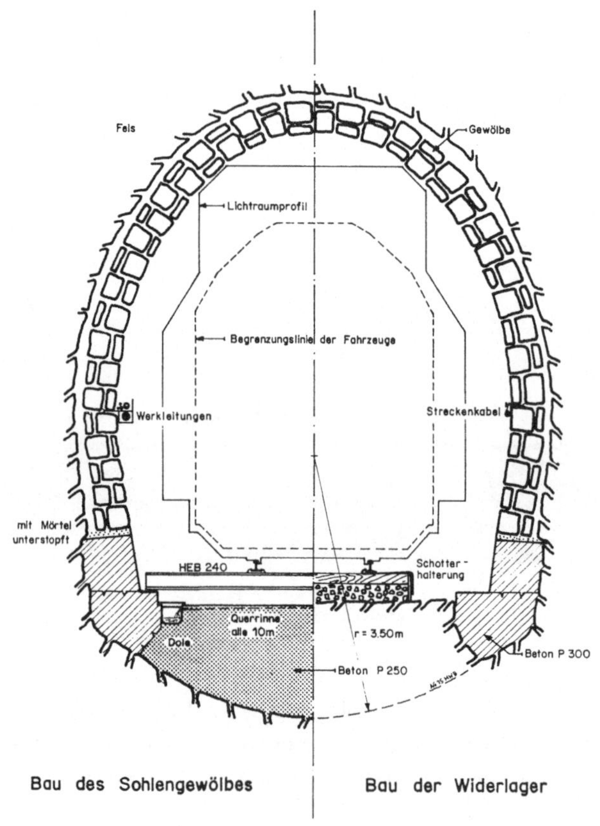


Abb. 5. Neues Sohlgewölbe im Rickentunnel
New bracing and buttressing of foundations in the Ricken tunnel
Nouvelle voûte de fond dans le tunnel de Ricken

Schwellbereiches mittels Sohlengewölben mit möglichst kleinen Radien ausgeräumt wird, dann wird das neue Sohlengewölbe relativ geringe Beanspruchungen zur Eindämmung der Deformation erhalten. Der Widerstand des Sohlengewölbes, der sich aus der Tragfähigkeit ergibt, verhindert dann die Volumenvergrößerung, so daß der Quellvorgang eingedämmt wird. *Diese*

*Lösung wird bei unseren Sanierungsarbeiten im Sinne eines kalkulierten Kompromisses angestrebt* (Abb. 4 und 5).

Die Ideallösung, vor allem für neue Tunnels, wäre eine Profilform (Kreis, Ellipse usw.), die auch bezüglich der Volumenveränderungen der Teilchen das Gebirge harmonisch, richtig „stützt“. Das entspricht übrigens den Gedanken von Prof. Albert Heim in seinem Brief vom Jahre 1908! Denkbar, aber sicher teuer, wäre die Ergänzung des Systems mittels relativ tiefer Felsankerung.

Es ist bereits erwähnt worden, daß mit dem Schwellvorgang ein Ansaugen von Wasser aus dem benachbarten Gebirge verbunden ist. Dies erklärt die großen Zeitabstände, in denen Schwellvorgänge unvermindert und stetig vor sich gehen. Wenn sich freies Bergwasser anbietet, dann wird freilich der Schwellvorgang beschleunigt. Wir kennen aber zahlreiche Tunnelstrecken mit großen Sohlenhebungen, in denen praktisch kein freies Bergwasser sichtbar ist.

## E. Sanierungsarbeiten in Bahntunnels der Schweiz

Der Einbau von Sohlengewölben, verbunden mit den dazugehörenden Neumauerungen der Widerlagerfundamente, stellt an alle Beteiligten große Anforderungen. Dies vor allem auch deshalb, weil der Zugverkehr praktisch nicht gestört werden darf, was große Probleme in bezug auf Sicherheit und Arbeitszeit mit sich bringt. Ein großer Teil des Kostenaufwandes wird denn auch durch die entsprechenden Maßnahmen verursacht.

Es wird daher nicht erstaunen, daß die Bauprojekte und Bauvorgänge möglichst sorgfältig und detailliert ausgearbeitet werden. Die Aufgaben sind auch für den Bauunternehmer oft schwer zu lösen, namentlich mit Bezug auf den Einsatz geeigneter Arbeitskräfte. Bei den letzteren glänzen die Schweizer durch totale Abwesenheit: wir müssen unseren Gastarbeitern wirklich dankbar sein, daß sie diese schweren und nicht ungefährlichen Arbeiten für uns verrichten.

Es sind Bestrebungen im Gange, aus Laborversuchen, Messungen in situ und Berechnungen Aussagen machen zu können, die eine sichere Beurteilung und Bemessung erlauben werden.

Anschrift des Verfassers: Aldo Golta, † 4. 1. 1976, Ingenieurbüro A. Golta, Sandacker 6, CH-8052 Zürich, Schweiz.

Rock Mechanics, Suppl. 5, 245—262 (1976)


# Schäden an einer Kaverne und Druckrohrleitung durch Felsgleitungen

Von

**K. Kuhnhenn** und **G. Spaun**

Mit 8 Abbildungen

## Zusammenfassung — Summary — Résumé

*Schäden an einer Kaverne und Druckrohrleitung durch Felsgleitungen.* Ständige Verengungen der Kranbahn in der Maschinenkaverne, die zweiteilig Kranfahrten unmöglich machten, Verstellungen der Turbinen- und Generatorfundamente mit gefährlich hohen Lagertemperaturen, zahllose Risse und Verschiebungen in allen Betonauskleidungen der Kaverne und des Druckrohrstollens sowie Bewegungen der Auflager des Druckrohres gaben Anlaß zu eingehenden Untersuchungen an der Centrale Belviso.

Die Centrale Belviso ist die untere Druckstufe eines zweistufigen Kraftwerkssystems im südlichen Talhang des Adda-Tales im oberitalienischen Veltlin. Die Kaverne wurde in den Jahren 1942 bis 1945 gebaut, hat eine Länge von ca. 93 m, eine Spannweite von 15 m und endet offen im Talhang.

Die Stollen und die Maschinenkaverne liegen in Schiefern und Quarziten der Edoloschichten ca. 2 km südlich der Tonale-Linie.

Schon beim Ausbruch und beim Betonieren der Kalotte der Kaverne traten Schwierigkeiten auf. Bald nach der Inbetriebnahme beobachtete man an nahezu allen Betonbauteilen Risse und meßbare Deformationen.

Seit dieser Zeit mußten mehrfach Kranbahnregulierungen durchgeführt werden, Risse im Beton abgedichtet und schließlich eine Injektion des Gebirges über der Kalotte und beidseitig der Kaverne vorgenommen werden. Um die Öffnung horizontaler Risse in den Maschinenfundamenten rückgängig zu machen, wurden vorgespannte Anker eingebaut. Eine Maschinengruppe mußte wegen erhöhter Lagertemperaturen neu ausgerichtet und überholt werden, da Gehäuseteile verzogen waren.

Trotz aller dieser Maßnahmen konnten nur Teilerfolge erzielt werden; die Kranbahnschienen bewegten sich weiterhin zum Innern der Kaverne hin; auch die Deformationen und Rißöffnungen setzten sich fort.

Im Jahre 1973 wurde unser Büro mit der Untersuchung der möglichen Schadensursache und der Ausarbeitung von Sanierungsvorschlägen betraut.

Nach einer genauen Analyse des Schadensbildes in den Bauwerken der Kraftwerksanlage, die einer weit über den eigentlichen Kavernenbereich hinausgehenden Untersuchung des Talhanges und der Bauwerke selbst folgte, wurden Meßeinrichtungen installiert, um über den weiteren Verlauf eventueller Deformationen Aufschluß zu erhalten. Zusätzlich wurde ein Inspektionsstollen oberhalb der Kalotte ausgebrochen.

Nach kleineren Sofortmaßnahmen wurden aufeinander abgestimmte Sanierungsmaßnahmen in einzelnen Stufen ausgeführt.

Alle Arbeiten wurden durch ein umfangreiches Meßprogramm überwacht und konnten inzwischen abgeschlossen werden.

*Damages in a Powerhouse-cavern and a Penstock Caused by Rock Slidings.* Continuously increasing movements of the crane beams in the powerhouse-cavern, which sometimes prevented the use of the crane, displacements of the foundations of the turbines and generators associated with high temperatures of the bearings, countless fissures and deformations in all concrete linings of the cavern and of the penstock gallery as well as movements in the foundations of the penstock gave rise to intensive investigations at the Centrale Belviso.

Centrale Belviso is the lower step of a two-step waterpower plant at the southern slope of Adda Valley in the Veltelina, Northern Italy. The cavern, constructed in the years 1942 to 1945, has a length of about 93 m, a free span of 15 m and ends open to the valley.

The galleries and the powerhouse-cavern are situated in schists and quartzites of the Edolo-series about 2 km of the "Tonale-line" fault.

First difficulties became apparent already during excavation and concreting of the roof of the cavern. Soon after completion of the cavern fissures and measurable deformations could be observed in nearly all concrete linings.

Since then the crane beam had to be repositioned several times, fissures in concrete had to be tightened and finally grouting of the rock mass above the roof and on both sides of the cavern had to be carried out. To close horizontal fissures in the foundations of the turbines, prestressed anchors were installed. Because of too high temperatures in the bearings one machinery group had to be levelled again and repaired because of deformed machine housings.

All these measures brought only partial success; the crane-beam rails continued to move towards the axis of the cavern and the deformations and opening of the fissures went on.

In 1973 our office was asked to investigate the possible causes of the damage and to elaborate proposals for restoration.

After an investigation of the valley slopes and of the power plant structures and associated structures of a larger area around the cavern, a detailed analysis of the damages of the construction was performed and measuring devices were installed to obtain information about the further development of eventual deformation. Additionally a gallery for inspection purposes above the roof of the cavern was excavated.

After some immediate repairs reconstruction measures in several steps were executed.

All works were controlled by an extensive measuring program and have been finished in the meantime.

*Dégâts dans une cavité souterraine et dans une conduite forcée, causés par des glissements des roches.* Des rétrécissements contenus de la voie du pont roulant de la centrale souterraine rendant impossible par moment l'utilisation du pont roulant, des tassements différentiels des fondations des turbines et des génératrices entraînant des témperatures extrêmement élevées des roulements, de nombreuses fissures et déplacements dans tous les revêtements de la centrale et de la galerie pour la conduite forcée, ainsi que des déplacements des appuis de la conduite, donnaient lieu aux reconnaissances approfondies de la centrale de Belviso.

La centrale de Belviso est l'état inférieur d'un aménagement hydroélectrique à deux étapes, situé dans le flanc sud de la vallée de l'Adda dans la Valteline par l'Italie. La centrale a été construite dans la vallée 1942 à 1945; elle mesure 93 m de longueur, 15 m de large, et débouche dans le flanc de la vallée.

Les galeries et la centrale sont situées dans les schistes et les quartzites des couches d'Edolo à 2 km environ au sud de la ligne de Tonale.

Déjà au moment de l'excavation et du bétonnage de la calotte de la centrale les premières difficultés surgirent. Peu après la mise en service on l'observait des fissures et des déformations mesurables sur les structures en béton.

Depuis plusieurs a justements de la voie du pont roulant s'avéraient nécessaires, les fissures dans le béton étaient traitées et enfin on procéda à une injection de la roche située au sud de la calotte et au côté de la centrale. Afin de fermer les fissures horizontales observées dans les fondations des groupes, on mit en oeuvre des tirants précontraints. A cause des températures élevées, des roulements de machines devaient être ajustés de nouveau, étant donné des déformations de châssis.

Malgré toutes ces mesures où on ne parvint que de succès partiel, les voies du pont roulant continuaient à se déplacer vers l'intérieur de la centrale, de même les déformations, et l'ouverture des fissures continuaient.

En 1973 notre bureau a été chargé d'examiner les causes possibles des dégâts et d'élaborer des propositions de consolidation.

Après une analyse précise des dégâts dans les différentes parties de l'aménagement hydroélectrique qui suivait une reconnaissance dépassant de loin la région de la centrale proprement dite et qui s'étendait sur le versant de la vallée et sur les parties des constructions, un système des mesures d'auscultation fut installé afin d'obtenir des renseignements sur l'allure des déformations ultérieures eventuelles. En plus une galérie d'inspection située au-dessus de la calotte fut excavée.

Après des mesures immédiates de moindre importance un système des mesures de consolidation fut executé par étapes successives.

Tous les travaux étaient surveillés par un programme d'auscultation complet et pouvaient être terminés à ces jours.

## 1. Objekt

Die Centrale Belviso ist die untere Druckstufe eines zweistufigen Kraftwerksystems im südlichen Talhang des Adda-Tals im oberitalienischen Veltlin. Die Kaverne wurde in den Jahren 1942 bis 1945 gebaut, hat eine Länge von ca. 93 Metern, eine Spannweite von 15 m und endet offen im Talhang. Die genutzte Druckhöhe beträgt 540 m.

## 2. Geologische Verhältnisse

### 2.1. Geologischer Überblick

Die Schichten fallen im Bereich der Kaverne generell nach Norden zur „Tonale-Linie" hin ein. Die Kaverne selbst liegt in den Edoloschichten, einer monotonen Abfolge sehr alter, glimmerhaltiger Schiefer, in welche in Wechsellagerung Quarzite und Quarzschiefer eingelagert sind, deren Mächtigkeit stark variiert.

Das Adda-Tal ist durch eine typisch glaziale Überprägung gekennzeichnet. Diese glaziale Übertiefung führte zu steilen Talflanken, an die sich moränenbedeckte, flachere Schultern anschließen. Das Tal ist mit fluviatilen Ablagerungen verfüllt. Es ist unbekannt, wie tief die Felssohle unter dem

Flußbett liegt und wie die Felssohle verläuft. Zwar hat eine Bohrung vor dem Kavernenportal in 34 m Tiefe Fels angetroffen; man darf aber annehmen, daß die Felssohle bis zu 100 m oder mehr unter dem heutigen Talboden liegt.

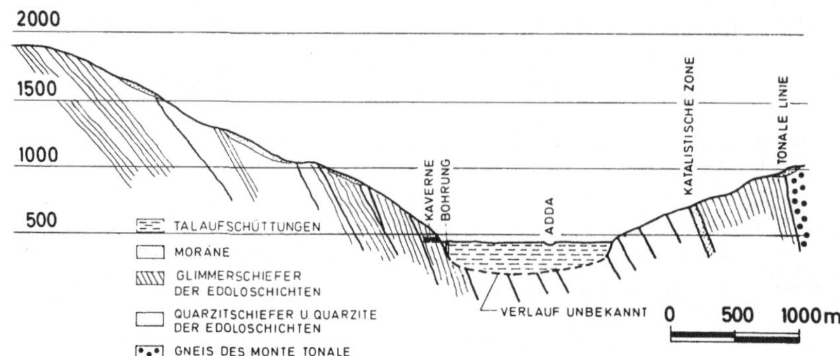


Abb. 1. Geologischer Schnitt Adda-Tal
Geological Section of the Adda Valley
Section géologique de la vallée de l'Adda

Im Bereich der Centrale Belviso fallen die Schichten taleinwärts. Das Schichtfallen ist jedoch steiler als die Neigung der Talflanke.

## 2.2. Geologie im Hangbereich der Kaverne

Die Kaverne liegt im untersten, steilsten Talhangbereich. Das Schichtstreichen verläuft im spitzen Winkel zum Talhang, so daß die härteren quarzitischen Schieferpartien als deutliche Rippen morphologisch hervortreten und weichere Schieferpartien als Mulden ausgebildet sind. Das Schichtfallen ist im gesamten Hangbereich oberhalb der Kaverne relativ einheitlich mit ca. 45°.

Im unteren Hangbereich wird das Einfallen jedoch steiler und führt teilweise zu Überkippungen.

Im ganzen Hangbereich finden sich offene Spalten, wohl Anzeichen für das Öffnen von Schichtfugen. Darüber hinaus finden sich immer wieder Abrißflächen, an denen sackungsartige Verstellungen der Schichten stattgefunden haben.

Auffällig ist weiter, daß im Hang oberhalb der Kaverne keine Wasseraustritte zu finden sind, was auf eine tiefgreifende Zerklüftung und Auflockerung des Gebirges schließen läßt.

## 2.3. Geologie im unmittelbaren Bereich der Kaverne

Bedauerlicherweise existieren vom Felsausbruch der Kaverne keine Aufzeichnungen über die geologischen Verhältnisse. Es liegen nur Aufzeichnungen über Vertikalbohrungen im Bereich des Maschinenfußbodens aus dem Jahre 1969 vor. Diese haben im Untergrund im wesentlichen Glimmerschiefer, quarzitische Schiefer und Quarzite mit allen Übergängen zwischen den einzelnen Gruppen erbracht. In einzelnen Bohrungen wurde über mehrere Bohrmeter Sand erbohrt, ein zusätzlicher Beweis für die starke Auflockerung des Hanges, die in die Zeit nach dem Rückzug des letzten Talgletschers fällt, also jünger als 10000 Jahre ist.

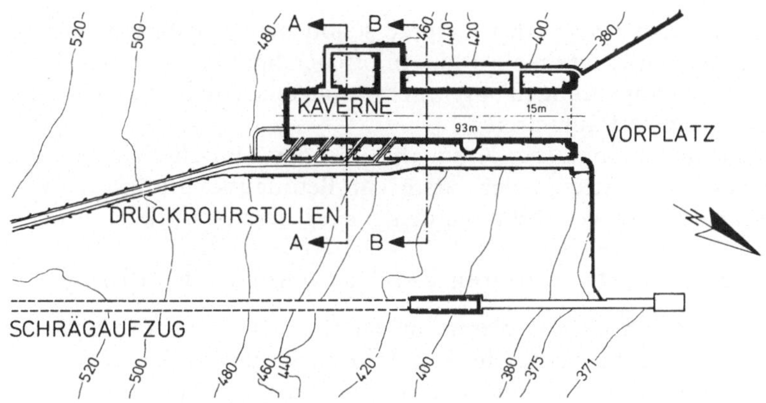


Abb. 2. Lageplan des Kavernenbereichs
Plan of situation of the cavern area
Plan de la situation de la région de la caverne

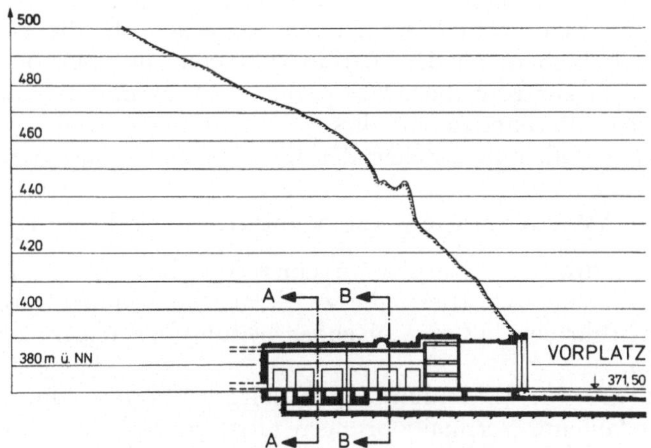


Abb. 3. Längsschnitt durch das Kavernenbauwerk
Longitudinal section through the building of the cavern
Section longitudinale à travers du monument de la caverne

## 3. Die Anlage

Die Kraftwerksanlage besteht im unteren Hangbereich, in dem sich die Kaverne befindet, von Osten nach Westen aus Schrägaufzug, Druckrohrstollen, Kaverne mit Unterwasserstollen und etlichen Verbindungsstollen.

## 4. Bisherige Schäden und Sanierungsmaßnahmen

Schon seit Baubeginn traten bei dieser Kraftwerksanlage Probleme auf, die zu teilweise erheblichen Beschädigungen bzw. Zerstörungen führten.

### 4.1. Besonderheiten beim Bau

Offensichtlich wurde das Gebirge schon beim Ausbruch sehr stark geklüftet und aufgelockert angetroffen. In offenen Spalten oberhalb der Kaverne traten nach den Sprengungen Sprengschwaden aus. Auch ungewöhnlich große Mehrausbrüche sind aufgetreten.

Vor der Herstellung der Kranbahn und der Zwischendecke mußte 1945 etwa in Kavernenmitte in der Firste ein Betonauskleidungsring von 4,0 m Breite erneuert und verstärkt werden, da er bereits stark zerbrochen war.

### 4.2. Verformungen der Kavernenauskleidung

Bereits im Jahre 1954 waren an der Kranbahn Verformungen in einer Größenordnung aufgetreten, die Kranfahrten wegen Verengungen des Schienenabstandes erschwerten und eine Regulierung der Spurweite erforderten. Nach nochmaliger Regulierung 1957 mußte 1963 eine Neuverlegung der Kranbahnschienen vorgenommen werden.

Insgesamt sind in der Höhe der Kranbahn bis heute mindestens etwa 60 mm Verformung aufgetreten.

Auch in Fußbodenhöhe der Maschinenhalle sind einwärts gerichtete Bewegungen der Seitenwände aufgetreten, denn sowohl die Abdeckungen über den Kugelschiebern an den Turbinenzuläufen als auch die Bohlenabdeckung in einem zur Kavernenachse parallelen Verbindungsstollen mußten verkürzt werden. Verbunden mit diesen Verformungen war das Auftreten zahlloser Risse in allen Betonteilen der Kaverne und umliegender Bauteile.

### 4.3. Verformungen der Maschinenfundamente

Seit dem Jahre 1964 wurden an einer Maschinenguppe Bewegungen der Lagerfundamente registriert, die zu derartigen Temperaturerhöhungen in den Lagern führten, daß eine Nachbearbeitung der Lager vorgenommen werden mußte.

1969 wurden zur Erkundung der Gebirgsverhältnisse im Bereich der Maschinenfundamente Vertikalbohrungen niedergebracht und 50-Mp-Anker im Bereich der beiden Maschinengruppen eingebaut. Als direkte Folge dieser Ankerung wurden die Wasseraustritte an den Rißfugen im Beton der Turbinenfundamente wesentlich verringert.

### 4.4. Injektion des Gebirges

Durch die zahlreichen Risse in der Betonauskleidung traten erhebliche Mengen Bergwasser in die Kaverne ein, so daß im Jahre 1957 mit einer großräumigen Injektion des gesamten umgebenden Felsbereichs begonnen wurde. Nach dem Abschluß der Arbeiten waren die Wasserzutritte weitgehend unterbunden, und ab dieser Zeit konnte man auch eine Verringerung der Verformungsgeschwindigkeit am Kavernenbauwerk feststellen.

### 4.5. Kaverne

Die Kaverne hat zwei Auskleidungen, die nur im Bereich der senkrechten Seitenwände kraftschlüssig sind.

Auf die Felsverkleidung einwirkende Drücke und Verformungen mit einem daraus resultierenden Rißsystem können nur an den Stellen mit Kraftschluß zwischen beiden Systemen übertragen werden. Das Rißbild der inneren Auskleidung muß also nicht mit dem Rißbild der Felsverkleidung übereinstimmen. Jedoch kann aus der Vielzahl der vorhandenen innen sichtbaren Risse und ihrem Verlauf auf Spannungskonzentrationen und die generellen Verschiebungsrichtungen geschlossen werden.

### 4.6. Schrägaufzug

Der Schrägaufzug ist das am weitesten östlich liegende Bauwerk.

Vor dem bergmännisch hergestellten Stollen befindet sich ein betonierter, nicht überdeckter Stollenteil. Mit dem Übergang aus diesem in den bergmännisch hergestellten und ausbetonierten Teil beginnt eine Häufung von Rissen an der Stollenauskleidung.

In dichter Folge finden sich hangaufwärts zahlreiche weitere offene Risse, die alle etwa parallel mit dem sehr steilen Einfallen der Schichten verlaufen. Verlängert man diese Risse zur Felsoberfläche hin, so stellen sie die unterirdische Fortsetzung dort anstehender steiler Felskanten dar. Dieses Erscheinungsbild der Risse läßt auf einen Bewegungsmechanismus der steilen Felspakete schließen, wie er wiederholt auch im Hangbereich festgestellt werden konnte; nämlich das Aufblättern und Steilstellen der einzelnen Schichten in den unteren Hangstufen.

### 4.7. Druckrohrstollen

Der Druckrohrstollen hat nur abschnittsweise eine Betonauskleidung. Sie wurde wohl zur Verkleidung von Schwächezonen eingebaut, zeigt aber jetzt eine Häufung von Rissen. Sowohl im parallel zur Kaverne verlaufenden Stollenteil als auch mit weiterem Anstieg des Stollens treten verschiedene Bereiche mit Rissen und Überschiebungen auf.

### 4.8. Druckrohrleitung

Im Stollen wird die Druckrohrleitung mit einem Durchmesser von ca. 2,0 m auf Betoneinzelfundamenten gelagert, frei geführt. Die Druckrohrleitung ist in einzelne Abschnitte durch Dehnstücke in Form von Stopfbüchsen unterteilt, die jeweils durch ein Festauflager gehalten werden.

Im freiliegenden Bereich der Druckrohrleitung sind vor Jahren unterhalb eines Gefälleknickpunktes, der an der Vorderkante einer Hangstufe etwa 750 m ü. NN als festes Auflager ausgebildet ist, auf ca. 20 m Länge die Auflager um mehrere Zentimeter abgesunken und das Druckrohr zeigte einen entsprechenden Durchhang. Zum Ausgleich der Senkungen mußten die Auflagerpunkte unterfüttert und das Druckrohr verstärkt werden. Die Auflagersetzungen sind offenbar auf das Abgleiten eines Schichtenpaketes direkt unterhalb der Hangstufe zurückzuführen, da hangaufwärts weder Hebungen noch Horizontalverschiebungen festzustellen waren.

Die beschriebenen Schäden waren im Jahre 1973 Anlaß, das Büro Müller/Hereth mit einer Untersuchung der möglichen Schadensursachen und der Ausarbeitung von eventuellen Sanierungsmaßnahmen zu beauftragen.

Ausgangspunkt aller Arbeiten war ein rasches Anlaufen eines Meß- und Untersuchungsprogramms als Grundlage für alle weiteren Maßnahmen.

## 5. Zusätzliche Erkundungen

### 5.1. Nivellement Fußboden Maschinenhalle

Zur exakten Erfassung von Vertikalbewegungen der Maschinenfundamente und des Fußbodens wurden Präzisionsnivellements angeordnet. Mit einem Feinnivelliergerät sollte eine so hohe Meßgenauigkeit erreicht werden, daß evtl. Bewegungstendenzen schon nach wenigen Wiederholungsmessungen erkennbar werden.

### 5.2. Neigung der Kranbahnpfeiler

Die derzeitige Neigung der Kranbahnpfeiler wurde durch Neueinmessung festgestellt. Wiederholungsmessungen sollten Tendenz- und Größenordnung noch bestehender Bewegungen aufzeigen.

Zur differenzierten Kontrolle der Bewegungen der Seitenwände wurden Mehrfachextensometer durch die Kranbahnriegel hindurch eingebaut. Auf der Ostseite wurde dabei der Bereich über dem Druckrohrstollen mit erfaßt. Um zusätzliche Aufschlüsse über das Gebirge zu erhalten, wurden die Bohrungen als Kernbohrungen durchgeführt und außerdem mit einer optischen Bohrlochsonde untersucht.

Bei allen Extensometerbohrungen war eine Gesamtdicke der Betonauskleidung von etwa 3,00 m festzustellen, gegenüber einer Solldicke von nur 1,30 m (siehe Abb. 4 und 5).

Diese Tatsache konnte auch den Bohrkernen entnommen werden, nicht jedoch das Vorhandensein von mehreren offenen Bruchfugen im Beton parallel zu den Seitenwänden, die nur durch die optische Sondierung erkennbar wurden. Die Gesamtweite der offenen Fugen in dem ca. 3,0 m dicken Beton beträgt etwa 10 bis 20 cm! In allen Bohrungen war die Zone am Übergang zwischen Beton und Fels in oftmals mehreren Ebenen gebrochen.

Auch im angrenzenden Fels konnten mehrere offene Spalten festgestellt werden.

### 5.3. Herstellung eines Inspektionsstollens

Zur Erzielung genauerer Kenntnisse über den Zustand des Gebirges wurde direkt am Ausbruchsrand über dem Firstgewölbe ein horizontaler Inspektionsstollen ausgebrochen (siehe Abb. 5).

Zur Vermeidung jeglicher Erschütterungen mußten die Ausbruchsarbeiten mit einem hydraulischen Spaltgerät ausgeführt werden.

Der Stollen wurde bis über den Druckrohrstollen vorgetrieben.

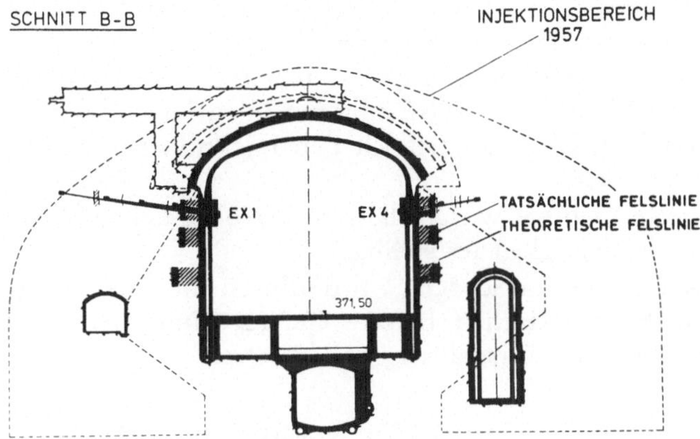


Abb. 4. Querschnitt A – A durch Kaverne mit Darstellung der Verhältnisse in den Seitenwandbereichen

Cross-section A – A through the cavern with illustration of the conditions of the side wall areas

Section transversale A – A à travers de la caverne avec une illustration des relations des régions des murs latérales

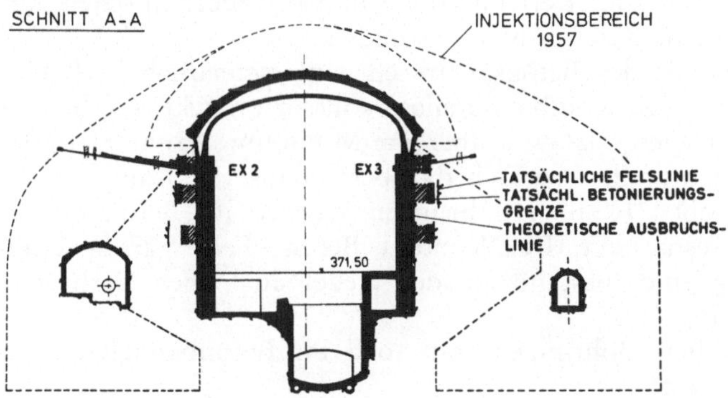


Abb. 5. Querschnitt B – B mit Darstellung der Verhältnisse in den Seitenwandbereichen und der Inspektionsnische

Cross-section B – B with illustration of the conditions in the side-wall-areas and the inspection-niche

Section transversale B – B à travers de la caverne avec une illustration des relations des régions des murs latérales et de la niche d'inspection

Zusätzlich wurde ein Schacht abgeteuft, der direkt am Kämpfer der Kalotte die Felsverhältnisse bzw. den Kontakt Beton – Fels offenlegen sollte. Dieser Stollen und der Schacht erbrachten wichtige Erkenntnisse:

Die Gebirgsverhältnisse konnten durch die 1957 durchgeführten Injektionen im Firstbereich entscheidend und dauerhaft verbessert werden. Die vorher vorhandenen zahlreichen Spalten und zerbrochenen Zonen konnten durch die Injektion vollständig geschlossen werden. Selbst in drei Mylonitzonen waren alle Hohlräume vollständig mit Injektionsgut verfüllt. Sichtbare Anzeichen für Gebirgsbewegungen seit den Injektionen von 1957 waren an keiner Stelle zu finden.

Das injizierte Gebirge war vollkommen trocken. Lediglich am Stollenende war etwas Feuchtigkeit feststellbar.

Auch das Gebirge im Schacht wurde durch die Injektionen wesentlich verbessert. Die Kontaktflächen Beton – Gebirge sind sowohl in der Firste wie auch am Kämpfer kraftschlüssig und rissefrei.

### 5.4. Ankerung der Kranbahnpfeiler

Diese überraschend guten Felsverhältnisse im Kalottenbereich standen im krassen Gegensatz zu den Erkenntnissen aus den Bohrungen in den Seitenwandbereichen.

Um den Zustand der gesamten Wandbereiche beurteilen zu können, wurden in allen Kranbahnpfeilern jeweils in 3,0 und 6,0 m Höhe Kernbohrungen mindestens bis zum Kontakt Beton – Fels ausgeführt. In diesen Bohrungen sollten, falls notwendig, die einzelnen Betonteile zur Erhöhung der Knicksicherheit mit Expansionsankern mit 10 Mp zusammengespannt werden.

Das Ergebnis der Kernaufnahme und der mechanischen Abtastung der Bohrung gab Anlaß zu größter Besorgnis:

Die Qualität des Betons war sehr unterschiedlich und teilweise ungenügend. Hinter den Kranbahnpfeilern sollte die Dicke der Betonauskleidung ca. 30 cm betragen, sie wies aber im Minimum 1,5 m, meist jedoch 2,0 m auf. An einigen Stellen wurden darüber hinaus Hohlräume zwischen Beton und Fels erbohrt. In allen Bohrungen wurden im Beton mehrere Risse in Wandebene festgestellt. Der Kontakt Beton – Fels war in keiner Bohrung kraftschlüssig und bestand in der Regel aus einer Verbruchzone (siehe Abb. 4 und 5).

In fast allen Bohrungen trat noch im Betonbereich ein totaler Spülwasserverlust auf.

Aufgrund dieser Tatbestände mußte eine akute Knickgefahr der Seitenwände angenommen werden, weshalb als Sofortmaßnahme der Einbau von 3 m langen 10-Mp-Ankern angeordnet wurde.

### 5.5. Untergrund der Kaverne

Über die Felsverhältnisse im Untergrund der Kaverne standen lediglich einige Bohrprofile aus den Bohrungen für die Ankerung der Maschinenfundamente zur Verfügung, die jedoch nicht für eine genauere Beurteilung ausreichten. Insbesondere konnte hiermit nicht mit Sicherheit geklärt werden, ob einige erbohrte Sandlagen zwischen Felsschichten als Bohrgut oder als eingelagerter Sand anzusprechen waren.

Drei zusätzliche Vertikalbohrungen in den Untergrund der Kaverne zeigten, daß sich zwischen einzelnen, sehr steil bis vertikal stehenden Felspaketen Sandzwischenlagen befinden, die als Flußablagerungen bestimmt werden konnten.

Der Beton im Unterwasserstollen wies zahlreiche Risse auf, durch die ca. 200 l/s Wasser in den Stollen hereinströmten. Zusätzlich dienten die Drainagen des Unterwasserstollens als Ansaugleitung der unterhalb des Kavernenportals installierten Kühlwasserpumpen mit 200 l/s Ansaugleistung.

## 6. Schadensursachen und Sanierung

Insgesamt konnten folgende Erkenntnisse gewonnen werden:

### 6.1. Zusammenstellung der Erkenntnisse

1. Die Vorderkanten der verschiedenen Hangstufen zeigen insbesonders am Hangfuß Steilstellungen und Überkippen. Die einzelnen Schichten blättern an der Geländeoberfläche auf und setzen sich dabei gleichzeitig.

2. An den Schichtpaketen der einzelnen Hangstufen sind parallel zur Einfallrichtung Relativbewegungen aufgetreten.

3. Infolge der Bewegungen aus 1. und 2. sind die Betonkonstruktionen besonders in der Verlängerung derartiger Bewegungsflächen vielfach gerissen.

4. Im gesamten Kalottenbereich der Kaverne über der Maschinenhalle sind die Gebirgsverhältnisse so gut, daß keine zusätzlichen Maßnahmen erforderlich schienen.

5. In den Seitenwandbereichen der Kaverne bis in Kämpferhöhe ist eine Betondicke der Auskleidung von 1,5—2,0 m vorhanden, wobei der Beton jedoch zahlreiche wandparallele Risse aufwies.

6. Der Kontakt zwischen Beton und Fels in den Seitenwandbereichen war nicht kraftschlüssig. Auch im unmittelbar anschließenden Felsbereich waren mehrere wandparallele Bruchzonen vorhanden.

7. Im Untergrund der Kaverne lagen stark unterschiedliche im ganzen aber ungünstige Felsverhältnisse vor. Teilweise waren Klüfte mit eingespültem Sand ausgefüllt. Die Drainagen des Unterwasserstollens dienen als Ansaugleitung für die Kühlwasserpumpen mit 200 l/s Leistung, was auf eine sehr große Wasserwegigkeit im Felsuntergrund der Kaverne hinweist und wahrscheinlich Ausspülungen hervorgerufen hat.

8. Durch Vertikalanker in den Maschinenfundamenten konnten zwar horizontale Risse geschlossen werden; inwieweit sie auch geeignet waren, Auflagerdeformationen zu verhindern, war nicht erkennbar.

9. Die Seitenwände der Kaverne bewegten sich insbesondere in Höhe der Kranbahnschienen einwärts. Die bisherigen Bewegungsbeträge seit Inbetriebnahme liegen bei mindestens 60 mm.

10. Der besorgniserregende Zustand der Seitenwände ließ zur Sicherung der Stabilität der Kaverne Sofortmaßnahmen in Form einer Ankerung notwendig erscheinen.

Vor der Ausarbeitung eines Sanierungsprogrammes wurden Hypothesen über die möglichen Ursachen der Bewegungen aufgestellt, um gezielte Maßnahmen anordnen zu können.

### 6.2. Mögliche Schadensursachen

In Bereichen mit Rißhäufungen in der Betonauskleidung führt eine Verlängerung der Risse bis an die Hangoberfläche meist zur Vorderkante bzw. Hinterkante von Hangstufen, so daß diese Rißbildung in Zusammenhang mit den derzeitigen Stabilitätsverhältnissen bzw. noch andauernden Bewegungen des Hanges gesehen werden muß. Partielles Hangabwärtsgleiten einzelner Schichtpakete führt offenbar zu Beanspruchungen, denen die Auskleidung nicht standhalten kann.

Es kann als sicher angenommen werden, daß der gesamte Talhang seit dem Abschmelzen des letzten Talgletschers vor ungefähr 10000 Jahren in langsamer Bewegung ist. Durch die Erosionstätigkeit des Gletschers wurde der Felshang soweit übersteilt, daß er nach der Entlastung durch das Abschmelzen des Eises instabil wurde, wodurch es zu Bewegungen kam, die noch heute andauern. Zahlreiche vorhandene schichtparallele Mylonitzonen zerlegen den Gebirgskörper in einzelne Pakete, deren Teilbeweglichkeit dadurch erhöht wird.

Als Ursachen für diese Teilbewegungen sind mehrere Erklärungen möglich:

— Sollten in diesem Bereich noch aktive tektonische Vorgänge stattfinden, wie etwa eine noch andauernde Hebung, so könnte damit der lang andauernde Ablauf der relativ kleinen Bewegungen erklärt werden.

— Eine andere Ursache für die Bewegungen im Hang könnte in dem talwärts gerichteten Schichteinfallen liegen, wobei durch das Abgleiten einzelner Schichtpakete oder größerer Keile die davor liegenden Gesteinspartien talwärts gedrückt und damit steiler gestellt werden. Keine Anzeichen finden sich dagegen für das Vorliegen einer Großrutschung mit erheblichen Versetzungsbeträgen.

— Die Tatsache, daß im Untergrund der Kaverne mit Flußsand gefüllte und auch offene Spalten vorhanden sind, läßt es möglich erscheinen, daß durch Ausspülung oder durch Umlagerung dieser Sande zusätzliche Bewegungsmöglichkeiten des ohnehin stark aufgelockerten Felsverbandes gegeben waren.

— Bei der Größe des von den Hangbewegungen erfaßten Bereiches erscheint es unwahrscheinlich, daß der Ausbruch der Kaverne diese Bewegungen ausgelöst oder verstärkt haben könnte. Wohl aber können durch den Bau der Kaverne örtlich die Spannungsverhältnisse in dem sich bewegenden Hang beeinflußt worden sein.

Mit dem Einbau der Felsverkleidung und dem dagegenbetonierten Kavernenbauwerk wurde ein Fremdkörper relativ großer Abmessungen hergestellt, der den latenten Hangbewegungen Widerstand bietet. In erster Linie verhindern oder beschränken die langen aussteifenden Seitenwände des Bauwerkes die partiellen Bewegungen einzelner Schichtpakete im Bereich der Kaverne stark.

Entsprechend den vorherrschenden Gebirgsverhältnissen bzw. den Steifigkeitsverhältnissen des Kavernenbauwerks werden sich die aufgestauten Spannungen erhöhen und nach Überschreiten der Verbandsfestigkeit des Gebirges oder der Festigkeit des Bauwerks zu Brucherscheinungen, Verformungen und Spannungsumlagerungen führen. Die auch nach Einbau der Auskleidung noch wirksame Querdehnung des Gebirges kann zu fortschreitender Rißbildung und kaverneneinwärts gerichteten Verformungen führen.

Offenbar durch die Querentspannung des Gebirges entstanden, befinden sich beidseitig neben der Kaverne im Fels, etwa parallel zu deren Achse, mit Verbruchmaterial gefüllte Spalten, die eine großräumige, gewölbeartige Lastabtragung um den Kavernenhohlraum weitgehend verhindern. Auch die Biegesteifigkeit des 1957 hergestellten Injektionsgewölbes ist offenbar wesentlich geringer als die Normalkraftsteifigkeit der Kavernenseitenwände, so daß die Lastabtragung auch weiterhin ausschließlich durch die Seitenwände erfolgte. Diese wiederum waren offenbar nicht in der Lage, die hohen Kräfte aufzunehmen. Auf das Firstgewölbe wirkt eine hohe, bis zur vollen Höhe des Überlagerungsdruckes oder auch darüber wirksame Auflast ein, die im Kämpfer auf die Betonauskleidung und den Fels abgetragen wird. Die dabei entstehenden sehr hohen vertikalen Druckspannungen begünstigen die Ausbildung von Spaltzugrissen. Hinzu kommt, daß entsprechend dem Stützlinienverlauf die resultierende Kraftrichtung im Firstgewölbe schräg nach außen gerichtet ist. Die Horizontalspannungskomponente bewirkt dann wegen der mangelnden Verbandsfestigkeit die Entstehung der vorgefundenen offenen Zugrisse.

Die Aussparung der Seitenwandbereiche bei der Injektion 1957 (siehe Abb. 4 und 5) war in statischer Hinsicht sicherlich nicht günstig. Die ausgesparten Gebirgsbereiche hatten zu schlechte Qualität, um als Hauptauflager der durch die Injektionsmaßnahmen erhöhten Firstauflast im rundherum verbesserten Gebirge zu dienen. Der stark zerstörte Seitenwandbeton und das stark aufgelockerte angrenzende Gebirge sind wohl ausreichender Beweis hierfür.

Durch die Rißbildung selbst und die nach auswärts in den aufgelockerten Bereich hin gerichteten Kraftresultierenden tritt eine im wesentlichen gleichgerichtete Verformung ein. Infolge der hohen Vertikallast können aber auch Verbiegungen oder Überschiebungen der relativ schlanken, durch Risse aufgelösten Wände entstehen, die in den freien Raum hin orientiert sind. Da hier der geringste Widerstand vorhanden ist, sind sie im wesentlichen für die Kranbahnverformung verantwortlich.

### 6.3. Ziel der Sanierung

Ziel der durchzuführenden Maßnahmen war die Herstellung eines, wenn auch unter Umständen nur zeitlich begrenzten, Beharrungszustandes für die Kaverne.

Da die Schäden in den Auskleidungen der Nebenbauwerke nicht zu schwerwiegenden nachteiligen Einflüssen auf die technische Funktion der Kraftwerksanlagen führen und die Stabilität dieser in der Regel kleinquerschnittigen Bauwerke nicht gefährdet erschien, konnten sich die Sicherungs- und Sanierungsmaßnahmen auf das Kavernenbauwerk und die Druckleitung konzentrieren. Dabei sollte der durch die Maßnahmen beeinflußte Bereich um die Kaverne so klein wie möglich gehalten werden, um zu große Lastkonzentrationen zu verhindern.

Der Zustand des Gebirges im Kalottenbereich konnte als so gut angesehen werden, daß zusätzliche Maßnahmen oberhalb der Kämpferpunkte nicht erforderlich erschienen.

Im wesentlichen waren damit die folgenden Aufgaben gestellt:

1. Sicherung der Gesamtstabilität der Kaverne und Herstellen eines funktionsfähigen Tragringes aus Betonauskleidung und Gebirge auf Länge der Maschinenhalle.
2. Verhinderung weiterer Konvergenzen in der Kranbahnebene.
3. Erhaltung der horizontalen Ausrichtung der Maschinenachsen und Stabilisierung des Untergrundes.
4. Kontrollmaßnahmen an der Druckleitung.

## 6.4. Beschreibung der Sanierungsmaßnahmen

Abgestimmt auf die betrieblichen Erfordernisse, die nur eine sehr kurze Stillegungszeit der Kaverne im Ferienmonat August des Jahres 1975 zuließ, wurde ein detailliertes Arbeitsprogramm für die einzelnen Maßnahmen ausgearbeitet.

### *6.4.1. Kranbahnankerung*

Zur Verhinderung weiterer Konvergenzen in Höhe der Kranbahn wurden die Kranbahnriegel im Abstand von 3,0 m mit 60-Mp-Ankern verankert. Diese Anker übernehmen gleichzeitig die Funktion einer „Spaltzugbewehrung“ im Wandkopf, so daß auch das Auftreten von weiteren wandparallelen Rissen infolge der hohen Firstauflast verhindert ist.

### *6.4.2. Injektion der Seitenwandbereiche*

Durch die zahlreichen offenen Spalten im Beton und im Gebirge der Seitenwandbereiche bestand Gefahr, daß schon geringe Lageänderungen einzelner Wandteile ungünstige Belastungen und evtl. zusätzliche Deformationen verursachen könnten. Es wurde daher eine Injektion in zwei Phasen ausgeführt.

In der ersten Phase wurden mit 8,0 m tiefen Bohrlöchern größere Hohlräume in Beton und Gebirge drucklos mit Injektionsmaterial verfüllt. In die Bohrungen wurden 8,0 m lange Bewehrungsstäbe eingelegt, die bei der zweiten Injektionsphase mit bis zu 30 atü ein Ausknicken bzw. Lageveränderungen einzelner Wandteile verhindern sollten. Zusätzlich wurde der Injektionsbereich in drei Tiefenzonen mit abgestuften Maximaldrücken für die Injektionen aufgeteilt und in drei Druckstufen von innen nach außen mit 3,0, 10,0 und 30,0 atü verpreßt.

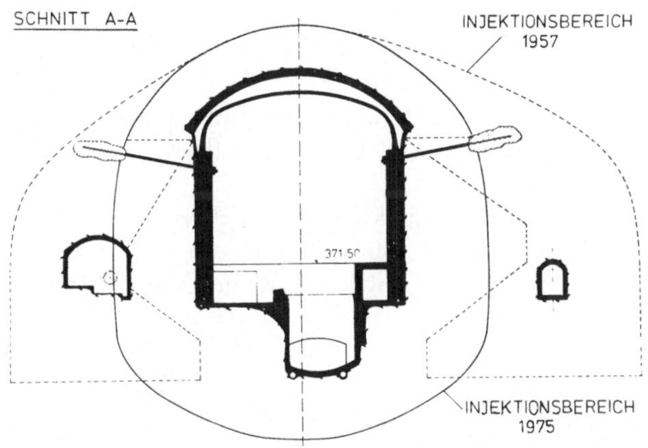


Abb. 6. Querschnitt A – A mit Kranbahnankerung und Injektionsbereich 1975
Cross-section A – A with anchorage of the crane beam and area of injection 1975
Section transversale A – A avec l'ancrage de la voie de grue et la région injectrice 1975

### 6.4.3. *Maßnahmen im Untergrund der Kaverne*

Auch der Untergrund wurde in zwei Phasen injiziert und die Lagesicherung einzelner Felspakete durch Bewehrungsstäbe erhöht. In der 2. Phase wurde lediglich mit 5 atü verpreßt, um Fundamentverstellungen der Maschinen auszuschließen.

Wasserabpreßversuche ergaben 4 Lugeon im näheren und 6 bis 8 Lugeon im äußeren Injektionsbereich. Im nicht injizierten Fels wurden in den Sondierbohrungen ca. 30 Lugeon gemessen.

Eine erfolgreiche Injektion des Bereichs unterhalb und direkt seitlich des Unterwasserstollens war nur bei Durchführung der Arbeiten aus dem Stollen selbst möglich. Hier sorgte eine Vielzahl von Rissen im Auskleidungsbeton für einen ständigen intensiven Wasserzufluß, der 1 Woche nach Beginn der Trockenlegung immer noch ca. 100 l/s betrug.

Daher mußten zunächst die Drainageleitungen abgesperrt und verpreßt werden, um die Strömungsgeschwindigkeit des Bergwassers zu reduzieren. Nach Abschluß der Arbeiten, die auch hier in zwei Phasen erfolgten, konnte der meßbare Erfolg durch Wasserabpreßversuche, die 2,5 Lugeon ergaben, nachgewiesen werden.

## 6.5. Ergebnisse der Maßnahmen und Kontrollmessungen

Insgesamt wurden ca. 80000 m³ Fels mit einer Gesamtmenge von 4000 t Zement verpreßt. Theoretisch wurden demnach etwa 5% Gebirgshohlräume verfüllt.

Die Auswertung der in den einzelnen Bohrungen verpreßten Mengen in den Seitenwandbereichen ergab interessante Aufschlüsse.

Bei der Injektion der Phase 1 wurde generell mit zunehmender Höhenlage des Injektionsbereiches mehr Injektionsgut verbraucht. In Höhe der Kranbahn wurde mehr als die doppelte Menge Injektionsgut gegenüber der Bohrlochreihe 1,0 m über dem Maschinenhallenfußboden injiziert.

Hieraus kann gefolgert werden, daß die Einwärtsbewegungen der Kranbahnriegel mit einer Auflockerung des unmittelbaren Auskleidungs-Gebirgs-Bereichs verbunden waren.

Die in Zonen aufgeteilten Injektionen der Phase 2 gaben Aufschluß über den Grad der Auflockerung in den Seitenwandbereichen. Die größten Injektionsmengen wurden in der mittleren Zone, etwa 3,0 bis 5,0 m hinter

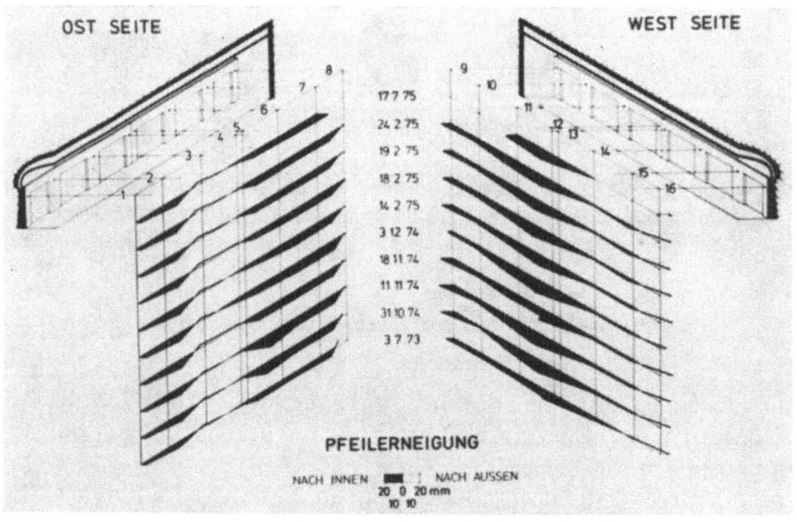


Abb. 7. Meßergebnisse Pfeilerneigung

Measurement results of the inclination of the pillars

Des mesures de l'inclination des piliers

Außenkante Kranbahnpfeiler benötigt. Hier wurden bis 100% mehr Injektionsgut verpreßt als in der Zone 0 bis 3 m und in der Zone 5 bis 8 m, wobei auch hier eine generelle Zunahme der Injektionsmenge zum höheren Wandbereich hin erkennbar war.

Für die Injektionen im Kavernenuntergrund wurden etwa gleiche Injektionsgutmengen wie in den Seitenwandbereichen benötigt.

Durch die Arbeiten ausgelöste Lageveränderungen der Kranbahnriegel wurden als Pfeilerneigung gemessen. Die Ergebnisse der Messungen während der Durchführung der gesamten Injektionsarbeiten in den Wandbereichen bestätigen die Notwendigkeit der sorgfältig abgestimmten Arbeitsweise. Während der Injektionen der Phase 1 traten noch leichte Einwärtsbewegungen auf, die mit dem Anspannen der Kranbahnanker im Februar 1975 gestoppt wurden. Während der Injektionsphase 2 traten keine weiteren Einwärtsbewegungen mehr auf.

Sehr sensibel reagieren Mehrfach-Stangen-Extensometer auf geringste Änderungen der Meßstrecke. Obwohl die Extensometerköpfe nicht absolut

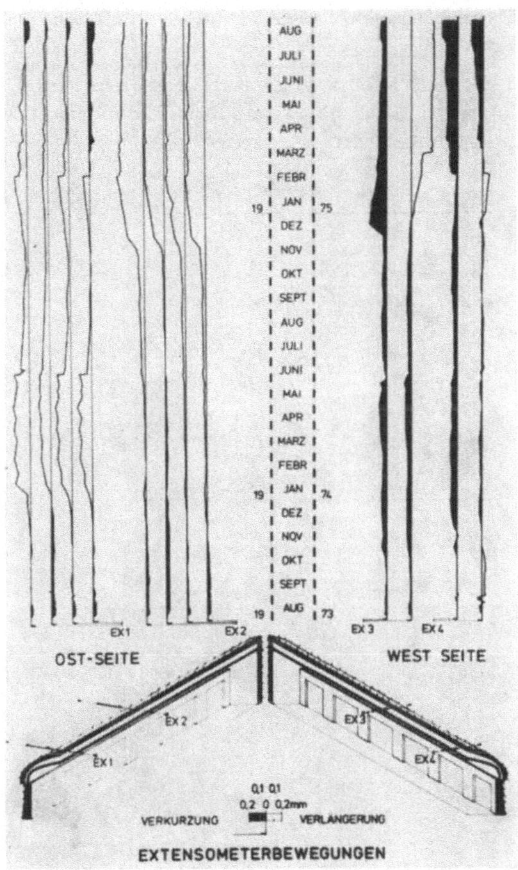


Abb. 8 Meßergebnisse Extensometer
Measurement results of the extensometers
Des mesures de l'allongement

eingemessen werden konnten, wurden sie für die Auftragung der Meßergebnisse als Festpunkte angesehen. Die festgestellten Meßstreckenänderungen liegen alle unter 1,0 mm, lassen jedoch jede ausgeführte Maßnahme im Wandbereich deutlich hervortreten.

Z. B.: Mai/Juni 1974 Ankerung der Kranbahnpfeiler;
Nov./Dez. 1974 Injektion Kranbahnanker;
Februar 1975 Vorspannen Kranbahnanker.

Inzwischen konnten die Arbeiten zum größten Teil abgeschlossen werden. Wie sich aus einer ersten Auswertung der Arbeits- und Meßergebnisse ableiten läßt, scheint es gelungen, wesentliche Mängel und Schäden beseitigt zu haben.

Zukünftige, sorgfältige Messungen in vorerst nicht zu großen Zeitintervallen werden uns, so hoffen wir, auch einen längerfristigen Erfolg bestätigen.

Anschrift der Verfasser: Dipl.-Ing. Karl Kuhnhenn, Dr. Georg Spaun, Ingenieurbüro für Tunnel- und Felsbau GmbH, Ruitheimer Straße 48, D-7500 Karlsruhe 1, Bundesrepublik Deutschland.

Druck: Buchdruckerei Herbert Hießberger, A-2563 Pottenstein, NÖ

# Applied Mineralogy

**Technische Mineralogie**

Edited by / Herausgegeben von

**V. D. Fréchette**

**H. Kirsch**

**L. B. Sand**

**F. Trojer**

**Springer-Verlag Wien New York**

Volume 4:

## Stone: Properties, Durability in Man's Environment

By

**E. M. Winkler**

Second revised edition.
With 150 partly colored figures.
XIII, 230 pages. 1975.
ISBN 3-211-81313-6
Cloth S 628,–, DM 91,–

**Contents:** Rock and Stone. — Properties of Stone. — Natural Deformation of Rock and Stone. — Color and Color Stability of Structural and Monumental Stone. — Decay of Stone. — Moisture and Salts in Stone. — Chemical Weathering. — Stone Decay by Plants and Animals. — Natural Rust on Stone. — Fire Resistance of Minerals and Rocks. — Frost Action on Stone. — Silicosis. — Stone Conservation of Building and Monuments.

"Graphs and diagrams, the scientist's language, analyze and quantify the natural processes which lead to stone decay: simplification of the graphs enhances their legibility to the student of geology, environmental science, engineering, also to the museum curator and conservator who deals with stone monuments. Brief summaries accompany each chapter for better clarity and understanding to persons lacking a scientific background . . ."

*Building Stone News*

". . . Winkler's book fills a long-existing gap between classical petrography of native rocks and documentation on those constituents and properties of rocks which make them useful, durable, and pleasing as building materials. The book is easily readable and will be informative to geologists, stone producers, engineers, architects, ecologists, and stone conservators . . ."

*Science*

# J. G. Zötl

# Karsthydrogeologie

Mit 114 Abbildungen
und 2 Ausschlagtafeln.
X, 291 Seiten. 1974.
ISBN 3-211-81250-4

Gebunden S 986,–, DM 138,–

Die Karsthydrogeologie stellt sowohl einen Pfeiler der wissenschaftlichen Erforschung des Wassers im Untergrund als auch eine unentbehrliche Hilfe für die Lösung technischer Probleme dar. Das Buch gliedert sich in die Darstellung der geologischen, chemischen und klimatischen Grundlagen, die Zusammenfassung der Ergebnisse von Studien über die Wasserzirkulation in verkarsteten Gebirgen und der Methoden der Karstforschung sowie die Beschreibung von Musterlandschaften und besonderen Erscheinungen der Karsthydrogeologie. Technische Erfahrungen im Tunnelbau, im Zuge der Errichtung von Speicheranlagen und die Bedeutung der Karstwassererschrotung für Wasserversorgungen sind Schwerpunkte für die praktische Nutzanwendung.

Das Buch gibt Geologen, Technikern, Geographen und Speläologen eine Einführung in das Wesen des Karstes, den Bauingenieuren darüber hinaus auch einen Leitfaden für die praktische Arbeit.

## Aus den Besprechungen:

Um so wertvoller ist das vorliegende Lehrbuch Zötls, das jeder Bauingenieur und jeder Geologe, der sich mit Problemen der Karsthydrogeologie konfrontiert sieht, sicher nur mit Gewinn konsultiert.

*Wasser- und Energiewirtschaft*

Für den Ingenieur sind noch die Beispiele wichtig, in denen gezeigt wird, wie hydrogeologische Erfahrungen beim Tunnelbau, beim Bau von Speicheranlagen und bei der Trinkwasserversorgung in Karstgebieten verwertet werden können.

*Dokumentation Bodenmechanik/Grundbau/ Felsmechanik/Ingenieurgeologie*

**Springer-Verlag**
**Wien**
**New York**